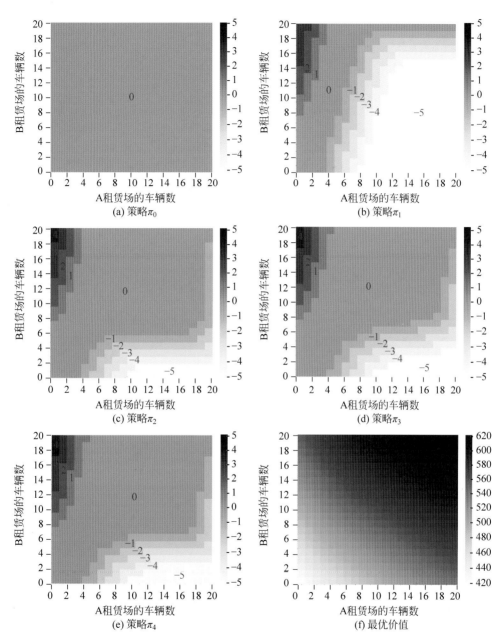

图 4.6　关于汽车租赁问题的策略迭代过程

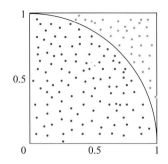

图 5.1　用 MC 方法计算扇形面积

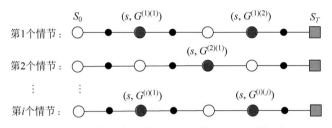

图 5.2　在情节中状态 s 的出现情况（MC 更新图）

20	21	22	23	24
15	16	17	18	
10	11	**12**	13	14
5	6	7	8	9
0	1	2	3	4

1

20	21	22	23	24
15	16	17	18	
10	11	**12**	13	14
5	6	7	8	9
0	1	2	3	4

2

20	21	22	23	24
15	16	17	18	
10	11	**12**	13	14
5	6	7	8	9
0	1	2	3	4

3

20	21	22	23	24
15	16	17	18	
10	11	**12**	13	14
5	6	7	8	9
0	1	2	3	4

4

20	21	22	23	24
15	16	17	18	
10	11	**12**	13	14
5	6	7	8	9
0	1	2	3	4

5

图 5.3　经过状态 16 的其中 5 个情节

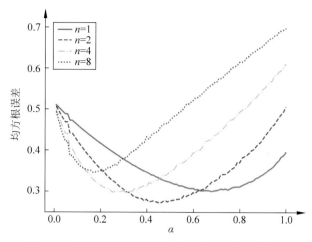

图 7.3　应用于随机漫步任务的 n-步 TD 算法性能图

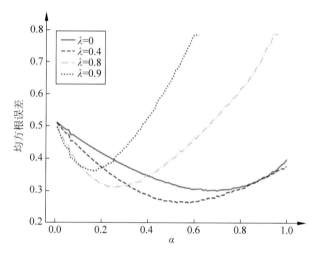

图 7.5　基于资格迹的后向在线表格式 TD(λ) 算法的随机漫步性能图

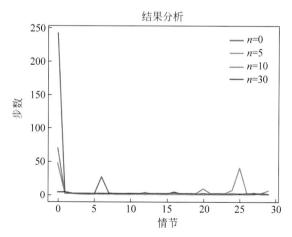

图 8.3　Dyna-Q 架构中不同规划步数的平均学习曲线

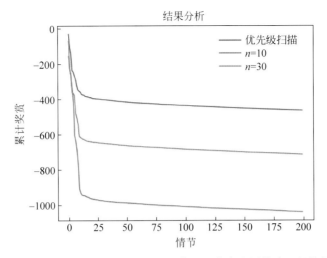

图 8.6 用于扫地机器人任务的 Dyna-Q 算法和优先遍历算法运行结果比较

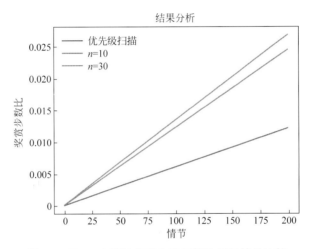

图 8.7 Dyna-Q 算法和优先遍历算法运行结果比较

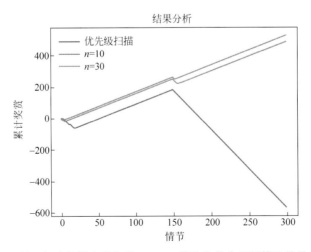

图 8.10 用于扫地机器人任务的 Dyna-Q 算法和优先遍历算法效果比较图

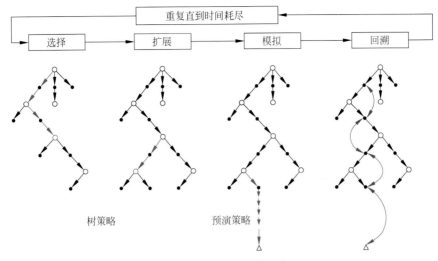

图 8.15　蒙特卡洛树搜索

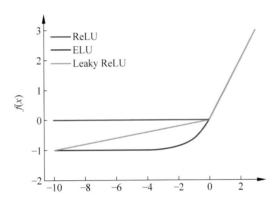

图 9.5　ReLU 函数、Leaky ReLU 函数、ELU 函数曲线对比图

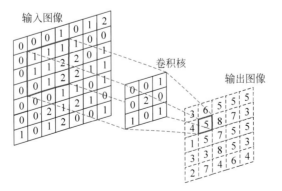

图 9.7　单通道卷积计算示意图

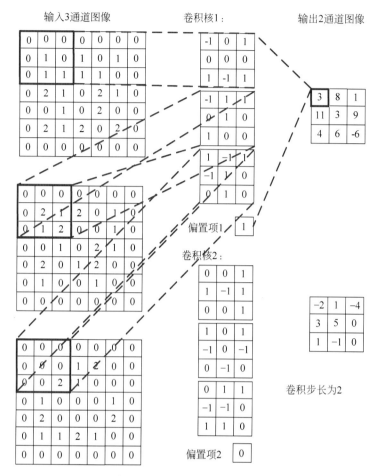

图 9.8　多通道卷积计算示意图

(a) 原始图像信息，像素
为160×160的彩色图像

(b) 处理后的图像信息，
像素为84×84的灰度图像

图 11.2　Breakout 游戏图像预测处理效果图

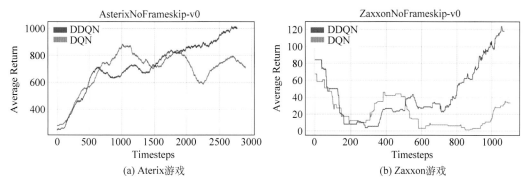

(a) Aterix游戏　　　　　　　　　(b) Zaxxon游戏

图 11.5　DDQN 与 DQN 算法在 Atari2600 游戏上的实验结果对比图

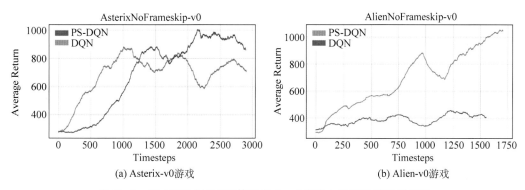

(a) Asterix-v0游戏　　　　　　　　(b) Alien-v0游戏

图 11.6　PS-DQN 与 DQN 算法在 Atari 游戏上的实验结果对比图

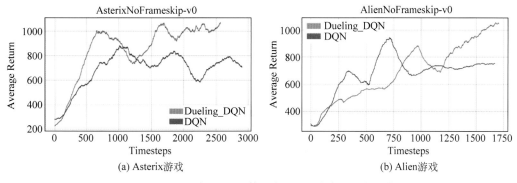

(a) Asterix游戏　　　　　　　　　(b) Alien游戏

图 11.8　Dueling DQN 与 DDQN 算法在 Atari 游戏上的实验结果对比图

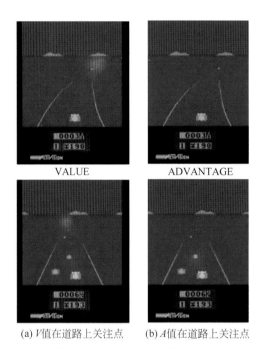

VALUE   ADVANTAGE

(a) V值在道路上关注点   (b) A值在道路上关注点

图 11.9 Dueling DQN 算法在 Atari 游戏中不同时间步的 V 值和 A 值关注点

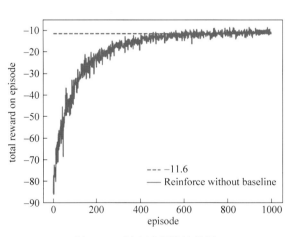

图 12.4 短走廊环境结果图

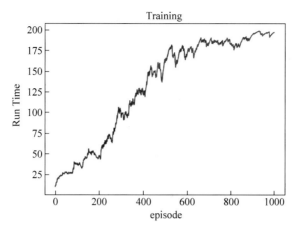

图 12.5　CartPole 环境结果图

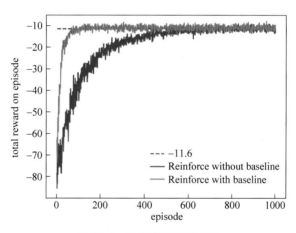

图 12.6　短走廊环境结果图

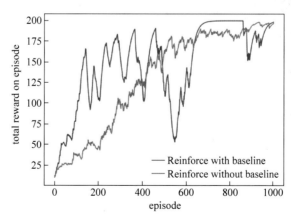

图 12.7　CartPole 环境结果图

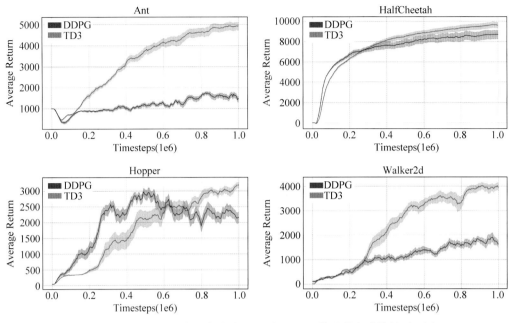

图 13.4　在 4 种连续控制任务中 TD3 与 DDPG 算法的实验结果对比图

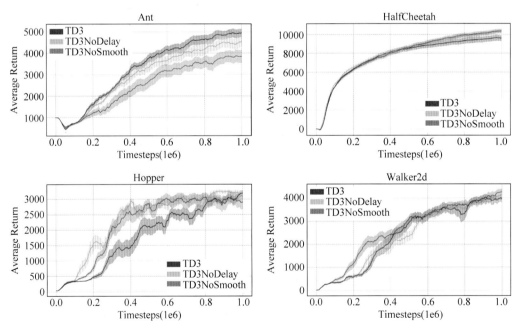

图 13.5　在 TD3 算法中采用双延迟机制以及目标策略平滑操作对算法的影响

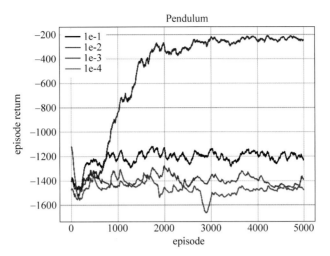

图 14.5　A3C 算法中不同温度参数的性能比较

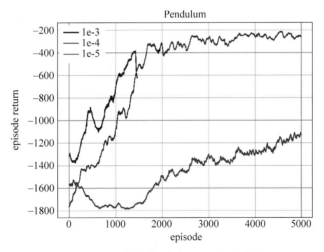

图 14.6　A3C 算法中不同学习率的性能比较

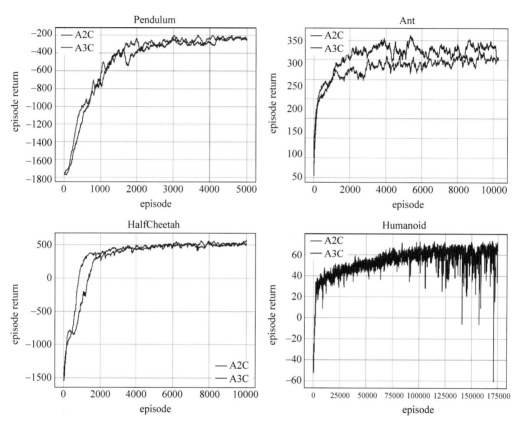

图 14.7 A3C 与 A2C 性能对比

大数据与人工智能技术丛书

深度强化学习

原理、算法与PyTorch实战 微课视频版

◎ 刘全 黄志刚 编著

清华大学出版社
北京

内 容 简 介

本书基于 PyTorch 框架,用通俗易懂的语言深入浅出地介绍了强化学习的基本原理,包括传统的强化学习基本方法和目前流行的深度强化学习方法。在对强化学习任务建模的基础上,首先介绍动态规划法、蒙特卡洛法、时序差分法等表格式强化学习方法,然后介绍在 PyTorch 框架下,DQN、DDPG、A3C 等基于深度神经网络的大规模强化学习方法。全书以一个扫地机器人任务贯穿始终,并给出具有代表性的实例,增加对每个算法的理解。全书配有 PPT 和视频讲解,对相关算法和实例配有代码程序。

全书共分三部分:第一和第二部分(第 1～8 章)为表格式强化学习部分,着重介绍深度强化学习概述、环境的配置、数学建模、动态规划法、蒙特卡洛法、时序差分法、n-步时序差分法、规划和蒙特卡洛树搜索;第三部分(第 9～14 章)为深度强化学习部分,着重介绍深度学习、PyTorch 与神经网络、深度 Q 网络、策略梯度、基于确定性策略梯度的深度强化学习、AC 框架的拓展。全书提供了大量的应用实例,每章章末均附有习题。

本书既适合作为高等院校计算机、软件工程、电子工程等相关专业高年级本科生、研究生的教材,又可为人工智能、机器学习等领域从事项目开发、科学研究的人员提供参考。

图书在版编目(CIP)数据

深度强化学习:原理、算法与 PyTorch 实战:微课视频版/刘全,黄志刚编著.—北京:清华大学出版社,2021.7(2022.1重印)
(大数据与人工智能技术丛书)
ISBN 978-7-302-57820-8

Ⅰ.①深…　Ⅱ.①刘…　②黄…　Ⅲ.①机器学习　Ⅳ.①TP181

中国版本图书馆 CIP 数据核字(2021)第 056250 号

策划编辑:魏江江
责任编辑:王冰飞
封面设计:刘　键
责任校对:郝美丽
责任印制:杨　艳

出版发行:清华大学出版社
　　　网　　址:http://www.tup.com.cn,http://www.wqbook.com
　　　地　　址:北京清华大学学研大厦 A 座　　　　　　邮　　编:100084
　　　社 总 机:010-62770175　　　　　　　　　　　　邮　　购:010-83470235
　　　投稿与读者服务:010-62776969,c-service@tup.tsinghua.edu.cn
　　　质量反馈:010-62772015,zhiliang@tup.tsinghua.edu.cn
　　　课件下载:http://www.tup.com.cn,010-83470236
印 刷 者:北京富博印刷有限公司
装 订 者:北京市密云县京文制本装订厂
经　　销:全国新华书店
开　　本:185mm×260mm　　印　张:16.25　　彩　插:6　　字　　数:393 千字
版　　次:2021 年 8 月第 1 版　　　　　　　　　　　　印　　次:2022 年 1 月第 2 次印刷
印　　数:2001～3500
定　　价:59.80 元

产品编号:090592-01

前　言

近年来,强化学习和深度学习相结合形成的深度强化学习方法已经是人工智能领域中新的研究热点。在许多需要**智能体**(Agent)同时具备感知和决策能力的场景中,深度强化学习方法具备了与人类相媲美的智能。其中**深度学习**(Deep Learning,DL)和**强化学习**(Reinforcement Learning,RL)是机器学习领域中最重要的两个研究方向。深度学习方法侧重于对事物的感知与表达,其基本思想是面向高维数据,通过多层的网络结构和非线性变换,组合低层特征,形成抽象的、易于区分的高层表示,以发现数据的分布式特征表示。深度学习已经在图像识别与理解、智能语音、机器翻译等领域取得了非凡的成果。强化学习与基于监督训练的深度学习不同,更加侧重于学习解决问题的策略,其基本思想是智能体通过试错的机制与环境进行不断地交互,从而最大化智能体从环境中获得的累计奖赏值。强化学习已经广泛应用于游戏博弈、机器人操控、参数优化等领域。传统的强化学习算法主要针对输入状态规模较小的决策问题,这种小规模强化学习算法可通过表格式的存储方式来评价每个状态或者状态动作对的好坏。然而当状态或动作空间维度很高时(例如图片或视频数据),传统的强化学习方法会因缺乏感知和泛化高维输入数据的能力而导致算法性能急剧下降。

随着人类社会的飞速发展,未来的人工智能系统不仅需要具备很强的感知与表达能力,而且需要拥有一定的决策能力。因此,人们将具有感知能力的深度学习和具有决策能力的强化学习相结合,形成直接从输入原始数据到输出动作控制的完整智能系统,这就是**深度强化学习**(Deep Reinforcement Learning,DRL)方法。该方法从本质上解决了传统强化学习智能体缺乏感知和泛化高维度输入数据能力的问题,从而适用于一系列大规模的决策任务。例如,谷歌旗下的 DeepMind 公司将深度学习中的卷积神经网络(Convolutional Neural Network,CNN)和强化学习中 Q 学习算法(Q-Learning)相结合,提出深度 Q 网络(Deep Q-Network,DQN)模型。该模型可直接将原始的游戏视频画面作为输入状态,游戏得分作为强化学习中的奖赏信号,并通过深度 Q 学习算法进行训练。最终该模型在许多 Atari 2600 视频游戏上的表现已经赶上甚至超过了专业人类玩家的水平。该项研究工作是深度强化学习方法形成的重要标志。此后,DeepMind 团队又开发出一款被称为 AlphaGo 的围棋算法。该算法一方面利用深度学习通过有信号的监督来模拟人类玩家的走子方式,另一方面利用强化学习来进行自我对抗,从而进一步提高智能体取胜的概率。最终 AlphaGo 以悬殊的比分先后击败当时的欧洲围棋冠军和世界围棋冠军。深度强化学习的基本思想可以描述为:利用深度学习的强大感知能力来提取大规模输入数据的抽象特征,并以此特征为依据进行自我激励的强化学习,直至求解出问题的最优策略。AlphaGo 事件正式将深度强化学习技术推向了一个高峰。随着国内外对于深度强化学习理论和应用的不断完善,目前深度强化学习技术已经在游戏、机器人操控、自动驾驶、自然语言处理、参数优化等领域得到了广泛的应用。此外,深度强化学习也被认为是实现**通用人工智能**(General Artificial Intelligence,GAI)的一个重要途径。

本书深入浅出、内容翔实全面,全书配有 PPT 和视频讲解,对相关算法和实例配有代码程序。本书既适合强化学习零基础的本科生、研究生入门学习,也适合相关科研人员研究参考。

本书作者多年来一直从事强化学习的研究和教学工作,在国家自然科学基金、博士后基金、教育部科学研究重点项目、软件新技术与产业化协同创新中心、江苏高校优势学科建设工程资助项目、江苏省高校自然科学基金项目、苏州大学研究生精品课程项目等的资助下,提出了一些深度强化学习理论,解决了一系列核心技术,并将这些理论和方法用于解决实际问题。

本书总体设计、修改和审定由刘全完成,参加撰写的有黄志刚、翟建伟、吴光军、徐平安、欧阳震、寇俊强、郝少璞、李晓牧、顾子贤、叶倩等,对以上作者付出的艰辛劳动表示感谢! 本书的撰写参考了国内外有关研究成果,他们的丰硕成果和贡献是本书学术思想的重要来源,在此对涉及的专家和学者表示诚挚的谢意。本书也得到了苏州大学计算机学院及智能计算与认知软件课题组部分老师和同学们的大力支持和协助,在此一并表示感谢。他们是：朱斐、凌兴宏、伏玉琛、章宗长、章晓芳、徐云龙、陈冬火、王辉、金海东、王浩、曹家庆、张立华、徐进、梁斌、姜玉斌、闫岩、胡智慧、陈红名、吴金金、李斌、何斌、时圣苗、张琳琳、范静宇、傲天宇、李洋、张建行、代珊珊、申怡、王逸勉、徐亚鹏、栗军伟、乌兰、王卓、杨皓麟、施眉龙、张雄振等。

机器学习是一个快速发展、多学科交叉的研究方向,其理论及应用均存在大量的亟待解决的问题。限于作者的水平,书中难免有不妥和错误之处,敬请同行专家和读者指正。

刘　全

2021 年 1 月

符号对照表

$\Pr\{X=x\}$	随机变量 X 取值为 x 时的概率
$X \sim p$	随机变量 X 服从分布 $p(x)=\Pr\{X=x\}$
$\mathbb{E}[X]$	随机变量 X 的期望
$\mathbb{E}_{x \sim p}, \mathbb{E}_{x \sim p(x)}, \mathbb{E}_p$	服从 $p(x)$ 分布的函数的期望
$\arg\max_a f(a)$	$f(a)$ 取最大值时 a 的值
$\ln x$	x 的自然对数函数
e^x	x 的自然指数函数
$\mathbb{R}$	实数集
$\leftarrow$	赋值
ε	ε 贪心策略中随机采取动作的概率
γ	折扣系数
λ	资格迹中的衰减率
s, s'	状态，下一状态
a	动作
r	奖赏
$\mathcal{S}^+$	包括终止状态的所有状态集合
$\mathcal{S}$	所有非终止状态的集合
$\mathcal{A}(s)$	状态 s 对应的动作集合
$\mathcal{R}$	所有可能奖赏的集合，为 $\mathbb{R}$ 的有限子集
$\subset$	表示子集关系
$\in$	表示属于关系
$|\mathcal{S}|$	集合 $\mathcal{S}$ 中元素的个数
t	时刻，离散的时间步
$T, T(t)$	情节的终止时刻，或是包含时间 t 的情节的终止时刻
A_t	时刻 t 的动作
S_t	时刻 t 的状态
R_t	时刻 t 的奖赏
π	策略
$\pi(s)$	根据确定性策略 π 在状态 s 选取的动作
$\pi(a|s)$	根据随机性策略 π 在状态 s 选取动作 a 的概率
G_t	时刻 t 的回报
h	向前观测时所涉及的时间边界
$G_{t:t+n}, G_{t:h}$	从 $t+1$ 到 $t+n$，或者到时刻 h 的 n 步回报

$\bar{G}_{t:h}$	从 $t+1$ 到时刻 h 无折扣的回报
$p(s',r|s,a),P_{ss'}^a$	从状态 s 采取动作 a 转移到状态 s' 并获得奖赏 r 的概率
$p(s'|s,a),P_{ss'}$	从状态 s 采取动作 a 转移到状态 s' 的概率
$r(s,a),R_s^a$	从状态 s 采取动作 a 时获得的立即奖赏的期望
$r(s,a,s'),R_{ss'}^a$	从状态 s 采取动作 a 转移到 s' 时获得的立即奖赏的期望
$v_\pi(s)$	状态 s 在策略 π 下的价值
$v_*(s)$	状态 s 在最优策略下的价值
$q_\pi(s,a)$	策略 π 下状态 s 采取动作 a 的价值
$q_*(s,a)$	最优策略下状态 s 采取动作 a 的价值
V,V_t	状态值函数 v_π 或 v_* 的估计值的数组表示
Q,Q_t	动作值函数 q_π 或 q_* 的估计值的数组表示
δ_t	t 时刻的时序差分误差
n	在 n 步方法中，n 是自举法的步数
$\rho_{t:h},\rho_t^T$	从时刻 t 开始到时刻 h 的重要度采样比率
ρ_t	时刻 t 上的重要性采样比率
$\boldsymbol{w},\boldsymbol{w}_t$	近似价值函数的权值向量
$\hat{v}(s,\boldsymbol{w})$	给定权值向量 w 时状态 s 的近似价值
$\boldsymbol{\theta},\boldsymbol{\theta}_t$	目标策略的参数向量
$\pi(a|s,\boldsymbol{\theta})$	给定参数向量 θ 时状态 s 采取动作 a 的概率
$J(\boldsymbol{\theta})$	策略 $\pi_{\boldsymbol{\theta}}$ 的性能度量
$\nabla J(\boldsymbol{\theta})$	$J(\boldsymbol{\theta})$ 对 θ 的偏导数向量
$\mu(s)$	同策略的状态分布
$\boldsymbol{x}(s,a)$	状态 s 的特征向量

对于书中出现的大小写字符及易混淆字符，在此进行着重强调。

1. 随机变量与变量实例

（1）随机变量：作为占位符而不是一个具体数值，用大写字母表示，如 t 时刻的状态、动作和奖赏可以分别表示为 S_t,A_t,R_t；

（2）变量实例：作为一个具体的数值，用小写字母表示，如某时刻的状态、动作和奖赏值分别为 s,a,r。

2. 小写状态值函数

（1）用 $v_\pi(s)$ 表示在策略 π 下，状态 s 的真实状态值函数；

（2）用 $v_\pi(S_t)$ 表示在某一轨迹中，t 时刻状态 S_t 的真实状态值函数。

3. 大写状态值函数

（1）用 $V(s)$ 表示状态 s 的状态值函数估计值，既可以从估计值的角度理解，也可以

从数组存储的角度理解;

（2）用 $V_t(s)$ 表示第 t 次迭代得到的状态 s 的状态值函数估计值;

（3）用 $V(S_t)$ 表示在某一轨迹中，t 时刻状态 S_t 的状态值函数估计值。

4. 其他

（1）根据 2 和 3 原则，伪代码中一般都使用大写的字符来存储数据;

（2）有时会省略值函数的下标 π，但是默认它还是实际存在的。

目 录

随书资源

第一部分：预备知识及环境安装

第二部分：表格式强化学习

第三部分：深度强化学习

第一部分：预备知识及环境安装

近年来，机器学习已成为人工智能研究的核心和主要的发展方向之一。它与统计学、心理学、机器人学等各个学科都有着紧密的联系，牵涉面也非常广。按照学习机制分类，常见的机器学习方法可以分为**监督学习**（supervised learning）、**无监督学习**（unsupervised learning）和**强化学习**（Reinforcement Learning，RL）。其中，强化学习是一种以环境的反馈作为输入，并能自适应环境的机器学习方法。它的思想是与周围的环境进行交互，获得最大累积奖赏，利用接收到的评价奖赏信号实现决策，从而达到优化的目的。强化学习源自模仿自然界中人类和动物的学习方式，并在20世纪80年代在人工智能、自动控制领域得到广泛的研究和应用。尤其是随着**深度学习**（Deep Learning，DL）研究的不断深入，将深度学习与强化学习相结合的**深度强化学习**（Deep Reinforcement Learning，DRL）技术，已成为目前机器学习领域的主要研究热点之一。

本书的第一部分主要介绍深度强化学习研究的国内外现状及基本概念，并给出实现强化学习任务所需要的实验环境及安装方法。该部分主要包括第1章深度强化学习概述、第2章环境的配置共2章，为后续深度强化学习提供理论基础和实验环境。

第 1 章

深度强化学习概述

1.1 引言

在线视频

深度学习(Deep Learning,DL)和**强化学习**(Reinforcement Learning,RL)是目前机器学习领域中比较热门的两个分支。其中,深度学习的基本思想是通过堆叠多层的网络结构和非线性变换方法,组合低层特征,从而实现对输入数据的分级表达。与深度学习不同,强化学习并没有提供直接的监督信号来指导**智能体**(Agent)的行为。在强化学习中,Agent 是通过试错的机制与环境进行不断地交互,从而最大化从环境中获得的累计奖赏。**深度强化学习**(Deep Reinforcement Learning,DRL)将具有感知能力的深度学习和具有决策能力的强化学习相结合,初步形成从输入原始数据到输出动作控制的完整智能系统。

近年来,深度学习已经在计算机视觉、语音识别与合成、自然语言处理、机器人等领域得到广泛应用。深度学习方法通常使用多层的神经网络和非线性变换方法,实现对高维输入数据的认知与表达。强化学习作为机器学习领域的另一个研究热点,已经广泛应用于游戏、仿真模拟、工业控制、机器人控制和参数优化等领域。在强化学习方法中,Agent 通过试错的形式与环境进行不断地交互得到反馈信号,并通过最大化累计奖赏的方式学习问题的最优策略。随着人类社会的飞速发展,越来越多复杂的决策问题需要利用深度学习的强大感知能力来对大规模输入数据提取抽象特征,并以此特征为依据进行自我激励的强化学习,最终求解出问题的最优策略。由此谷歌的人工智能研究团队 DeepMind 公司创新性地将具有感知能力的深度学习和具有决策能力的强化学习相结合,形成了人工智能领域新的研究热点,即深度强化学习。此后,在很多挑战性领域,DeepMind 公司构造并实现了人类专家级别的 Agent。这些 Agent 对自身知识的构建和学习都直接来自原始输入信号,不需要任何的人工编码和领域知识。因此深度强化学习是一种端对端(end-to-end)的感知与控制系统,具有很强的通用性。其学习过程可以描述为:①在每个时刻,Agent 与环境交互实现高维度地观察,并利用深度学习方法来感知观察,以得到抽象、具体的状态特征表示;②基于预期回报来评价各动作的价值函数,并通过某种策略将当前状态映射为相应的动作;③环境对此动作做出反应,并得到下一个观察。不断循环以上过程,最终可以得到实现目标的最优策略。深度强化学习原理框架如图 1.1 所示。

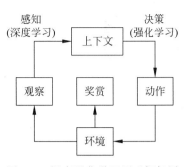

图 1.1　深度强化学习原理框架图

目前深度强化学习技术在游戏、机器人控制、参数优化、机器视觉等领域中得到了广泛的应用,并被认为是迈向**通用人工智能**(Artificial General Intelligence,AGI)的重要途径。

1.2　深度学习

深度学习的概念源于**人工神经网络**(Artificial Neural Network,ANN)。包含多隐藏层的**多层感知器**(Multi-Layer Perceptron,MLP)是深度学习模型的一个典型范例。深度学习模型通常由多层的非线性运算单元组合而成,其将较低层的输出作为更高一层的输入,通过这种方式自动地从大量训练数据中学习抽象的特征表示,从而发现数据的分布式特征。与浅层网络相比,传统的多隐藏层网络模型有更好的特征表达能力,但由于计算能力不足、训练数据缺乏、梯度弥散等原因,一直无法取得突破性进展。直到 2006 年,深度神经网络的研究才迎来了转机。Hinton 等提出了一种训练深层神经网络的基本原则:先用非监督学习对网络逐层进行贪心的预训练,再用监督学习对整个网络进行微调。这种预训练的方式为深度神经网络提供了较理想的初始参数,降低了深度神经网络的优化难度。此后几年,各种深度学习模型被相继提出,包括**堆栈式自动编码器**(Stacked Auto-Encoder,SAE)、**限制玻尔兹曼机**(Restricted Boltzmann Machine,RBM)、**深度信念网络**(Deep Belief Network,DBN)、**循环神经网络**(Recurrent Neural Network,RNN)等。

随着训练数据的增长和计算能力的提升,**卷积神经网络**(Convolutional Neural Network,CNN)开始在各领域中得到广泛应用。Krizhevsky 等在 2012 年提出了一种称为 AlexNet 的深度卷积神经网络。在 2012 年的 ImageNet 图像分类竞赛中,AlexNet 神经网络大幅度降低了图像识别的 top-5 错误率。此后卷积神经网络朝着以下 4 个方向迅速发展:

(1) **增加网络的层数**。在 2014 年,**视觉几何组**(Visual Geometry Group,VGG)的 Simonyan 等提出了 VGG-Net 模型,进一步降低了图像识别的错误率。He 等提出了一种扩展深度卷积神经网络的高效方法。

(2) **增加卷积模块的功能**。Lin 等人利用多层感知卷积层替代传统的卷积操作,提出了一种称为 Network in Network(NIN)的深度卷积网络模型。Szegedy 等人在现有网络模型中加入一种新颖的 Inception 结构,提出了 NIN 的改进版本 GoogleNet,并在 2014 年获得了 ILSVRC 物体检测的冠军。

(3)增加网络层数和卷积模块功能。 He 等提出了**深度残差网络**(Deep Residual Network,DRN),并在 2015 年获得了 ILSVRC 物体检测和物体识别的双料冠军。Szegedy 等人进一步将 Inception 结构与 DRN 相结合,提出了**基于 Inception 结构的深度残差网络**(Inception Residual Network,IRN)。此后,He 等提出了**恒等映射的深度残差网络**(Identify Mapping Residual Network,IMRN),进一步提升了物体检测和识别的准确率。

(4)增加新的网络模块。 向卷积神经网络中加入**循环神经网络**(Recurrent Neural Network,RNN)、**注意力机制**(Attention Mechanism,AM)等结构。

1.3 强化学习

强化学习,也称为增强学习或再励学习,是从控制理论、统计学、心理学等相关学科发展而来的,最早可以追溯到巴甫洛夫的条件反射实验。但直到 20 世纪 80 年代末、90 年代初,强化学习技术才得到广泛重视。由于具有自学习和在线学习的优点,强化学习被认为是设计智能系统的核心技术之一。2016 年,由 DeepMind 公司开发的 AlphaGo 程序在人机围棋博弈中战胜了韩国的围棋大师李世石,并在次年战胜当时世界围棋第一人柯洁,至此人工智能领域的目光再一次聚焦于 AlphaGo 的主要算法——强化学习,并由此掀起了强化学习研究的热潮。

从分类上讲,机器学习属于人工智能的研究领域,强化学习是机器学习的一条重要分支。机器学习主要分为**监督学习**(supervised learning)、**无监督学习**(unsupervised learning)和**强化学习**(reinforcement learning)3 类。其中,监督学习是经典机器学习的一个重要研究方向。简单来说,监督学习通过大量带标签的数据来学习数据中内在的联系,常用的监督学习算法包括回归、分类等。然而在现实中常常会遇到这样的问题:①由于缺乏足够的先验知识,难以人工标注类别;②进行人工类别标注的成本太高。无监督学习通过无标签的数据找到其中隐藏的联系。常用的无监督学习算法包括聚类、降维等。

强化学习是一种交互式的学习方法,Agent 以试错的方式进行学习,通过与环境进行交互获得奖赏,并指导 Agent 选择动作,对具体问题给出最优策略,以获得最大累计奖赏。强化学习与传统机器学习的不同之处在于:①没有标签,只有奖赏,由于外部环境提供的信息很少,Agent 必须靠自身的经历进行学习;②反馈具有延迟性,奖赏通常是经历某些特殊状态后才能给出,这样导致的问题是,获得的回报如何分配给前面的状态;③与监督学习不同,数据与时间有关,不具有独立同分布的数据特征;④当前采取的动作会影响后续的数据。

强化学习是一种交互式的学习方法,其主要特点为**"试错搜索"**(trial-and-error)和**"延迟回报"**(delay return)。学习过程是 Agent 与环境不断交互并从环境的反馈信息中学习的过程。Agent 与环境交互的过程如下：
①Agent 感知当前环境的**状态**(state)S_t；②在当前
策略 π 下，根据当前状态 S_t 和**奖赏值**(reward)(强
化信号)R_t，Agent 选择一个**动作**(action)A_t，并执
行该动作；③当 Agent 所选择的动作作用于环境
时，环境转移到新状态 S_{t+1}，并给出新的奖赏 R_{t+1}；
④Agent 根据环境反馈的奖赏值 R_{t+1} 计算**回报值**
(return)G_t，并将回报值 G_t 作为更新内部策略 π 的
依据(如图 1.2 所示)。

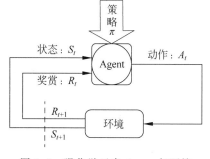

图 1.2　强化学习中 Agent 与环境
的交互过程

　　在这个过程中，并没有告诉 Agent 应该采取哪
个动作，而是由 Agent 根据环境的反馈信息自己发
现。Agent 选择动作的原则：尽量让 Agent 在以后的学习过程中从环境获得的正强化信
号概率增大，即 Agent 应该使自己的动作受到环境奖赏的概率增大，受到惩罚的概率减
小。正是这样的学习特点，使得强化学习成为与监督学习和无监督学习并列的一种学习
技术。

　　在强化学习中，Agent 与环境交互过程涉及的主要要素包括以下几方面。

　　(1) 任务：在强化学习中，任务为需要解决的问题。在扫地机器人任务中，需要解决
的问题是找到捡拾垃圾或到达充电桩的最短路径。

　　(2) Agent 与环境：在强化学习系统中，Agent 为学习器或决策器。环境为 Agent 以
外的所有与其交互的事物。Agent 接收到来自环境的信息并作出动作选择的决策。
Agent 与环境之间的界限与通常所说的机器人或动物身体的物理边界不同，这个界限更
靠近 Agent。例如，机器人的发动机、机械链接及其传感器等通常认为是环境的部分，而
非 Agent 的部分。同样，将 MDP 框架应用到人或动物身上，肌肉、骨骼和感觉器官也被
认为是环境的一部分。而对 Agent 来说，可以认为是用来选择操作的程序模块。在扫地
机器人任务中，Agent 被认为是用来选择机器人动作的程序，环境则包括机器人的硬件装
置、所处的场景、充电桩及垃圾等。

　　(3) 状态：根据解决问题的需要，某一时刻 Agent 感知到的环境信息。所有状态构
成状态空间。在扫地机器人任务中，状态为 Agent 在场景中所处的位置，可以是其所处
的直角坐标。

　　(4) 动作：在每一状态下，动作为 Agent 可以执行的操作。所有动作构成动作空间。
在扫地机器人任务中，动作包括在当前位置向上、向下、向左、向右等 4 个动作。但不同的
状态，其可以执行的动作可能是不同的。

　　(5) 奖赏：在每一状态下，Agent 采取动作，到达下一状态，环境回馈给 Agent 的即
时信号。奖赏通常为一个单一标量数值。Agent 的目标是最大化其收到的累计奖赏。这
意味着，在强化学习中，需要最大化的不是立即奖赏，而是长期的累计奖赏。

　　(6) 策略：策略表示从状态到每个动作选择概率之间的映射。策略为在某一状态下
采取动作的概率分布。与状态转移概率不同，策略概率通常是人为设定的。根据概率分
布形式，策略可以分为确定策略和随机策略。

　　(7) 值函数：值函数表示 Agent 在某个状态或状态-动作下的好坏程度，即期望回报。而回报与采取的策略相关，因此值函数的估计都是基于给定策略而进行的。

　　(8) 模型：在强化学习中，模型是 Agent 对环境的一个建模，通常为与解决问题相关的信息，包括状态空间、动作空间、迁移函数和奖赏函数。在有些任务中模型是已知的，即基于模型的；有些任务模型是部分已知或未知的，即无模型。

1.4　深度强化学习

　　由于计算能力不足、训练数据缺失等，早期的一些深度学习与强化学习结合的工作在解决决策问题时受到较大的局限。这些工作的主要思路是利用深度神经网络对高维度输入数据进行降维，以便于利用传统强化学习算法求解最优策略。Lange 等将深度学习中的自动编码器模型应用到传统的强化学习算法中，提出**深度自动编码器**(Deep Auto-Encoder，DAE)；Riedmiller 等使用多层感知器近似表示 Q 值函数，并提出**神经拟合 Q 迭代**(Neural Fitted Q Iteration，NFQ)算法；Abtahi 等用**深度信念网**(Deep Belief Network，DBN)作为强化学习中的函数逼近器；Lange 等提出基于视觉感知的**深度拟合 Q 学习算法**(Deep Fitted Q-Learning，DFQ)，并将该算法运用到车辆控制任务中。而真正使深度强化学习成为人工智能领域研究热点的是 DeepMind 团队公开发表的相关工作。Mnih 等人将深度学习中的**卷积神经网络**(Convolutional Neural Network，CNN)模型和强化学习中的 **Q 学习算法**(Q-Learning)相结合，提出**深度 Q 网络**(Deep Q-Network，DQN)模型。该模型可直接将原始的游戏视频画面作为输入信息，游戏得分作为强化学习中的奖赏信号，并通过**深度 Q 学习**(Deep Q-Learning)算法进行训练。最终该模型在许多 Atari 2600 游戏上的表现已经达到甚至超过了专业人类玩家的水平。此后，DeepMind 团队又开发出一款被称为 AlphaGo 的围棋算法。该算法将卷积神经网络、**策略梯度**(Policy Gradient)和**蒙特卡洛树搜索**(Monte Carlo Tree Search，MCTS) 3 种方法相结合，大幅度缩减了有关走子动作搜索空间的大小，提升了对棋局形势估计的准确性。最终 AlphaGo 以悬殊的比分先后击败当时的欧洲围棋冠军和世界围棋冠军。该事件在人工智能发展史上具有划时代的意义，成功将深度强化学习技术推向了一个研究高峰。

　　虽然 DQN 模型在 Atari 2600 的大部分游戏中能够取得超越人类玩家水平的成绩，但是 DQN 采用选择 Q 值最大的动作作为最优动作，该方式容易使得算法在学习过程中出现过度乐观地估计动作值的问题。针对此问题，Van Hasselt 等把**双重 Q 学习**(Double Q-Learning)算法与深度神经网络相结合，提出一种**双重深度 Q 网络**(Double Deep Q-Network，DDQN)模型。DDQN 在计算目标回报值和选择动作时使用的是两套不同的网络参数，利用这种方式来计算损失，DDQN 成功地解决了 DQN 容易出现过度乐观地估计动作值的问题。为了提升算法的采样效率和稳定性，DQN 和 DDQN 均引入了经验重放机制，通过把 Agent 与环境交互获得的信息作为样本存放到经验重放缓冲池中，在训练过程中利用等概率采样方式从缓冲池中随机选择一组小批量样本来计算相应的损失，并通过随机梯度下降方法来更新网络模型的参数。由于不同样本间的重要程度不同，而

DQN 和 DDQN 采用随机等概率方式进行采样,所以 DQN 和 DDQN 无法区分不同样本之间的重要性,故而无法有效地利用那些对模型训练更有效的样本。针对此问题,Schaul 等人把优先级采样与深度强化学习相结合,提出了一种**基于优先级采样的深度强化学习** (Deep Reinforcement Learning with Prioritized Experience Replay)方法。该算法的核心思想是利用不同的状态-动作获得的立即奖赏、回报值不同,将回报值的时间差分误差和立即奖赏等信息作为缓冲池中样本优先级的评价标准,为缓冲池中的样本赋予对应的优先级,优先级越高的样本被采样的概率也越高。Lakshminarayanan 等将动态跳帧方法与深度 Q 网络相结合,提出了一种**基于动态跳帧的深度 Q 网络**(Dynamic Frame Skip Deep Q-Network,DFDQN)算法。He 等人把约束性优化方法和深度 Q 网络相结合,以提高有价值奖赏的传播速度,从而提升算法的性能,并减少模型的训练时间。

虽然 DQN、DDQN 等深度强化学习算法在诸如 Atari 2600 游戏等高维状态空间任务中取得了显著的成功,但由于 CNN 本身固有的局限性,无法处理任务状态在不同时间尺度存在依赖关系的任务(任务状态在不同时间尺度存在依赖关系的任务称为战略性任务),所以上述基于 CNN 的深度强化学习算法在战略性任务中的性能表现均比较差。Hochreiter 和 Schmidhuber 提出的一种**长短期记忆**(Long Short-Term Memory,LSTM)网络和 Cho 等人提出的一种**门限循环神经单元**(Gated Recurrent Unit,GRU),能够有效地处理任务状态之间在不同时间尺度存在依赖关系的这一类任务。Narasimhan 等人利用 LSTM 网络,提出了一种**深度循环 Q 网络**(Deep Recurrent Q-Network,DRQN),DRQN 在某些文本类游戏上表现优异。此外,Hausknecht 等为了解决**部分可观测的马尔可夫决策过程**(Partially Observable MDPs,POMDPs)问题,提出了一种基于循环神经网络的深度循环 Q 学习算法,该算法在 Atari 2600 部分游戏中取得了比 DQN、DDQN 等算法更优的学习效果。Wang 等人将竞争网络结构(Dueling Network Architectures)引入到深度 Q 网络模型中,提出了一种**基于竞争网络的深度 Q 网络**(Dueling Deep Q-Networks,Dueling DQN)算法。该竞争网络结构将卷积神经网络提取的数据特征分别传递到状态值函数和动作值函数两个分支中,使得值函数的估计更加准确。Junhyuk 等人把外部记忆网络结构引入深度 Q 网络模型中,使得 Agent 能够有效地处理状态部分可观测问题和延迟奖赏问题。Kulkarni 等提出了一种**分层深度强化学习**(Hierarchical Deep Reinforcement Learning,HDRL)方法,该方法可以在不同时空尺度上设置不同的子目标,并通过内在的激励机制来鼓励探索,从而增强 Agent 处理稀疏奖赏、延迟奖赏等问题的能力。

由于深度强化学习方法处理的数据维度较高以及需要非常多的迭代次数来获取问题的最优解,所以需要大量的训练时间。为了提升 Agent 的学习速度以及 Agent 的学习效果,Mnih 等将深度强化学习与异步方法相结合,提出了一种**异步深度强化学习**(Asynchronous Deep Reinforcement Learning,ADRL)方法。异步深度强化学习使用异步方法来取代传统的经验重放机制,使得异步深度强化学习算法不再需要存储大量的训练样本,节省了大量的存储资源。异步深度强化学习算法还可以在一个多核的 CPU 设备上使用多线程技术来加速 Agent 的学习过程。Wang 等将经验重放机制和行动者-评论家方法相结合,提出了一种**基于经验重放机制的行动者-评论家**(Actor Critic with Experience Replay,ACER)方法。ACER 利用深度神经网络、方差减少技术、异策略的

Retrace 算法和并行化训练技术使得算法能够以更少的时间代价获得更优的稳定性、更高的采样效率和更优的性能。Hessel 等将众多深度强化学习算法的优点相结合，提出了一种称为 Rainbow 的深度强化学习算法，该算法在 Atari 2600 游戏平台上获得了更优的性能表现。

深度强化学习方法主要有两类：一是值函数方法，二是策略梯度方法。策略梯度方法通过在策略空间中直接搜索最优策略，更适合处理大规模状态动作空间的任务；策略梯度方法还能够处理值函数方法不能处理的连续动作空间任务。采用策略梯度方法的深度强化学习算法往往导致一个高方差的估计器。虽然行动者-评论家算法通过引入一个值函数来获得一个低方差的估计器，但是其以引入估计偏差为代价，即便是引入较小的偏差也会导致算法不收敛，或者收敛到不是局部最优的次优解。为了平衡策略梯度方法中梯度项的方差与偏差，Schulman 等提出了一种将**广义优势估计**（Generalized Advantage Estimation，GAE）应用到策略梯度的方法。采用了广义优势函数的策略梯度方法可以在保持方差较小的情况下，也能使偏差保持较小，进一步提高了策略梯度算法的性能。Schulman 等基于自然策略梯度方法提出了一种通过约束新旧策略的差异来指导策略更新的深度强化学习方法，被称为**置信区间策略优化**（Trust Region Policy Optimization，TRPO）**方法**。TRPO 方法通过计算新旧策略的 KL 散度，使该值小于一个小的正常数来约束新旧策略的差异，从而保证策略单调更新。但是 TRPO 方法是一类二阶优化方法，在计算更新梯度时，利用共轭梯度算法迭代求解，需要耗费大量的计算资源，从而需要更多的训练时间。针对此问题，Schulman 等对 TRPO 方法作了进一步的改进，提出了一种**近邻策略优化**（Proximal Policy Optimization Algorithms，PPO）**方法**，通过将新旧策略的差异简单地裁剪到一个固定的区间内，大幅度减少了算法所需的计算量。Wu 等人提出了一种**使用克罗内克因子化的置信区间的行动者-评论家**（Actor-Critic using Kronecker-factored Trust Region，ACKTR）**方法**。在 Atari 2600 游戏环境以及 MuJoCo 环境下进行实验，实验结果表明，ACKTR 可以有效改善样本的采样效率，并且提升 Agent 的学习效果。

虽然深度强化学习在很多领域已取得若干重要理论和应用成果，但由于深度强化学习问题本身所具有的复杂性，使得深度强化学习方法距离广度和深度应用依旧存在一定的距离。

（1）有价值离线转移样本的利用率不高。在传统的深度 Q 网络算法中，通过经验回放机制来实时处理模型训练过程中得到的转移样本。该机制每次从样本池中等概率地抽取小批量的样本用于训练模型，然而这种方式使得 Agent 不能区分出不同转移样本之间的重要性差异，对有价值样本的利用率不高，并且可能导致一些重要样本的被覆盖和重复利用等问题。

（2）延迟奖赏和部分状态可观测。在一些较为复杂的任务场景中，普遍存在稀疏、延迟奖赏等问题，这些问题是深度强化学习领域中重要的待攻克难题。传统的深度 Q 网络算法缺乏应对延迟奖赏和部分状态可观测问题的有效办法，因此在面对一些难度较大的战略性决策任务时，表现出的性能和稳定性不够理想。

（3）连续动作空间下算法的性能和稳定性不足。在连续动作空间的决策任务中，传统的深度强化学习算法在评估目标 Q 值时仅使用离线策略的 Q 学习算法，而并没有在模型训练的初期高效地利用在线得到的一系列回报值，这使得目标 Q 值的估计不够精确，从而影响了连续动作空间中深度强化学习算法的性能和稳定性。

1.5　小结

深度强化学习作为当前人工智能领域最热门的研究方向之一，已经吸引了越来越多学术界和工业界人士对其进行不断地研究并将其发展。本章详述了深度强化学习当前的研究现状和发展趋势，介绍了基于值函数、策略梯度的两大类深度强化学习方法以及深度强化学习技术的几个重要的实际应用。这两类深度强化学习方法可以成功解决众多具有挑战性的问题，例如视频游戏、围棋和机器人的操纵等。目前深度强化学习前沿的研究方向还包括分层深度强化学习、多任务迁移深度强化学习、多 Agent 深度强化学习、基于记忆与推理的深度强化学习以及深度强化学习中探索与利用的平衡问题。可以发现深度强化学习技术正向更加通用、灵活、智能的方向发展，这体现在：①通过分层深度强化学习方法可以将复杂、困难的整体任务分解为若干规模较小的子任务；②多任务迁移深度强化学习的研究，通过训练单独的模型使得完成多个任务变得可能；③多 Agent 的深度强化学习模型已经能够初步应对一些需要合作、竞争与通信的难题；④通过向深度强化学习模型中加入外部的记忆组件，使得 Agent 具有了初步的主动认知与推理能力；⑤深度强化学习模型正在尝试模拟人类大脑辅助学习系统的工作方式，从而构造一个可以自主记忆、学习和决策的 Agent；⑥深度强化学习模型在复杂场景中的探索效率正逐步提高，在一些高难度的任务中取得了不错的表现。

综上所述，各类深度强化学习方法的成功主要得益于大幅度提升的计算能力和训练数据量。本质上，这些深度强化学习算法还不具备如人类般的自主思考、推理与学习能力。为了进一步接近通用人工智能的终极目标，未来深度强化学习会朝着如下的几个方向发展：①更加趋于通过增量式、组合式的学习方式来训练深度强化学习模型；②无监督的**生成模型**(generative model)将会在深度强化学习方法中扮演更加重要的角色；③开发出完备和高效的**计算图模型**(computational graph model)，以方便地向深度强化学习网络中加入注意力机制、记忆单元、反馈控制等辅助结构；④在深度强化学习模型中整合不同种类的记忆单元，如 LSTM、内存堆栈记忆、NTM 等模型，使得 Agent 的记忆功能更加趋于完善，以提高其主动推理与认知的能力；⑤进一步加强认知神经科学对深度强化学习的启发，使 Agent 逐渐掌握如人类大脑所拥有的记忆、聚焦、规划和学习等功能；⑥迁移学习将会被更多地应用到深度强化学习方法中，以缓解真实任务场景中训练数据缺乏的问题；⑦借助于云服务器端的多 Agent 协同学习将成为一种新趋势；⑧迁移学习、协同学习和目标驱动等方法使深度强化学习模型的通用性更好。可以预见的是，随着深度强化学习理论和方法研究的不断深入，人类将会在不久的将来实现 DeepMind 公司提出的"解决智能，并用智能解决一切"的理想目标。

1.6 习题

1. 机器学习主要分为哪几个类别? 根据强化学习的基本原理,简述强化学习与其他机器学习方法的异同点。

2. 深度强化学习主要有哪些类别?

3. 阐述深度学习、强化学习及深度强化学习三者之间的关系。

4. 举例说明深度强化学习的未来发展方向。

第 2 章

环境的配置

深度强化学习技术将具有感知能力的深度学习和具有决策能力的强化学习相结合，形成直接从输入原始数据到输出动作控制的完整智能系统。因此对于从事深度强化学习研究的相关工作人员而言，选择一个好的工具会事半功倍。PyTorch 是 Facebook 公司在深度学习框架 Torch 基础上，使用 Python 重写的一个全新的框架。它不仅继承了 NumPy 的众多优点，还支持 GPU 计算。另外 PyTorch 还拥有丰富的 API，可以快速完成深度神经网络模型的搭建和训练。因此，PyTorch 无疑是目前研究深度强化学习的最好选择。本章将讲解 PyTorch 与其他工具相比所具有的优点，以及使用 PyTorch 所必需的环境安装及使用方法。为了更方便快捷地构建、模拟、渲染和实验强化学习算法，本书使用了 Gym 等环境平台，对于这些平台，本章也阐述了其安装及常用的使用方法。

2.1　PyTorch 简介

PyTorch 是美国 Facebook 公司使用 Python 语言开发的一个深度学习框架。2017 年 1 月，Facebook 人工智能研究院 FAIR 团队在 GitHub 上开源了 PyTorch。因其框架设计理念先进，在调试、编译等方面具有优势，PyTorch 迅速占领了 GitHub 热度榜榜首。PyTorch 的历史可追溯到 2002 年诞生于纽约大学的 Torch。Torch 使用了一种不是很大众的语言 Lua 作为接口。Lua 简洁高效，但由于其过于小众，使用人数较少，以至于很多人听说要掌握 Torch 必须新学一门语言就望而却步（其实 Lua 是一门比 Python 还简单的语言）。

考虑到 Python 在计算科学领域的领先地位，以及其生态完整性和接口易用性，几乎所有的深度学习框架都不可避免地要提供 Python 接口。PyTorch 不是简单地封装 Lua、Torch，提供 Python 接口，而是对 Tensor 之上的所有模块进行了重构，新增了最先进的自动求导系统。所以 PyTorch 一经发布，便受到了众多开发人员和科研人员的广泛关注,逐渐成为目前最流行的动态图框架之一。目前,PyTorch 的热度已然逐渐超越了 Caffe、MXNet 和 Theano 等其他深度学习框架,并且其热度还在持续上升。

2.2　PyTorch 和 TensorFlow

目前深度强化学习方面的主流工具大致可以分为 PyTorch 和 TensorFlow。本书选择 PyTorch 作为开发工具,其主要原因在于以下两个方面。

（1）**TensorFlow 创建的是静态图,而 PyTorch 创建的是动态图**。具体来说,TensorFlow 在定义模型的整个计算图之后才开始运行机器学习模型,而 PyTorch 的计算图是在运行时创建的,可以随时定义、随时更改、随时执行节点。特别是在类似于循环神经网络 RNN 这样的模型中,需要使用可变长度的输入,这时 PyTorch 的动态计算图会显示出更强大的优势。

（2）**TensorFlow 的学习曲线要比 PyTorch 陡峭得多**。PyTorch 更贴近 Python 语言,建立机器学习模型时也更直接,符合人类的思维。而使用 TensorFlow,需要先理解 TensorFlow 的一些工作机制,例如**会话**（session）、**占位符**（placeholder）等。因此与 PyTorch 相比,对 TensorFlow 框架的学习和应用难度会更大。

2.3　强化学习的开发环境

在线视频

与其他的机器学习一样,强化学习也有一些经典的实验场景,例如基于 Gym 平台的 Mountain-Car,Cart-Pole 等。此外,由于近年来深度强化学习的兴起,各种新的更复杂的实验平台和场景也在不断涌现。常见的强化学习实验平台有 OpenAI Gym、OpenAI Baselines、MuJoCo、rllab、Pysc2 等。

OpenAI Gym 是 OpenAI 推出的研究强化学习算法的工具包,它覆盖的场景非常多,包括经典的 Cart-Pole、Mountain-Car 场景以及 Atari、Go、MuJoCo 等场景。OpenAI Gym 作为一个专门针对强化学习的 Python 库,提供了 Agent 与环境进行交互的基本功能,帮助 Agent 在环境中进行感知,并获得环境反馈的状态和奖赏,很大程度上方便了用户对强化学习算法的实现和验证。

本节将主要介绍与强化学习相关的软件和环境的安装及配置方法,并提供 OpenAI Gym 库的操作实例。

2.3.1　Anaconda 环境搭建

Anaconda 是一个开源的包和环境管理器,包括 Conda、Python 和其他常用工具包,如 numpy、pandas、matplotlib 等,使用 Anaconda 管理 Python 依赖包能够极大地简化安装过程。下面将分别阐述 Anaconda 在 Windows 和 Linux 环境中的安装过程。

1. Windows 环境

进入 Anaconda 的官网 https://www.anaconda.com,通过下载界面,选择合适的

Windows 安装包进行下载。在安装完成后通过 Windows 的
开始界面进入安装好的 Anaconda 目录，Anaconda 目录界面
如图 2.1 所示。

通过单击目录下的 Anaconda Powershell Prompt(anaconda)
或者 Anaconda Prompt(anaconda)进入 anaconda 终端，后续
小节的环境安装可在此终端通过执行命令对环境进行安装与
使用。此外为了后续安装 Gym 等 Atari 环境，与 Linux 系统
相比，Windows 系统需额外下载 Microsoft Visual C++ 14.0

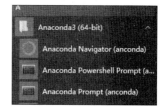

图 2.1　Windows 环境下
Anaconda 目录

安装包，安装包下载地址为 https://microsoft-visual-studio. softonic. cn/download，安装
时只需勾选"使用 C++的桌面开发"即可，等待安装完成后重启计算机。重启后进入上述
Anaconda 终端，后续的环境安装与 Linux 环境基本相同。

2. Linux 和 Mac 环境

通过官网下载界面选择所需系统的相应软件，下载完成之后打开"终端"进入下载目
录，执行 bash Anaconda3-2019. 10-Linux-x86_64. sh(以下载的文件名为准)，安装过程中
会提示是否需要将安装路径写入环境变量中，输入 yes，按 Enter 键执行，等待安装完成，
安装界面如图 2.2 所示。

```
(base) milaso@leo:~$ cd 下载
(base) milaso@leo:~/下载$ bash Anaconda3-2019.10-Linux-x86_64.sh

Welcome to Anaconda3 2019.10

In order to continue the installation process, please review the license
agreement.
Please, press ENTER to continue
>>>
```

图 2.2　Linux 和 Mac 环境下 Anaconda 安装界面

2.3.2　Anaconda 环境管理

Anaconda 安装成功后，可以创建新环境并对新环境进行基本的环境维护和管理。环
境管理部分采用命令行方式，为了方便起见，本书后续介绍的 PyTorch、Gym、Jupyter
Notebook 等环境的安装也都采用命令行方式，Linux 和 Mac 用户直接打开终端即可；
Windows 用户在开始菜单中打开 Anaconda Prompt 进入命令行模式。环境创建和管理
常用的命令如下。

1. conda create --name rl python＝3. 7

Anaconda 安装完成后，在命令行窗口中执行 conda create --name rl python＝3. 7 创
建环境。其中，rl 是环境名字，可以自定义；Python 版本号 3. 7 根据自己所需版本进行调
整(本节代码建议在 Python 3. 7 环境下使用)，创建界面如图 2.3 所示。

```
(base) milaso@leo:~$ conda create --name rl python=3.7
Collecting package metadata (current_repodata.json): done
Solving environment: done


==> WARNING: A newer version of conda exists. <==
  current version: 4.7.12
  latest version: 4.8.4

Please update conda by running

    $ conda update -n base -c defaults conda



## Package Plan ##

  environment location: /home/milaso/anaconda3/envs/rl

  added / updated specs:
    - python=3.7
```

图 2.3　在命令行窗口中创建环境

2. conda env list

在命令行窗口中执行 conda env list 命令可以查看当前用户已创建成功的环境,此时可以看到刚才创建的新环境 rl,界面如图 2.4 所示。

```
(base) milaso@leo:~$ conda env list
# conda environments:
#
base                  *  /home/milaso/anaconda3
rl                       /home/milaso/anaconda3/envs/rl
```

图 2.4　在命令行窗口中查看当前用户已创建的环境

3. source activate rl

在命令行窗口中执行 source activate rl 命令可以激活指定的 rl 环境,界面如图 2.5 所示。

```
(base) milaso@leo:~$ source activate rl
(rl) milaso@leo:~$
```

图 2.5　在命令行窗口中激活指定的环境

4. conda deactivate

在命令行窗口中执行 conda deactivate 命令可以退出所创建的环境,界面如图 2.6 所示。

5. conda remove --name rl --all

在命令行窗口中执行 conda remove --name rl --all 命令可以删除所创建的 rl 环境,界面如图 2.7 所示。

```
(base) milaso@leo:~$ source activate rl
(rl) milaso@leo:~$ conda deactivate
(base) milaso@leo:~$
```

图 2.6 在命令行窗口中退出指定的环境

```
(base) milaso@leo:~$ conda remove --name rl --all
Remove all packages in environment /home/milaso/anaconda3/envs/rl:

## Package Plan ##

  environment location: /home/milaso/anaconda3/envs/rl

The following packages will be REMOVED:

  _libgcc_mutex-0.1-main
  ca-certificates-2020.7.22-0
  certifi-2020.6.20-py37_0
  ld_impl_linux-64-2.33.1-h53a641e_7
  libedit-3.1.20191231-h14c3975_1
  libffi-3.3-he6710b0_2
  libgcc-ng-9.1.0-hdf63c60_0
  libstdcxx-ng-9.1.0-hdf63c60_0
  ncurses-6.2-he6710b0_1
  openssl-1.1.1g-h7b6447c_0
  pip-20.2.2-py37_0
  python-3.7.7-hcff3b4d_5
```

图 2.7 在命令行窗口中删除指定的环境

2.3.3 PyTorch 的安装

PyTorch 的安装比较简单,首先进入官网 https://pytorch.org 的 Get Started 页面,界面如图 2.8 所示。

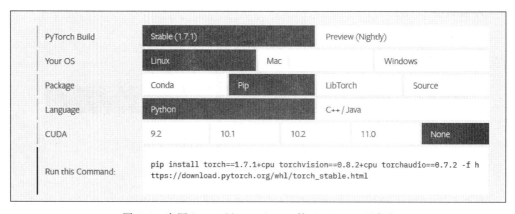

图 2.8 官网 https://pytorch.org 的 Get Started 页面

在 Get Started 页面中,可以根据自己的环境配置情况进行选择,操作系统是 Linux,使用 pip 安装,语言为 Python,没有 GPU 加速,单击每一个选项,可以在 Run this Command 处生成相应的命令。在命令行窗口中执行上述命令：pip install torch＝＝ 1.7.1＋cpu torchvision＝＝0.8.2＋cpu torchaudio＝＝0.7.2 -f https：//download.

pytorch. org/whl/torch_stable. html,即可安装,安装界面如图 2.9 所示。

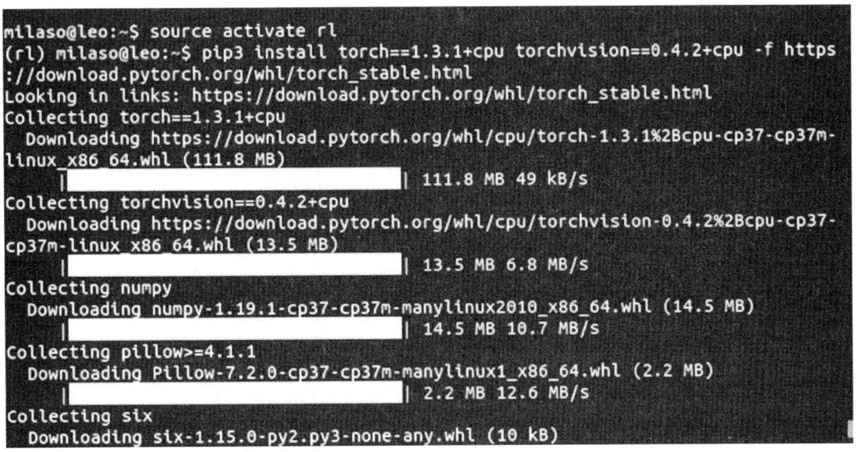

图 2.9 在 Linux 环境下 PyTorch 的安装界面

2.3.4 Jupyter Notebook 的安装

用 pip 命令安装 Jupyter Notebook。打开"终端",在命令行窗口中执行 pip install jupyter 命令,界面如图 2.10 所示。只需要等待片刻,即可以完成安装过程。

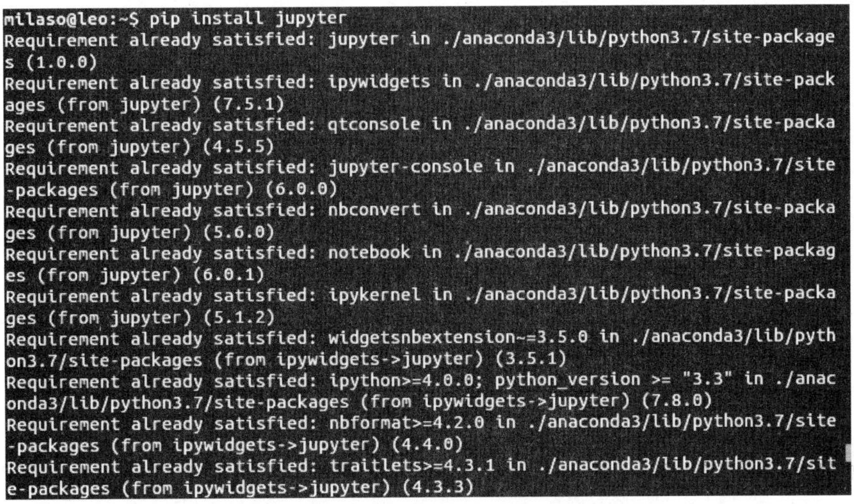

图 2.10 Jupyter Notebook 的安装界面

2.3.5 Jupyter Notebook 的使用

成功安装 Jupyter Notebook 后,在终端(Mac/Linux)或命令窗口(Windows)中执行命令 Jupyter Notebook,即可以在默认浏览器中打开 Jupyter Notebook。网址为 http://localhost:8888/tree♯notebooks。

Jupyter Notebook 主面板(Notebook Dashboard)如图 2.11 所示。

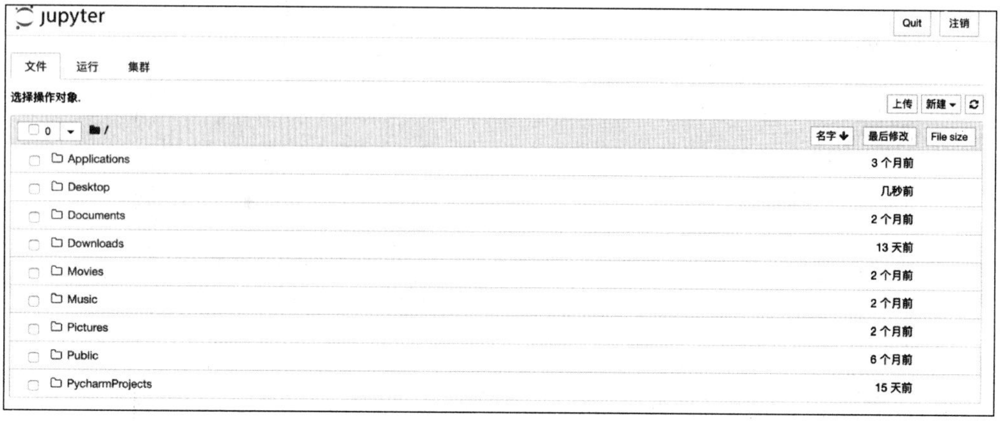

图 2.11　Jupyter Notebook 的主面板

打开 Notebook，可以看到如图 2.11 所示的主面板。菜单栏中包含有"文件""运行"和"集群"3 个选项。使用最多的选项为"文件"，可以在该选项中完成 Notebook 的"新建""重命名""复制"等操作。

文件：用于显示当前目录下所有文件的信息。

运行：用于显示当前正在运行的 Notebook 文件。

集群：由 IPython parallel 包提供，用于并行计算。

单击页面右侧的"新建"选项卡，可以打开一个新的 Notebook 文件，在这里包含 4 个选项可供选择："Python 3""文本文件""文件夹""终端"。

选择"文本文件"选项，可以得到一个空白的文档。在文档中能够输入任何字母、单词和数字。它类似于文本编辑器(类似于 Ubuntu 上的应用程序)。在文档中也可以选择一种语言(支持多种语言)，然后用该语言来编写脚本。在文档中还可以查找和替换文件中的单词。

选择"文件夹"选项，可以创建一个新文件夹，重新命名或者删除文件夹。

选择"终端"选项的工作方式与 Mac 或 Linux 系统上的"终端"完全相同(或者 Windows 上的 cmd)。它在 Web 浏览器中支持终端会话。在这个终端中输入 Python 即可编写 Python 脚本。

创建 Python 文件，从"新建"选项中选择"Python 3"选项，界面如图 2.12 所示。

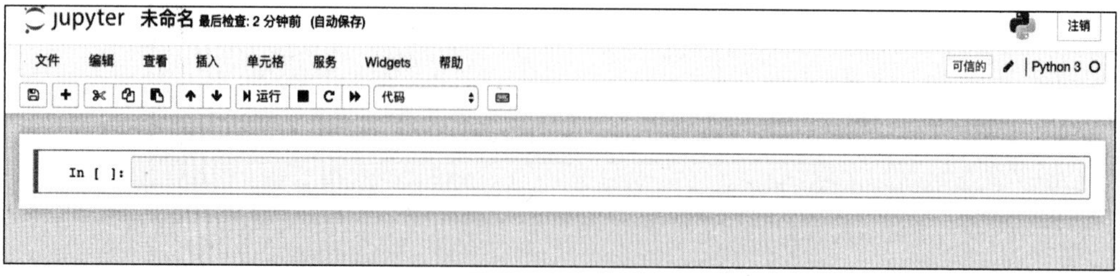

图 2.12　Jupyter Notebook 的"新建"文件界面

在图 2.12 中从左到右代表的快捷操作分别是：①保存当前 Notebook 文件；②增加 Notebook 文件中新的输入单元；③剪切被选中的输入单元；④复制被选中的输入单元；⑤粘贴被选中的输入单元；⑥上移被选中的输入单元；⑦下移被选中的输入单元；⑧运行被选中的输入单元；⑨暂停当前 Notebook 文件的 Kernel；⑩刷新当前运行的 Notebook 文件的 Kernel；⑪运行整个 Notebook 文件；⑫指定被选中的输入单元的内容编辑模式。包括 4 种内容编辑模式："代码""标记""原生 NBConvert""标题"，如图 2.13 所示；⑬重新启动内核。

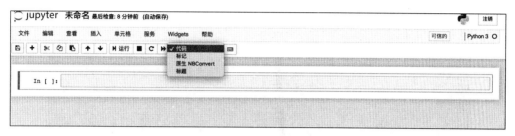

图 2.13　4 种内容编辑模式

在图 2.13 中，下拉菜单包括 4 个选项：

（1）代码：要求输入单元中输入的内容必须是代码。

（2）标记：输入单元中输入的内容是文本。可以通过不同的设置使得输入单元中的内容运行后显示不同的字体、大小、格式等，也可以在输入单元格中使用 LaTex 语法编辑公式。

（3）原生 NBConvert：这是一个命令行工具，可将文本转换为另一种格式（如 HTML）。

（4）标题：可以将标题添加到单独的小节，使 Notebook 看起来干净整洁。目前该选项已经集成到 Markdown 选项中。添加一个"##"，以确保在之后输入的内容被视为标题。

2.3.6　Gym 的安装

OpenAI Gym 的官网地址为 https://gym.openai.com/，源码地址为 https://github.com/openai/gym。

在 Anaconda 安装完成后，可在命令行窗口输入如下命令：

```
git clone https://github.com/openai/gym.git
```

然后进入到克隆的 gym 目录下打开 setup.py 文件，将该文件与 MuJoCo 相关的两行代码注释掉，如图 2.14 所示。

然后进入命令行，执行如下命令：

```
cd gym
pip install - e '.[all]'
```

等待安装完成，安装成功后，界面如图 2.15 所示。

```
打开(O) ▾   ⊞
from setuptools import setup, find_packages
import sys, os.path

# Don't import gym module here, since deps may not be installed
sys.path.insert(0, os.path.join(os.path.dirname(__file__), 'gym'))
from version import VERSION

# Environment-specific dependencies.
extras = {
    'atari': ['atari_py~=0.2.0', 'Pillow', 'opencv-python'],
    'box2d': ['box2d-py~=2.3.5'],
    'classic_control': [],
    #'mujoco': ['mujoco_py>=1.50, <2.0', 'imageio'],
    #'robotics': ['mujoco_py>=1.50, <2.0', 'imageio'],
}
```

图 2.14　setup.py 文件注释相关语句

```
(rl) milaso@leo:~/gym$ pip install -e '.[all]'
Obtaining file:///home/milaso/gym
Collecting scipy
  Downloading scipy-1.5.2-cp37-cp37m-manylinux1_x86_64.whl (25.9 MB)
     |                                   | 25.9 MB 3.4 MB/s
Requirement already satisfied: numpy>=1.10.4 in /home/milaso/anaconda3/envs/rl/l
ib/python3.7/site-packages (from gym==0.15.4) (1.19.1)
Requirement already satisfied: six in /home/milaso/anaconda3/envs/rl/lib/python3
.7/site-packages (from gym==0.15.4) (1.15.0)
Collecting pyglet<=1.3.2,>=1.2.0
  Using cached pyglet-1.3.2-py2.py3-none-any.whl (1.0 MB)
Collecting cloudpickle~=1.2.0
  Using cached cloudpickle-1.2.2-py2.py3-none-any.whl (25 kB)
Collecting opencv-python
  Downloading opencv_python-4.4.0.42-cp37-cp37m-manylinux2014_x86_64.whl (49.4 M
B)
     |                                   | 49.4 MB 70 kB/s
Collecting atari_py~=0.2.0
  Using cached atari_py-0.2.6-cp37-cp37m-manylinux1_x86_64.whl (2.8 MB)
Requirement already satisfied: Pillow in /home/milaso/anaconda3/envs/rl/lib/pyth
on3.7/site-packages (from gym==0.15.4) (7.2.0)
Collecting box2d-py~=2.3.5
```

图 2.15　安装 Gym 界面

2.3.7　Gym 案例

1. Mountain-Car 小车登山

环境描述：小车的轨迹是 1 维的，定位在两山之间，目标是爬到右边山顶的小旗处。但小车的发动机不足以一次性攀登到山顶，采取的解决方式是让小车来回摆动从而增加动量。

动作：包括 3 个动作，分别是向前、不动、向后。

状态：是 2 维的，分别是位置 position 和速度 velocity。position 的取值范围为 $[-1.2, 0.6]$，最左边坡顶为 -1.2，小旗位置为 0.5，velocity 的取值范围为 $[-0.07, 0.07]$。

奖赏：每次移动都会得到 -1 的奖赏，直到小车开到小旗位置。

针对 Mountain-Car 的 Gym 环境，演示代码如下所示。

```
1. import gym                              # 引入环境
2. env = gym.make('MountainCar - v0')      # 创建 MountainCar - v0 环境
3. for episode in range(10):
```

```
4.      env.reset()                    ♯ 重置智能体状态
5.      print("Episode finished after {} timesteps".format(episode))
6.      for _ in range(1000):          ♯ 进行1000次迭代
7.        env.render()                 ♯ 渲染
8.        env.step(env.action_space.sample())
                                       ♯ 执行动作.env.action_space.sample()是随机动作选择
9.  env.close()                        ♯ 关闭环境
```

运行代码显示如图2.16所示的小车爬山过程。

对部分代码进行说明。

第1行：导入Gym环境。Gym库的核心是使用 Env对象作为统一的环境接口，所有Env对象或是用户 自定义的环境对象，包括类成员函数seed()、step()、 reset()和render()。

图2.16　Gym环境下的小车爬山图

第2行：创建MountainCar环境。make()的参数 用于设置待创建的环境名称，在Gym中有MountainCar、Acrobot、Pendulum、CartPole 等4个自带的环境。其文件均存放于"自定义Gym目录/envs/classic_control"文件夹 下，用户也可以自定义环境。

第3行：设置情节数目。在训练参数时，Agent需要执行多个情节，每次到达终止状 态时，便完成了一个情节，并开启下个情节。

第4行：在开始或完成一个情节时，重置Agent的状态。

第6行：设置在一个情节中执行的步数。

第7~8行：小车随机选择动作执行，并渲染图像。

下面以MountainCar环境类为例，阐述Gym环境中常见的3个函数。

1）reset()函数

在强化学习中，训练参数时，Agent会执行多个情节，积累经验。然后在经验中选取 回报高的动作。当Agent达到终止状态时，称为一个情节或者一条轨迹。Agent到达终 止状态，准备开启下个情节时，Agent将需要重新回到初始状态，初始化Agent的状态和 其他一些必要的初始化操作。这个功能由环境类的reset()函数实现。

2）render()函数

任意一个模拟仿真环境，都存在物理引擎和图像引擎两部分。物理引擎模拟环境中 的物理规律，图像引擎用来直观显示环境中的图像。对于强化学习，可以不用图像引擎， 只利用物理引擎训练参数。但是为了直观地显示当前Agent在环境中的具体状态，方便 调试代码，图像引擎是必不可少的。render()函数在Gym环境中起到图像引擎的作用。

3）step()函数

step()函数在强化学习平台中极为重要，在模拟仿真环境中起到物理引擎的作用。 需要输入的参数是当前状态待执行的动作。返回的是下一步的状态、立即奖赏以及是否 终止。它体现了Agent与环境交互的整个过程，包含了与环境交互的所有信息。

阅读代码

2. 利用 Gym 搭建扫地机器人环境

为了更好地实现学习算法,为后续章节提供一个简单的实验环境,本节利用 Gym 搭建一个扫地机器人环境。该环境描述如下:在一个 5×5 的扫地机器人环境中,有一个垃圾和一个充电桩,到达[5,4]即图标 19 处机器人捡到垃圾,并结束游戏,同时获得 +3 的奖赏;左下角[1,1]处有一个充电桩,机器人到达充电桩可以充电,且不再行走,获得 +1 的奖赏。环境中间[3,3]处有一个障碍物,机器人无法通过。扫地机器人整体结构如图 2.17 所示。

扫地机器人具体流程如下。

20	21	22	23	24
15	16	17	18	
10	11	12	13	14
5	6	7	8	9
	1	2	3	4

图 2.17　扫地机器人整体结构图

---

(1) 每局游戏开始,机器人初始位置位于左上角,即[1,5]处。

(2) 游戏进行过程中,机器人将在地图上不断进行探索。

(3) 机器人遇到障碍物时无法通过,保持原地不动,获得 −10 的奖赏。

(4) 地图上有两个终止状态。一个为捡到垃圾,获得 +5 的奖赏;另一个为达到充电桩进行充电,获得 +1 奖赏。

(5) 扫地机器人到达终止状态,即一个情节结束,机器人回到初始位置。

2.4　小结

本章主要介绍了在多种深度学习框架中选择 PyTorch 的原因,以及在实战操作过程中进行环境搭建以及安装相关软件的方法,主要包括 Anaconda、PyTorch、Gym、Jupyter Notebook 的安装以及使用。最后介绍了利用 Gym 环境生成 MountainCar 以及搭建简单的扫地机器人环境的方法,该环境为后续章节提供了一个基本的实验平台。

2.5　习题

1. 安装 Anaconda,PyTorch,Gym,Jupyter Notebook 等环境。

2. (编程)调用 Gym 中的 MountainCar 及扫地机器人环境,并能搭建自己的扫地机器人环境。

第二部分：表格式强化学习

　　强化学习是一种交互式的学习方法，其主要特点为**试错**（trial and error）搜索和**延迟回报**（delay return）。学习过程是**智能体**（Agent）与环境不断交互并从环境的反馈信息中实现学习。强化学习是从控制理论、统计学、心理学等相关学科发展起来的，最早可以追溯到巴普洛夫的条件反射实验。但直到 20 世纪 80 年代末强化学习技术才得到广泛的重视。由于强化学习具有自学习和在线学习的优点，被认为是设计智能系统的核心技术之一。目前随着强化学习理论的不断发展和完善，强化学习技术越来越多地应用于工业控制、作业调度、生产管理等方面，并逐步成为机器学习领域的研究热点。

　　本书的第一部分主要介绍解决小规模强化学习任务所使用的一些核心算法。这里的小规模任务指的是其状态空间或动作空间小到可以使用数组等表格形式来表示价值函数。第二部分讲解的表格式强化学习通常能够通过计算找到任务的精确解，也就是说，在有限的时间和计算资源内可以找到最优价值函数和最优策略。该部分主要包括第 3 章数学建模，第 4 章动态规划法，第 5 章蒙特卡洛法，第 6 章时序差分法，第 7 章 n-步时序差分法，第 8 章规划和蒙特卡洛树搜索等共 6 章。该部分是强化学习的基础，为后续深度强化学习部分提供了基础理论和核心方法。

第 3 章

数 学 建 模

马尔可夫决策过程(Markov Decision Process，MDP)是强化学习的数学理论基础。马尔可夫决策过程以概率形式对强化学习任务进行建模，并对强化学习过程中出现的状态、动作、状态转移概率和奖赏等概念进行抽象表达，从而实现对强化学习任务的求解，即得到最优策略，获得最大累计奖赏。

3.1 马尔可夫决策过程

在线视频

在介绍马尔可夫决策过程之前，先来简单介绍马尔可夫性质以及马尔可夫过程等概念。

马尔可夫性质：在某一任务中，如果 Agent 从环境中得到的下一状态仅依赖于当前状态，而不考虑历史状态，即 $P[S_{t+1}|S_t]=P[S_{t+1}|S_1,S_2,\cdots,S_t]$，那么该任务即满足马尔可夫性质。虽然从定义上来看只有当前状态和与其相邻的下一个状态具有关联性，但实际上当前状态蕴含了前面所有历史状态的信息，只不过在已知当前状态的情况下，可以丢弃其他所有的历史信息。然而，现实中的任务很多无法严格满足马尔可夫性质，为简化强化学习问题的求解过程，通常假设强化学习所需要解决的任务均满足马尔可夫性质。

马尔可夫过程(Markov Process，MP)：由二元组$(\mathcal{S},\mathcal{S})$中的$(S_t,S_{t+1})$组成的马尔可夫链，该链中的所有状态都满足马尔可夫性质。

马尔可夫奖赏过程(Markov Reward Process，MRP)：由三元组$(\mathcal{S},P,\mathcal{R})$组成的马尔可夫过程。根据概率，状态自发地进行转移，其状态转移概率 P 与动作无关，记为 $P[S_{t+1}=s'|S_t=s]$。

马尔可夫决策过程：由四元组$(\mathcal{S},\mathcal{A},P,\mathcal{R})$组成的马尔可夫过程，状态依靠动作进行转移。根据状态空间或动作空间是否有穷，马尔可夫决策过程分为**有穷马尔可夫决策过**

程(finite MDPs)和无穷马尔可夫决策过程(infinite MDPs)。其中四元组$(\mathcal{S}, \mathcal{A}, P, \mathcal{R})$定义如下。

1. 状态(state)或观测值(observation)

状态空间通常分为两种：用$\mathcal{S}$表示不包含终止状态的状态空间；用$\mathcal{S}^+$表示包含终止状态的状态空间。状态空间可以用集合来表示。用s表示状态空间中的某一状态，可分为离散状态和连续状态两种类型。

有的资料也将状态分为**环境状态**(environment state)、**Agent 状态**和**信息状态**(information state)，本书不对状态进行以上区分。另外将状态和观测值视为同一概念，Agent 从环境中获得观测值，而对 Agent 来说，观测值就是它的状态。

2. 动作(action)

$\mathcal{A}$表示动作空间，$\mathcal{A}(s)$表示状态s的动作空间。动作空间可以用集合来表示。用a表示动作空间中的某一个动作，可分为离散动作和连续动作两种类型。

3. 状态转移(state transition)函数

P表示状态转移概率，即在状态s下，执行动作a转移到s'的概率。可以表示为如下两种形式：

$$p(s', r \mid s, a) = P[S_{t+1} = s', R_{t+1} = r \mid S_t = s, A_t = a], \quad \sum_{s'} \sum_r p(s', r \mid s, a) = 1 \tag{3.1}$$

$$p(s' \mid s, a) = P[S_{t+1} = s' \mid S_t = s, A_t = a], \quad \sum_{s'} p(s' \mid s, a) = 1 \tag{3.2}$$

式(3.1)和式(3.2)都可用于表示 MDP 中的状态转移概率。式(3.1)既考虑到进入下一状态的随机性，又考虑了到达下一状态获得奖赏的随机性；而式(3.2)只体现出Agent 执行动作后进入下一状态的随机性。

在强化学习中，根据状态转移的状态转移概率，可以将环境分为**确定环境**(deterministic environment)和**随机环境**(stochastic environment)。通常将$p(s', r \mid s, a)$恒为 1 的环境称为确定环境。也就是说，Agent 在状态s下执行动作a后，所到达的下一状态是唯一确定的。因此在确定环境下，执行动作a后，状态s可以映射为下一个确定的状态s'；除此之外其他类型的环境都称为随机环境。即 Agent 在状态s下执行动作a后，不一定能到达预期的下一状态s'，或者说到达下一状态存在多种可能性。随机环境通常使用式(3.1)或式(3.2)的形式来表达。可以看出，确定环境是随机环境的一个特例，即Agent 在状态s下执行动作a后，以 1 的概率到达下一状态s'，以 0 的概率到达其他状态。

4. 奖赏(reward)函数

$\mathcal{R}$表示**奖赏空间**。$r(s' \mid s, a)$表示 Agent 在状态s下采取动作a到达状态s'时，所获得的**期望奖赏**(expected reward)。可分为离散奖赏和连续奖赏两种类型。其公式可表

示为

$$r(s,a,s')=\mathbb{E}[R_{t+1}|S_t=s,A_t=a,S_{t+1}=s']=\sum_r r\frac{p(s',r|s,a)}{p(s'|s,a)} \qquad (3.3)$$

$$r(s,a)=\mathbb{E}[R_{t+1}|S_t=s,A_t=a]=\sum_r r\sum_{s'} p(s',r|s,a) \qquad (3.4)$$

式(3.3)和式(3.4)都可以表示 MDP 中的奖赏。由于状态转移概率 $p(s',r|s,a)$ 的随机性，Agent 在状态 s 下多次执行动作 a 得到的奖赏的期望，才是真实的奖赏。但是如果遵循先获得奖赏，再到达下一状态这一思想，在实际计算过程中，r 通常都是确定的，此时 $r(s,a)$ 即可表示相应的奖赏。

对于奖赏，可以从两个方面进行理解。

（1）先获得奖赏再进入下一状态：奖赏 R_{t+1} 与当前状态 S_t 和动作 A_t 相关。

（2）先进入下一状态再获得奖赏：奖赏 R_{t+1} 与当前状态 S_t、动作 A_t 和下一状态 S_{t+1} 相关，这也是奖赏用 R_{t+1} 表示的一个重要原因，即与 $t+1$ 时刻到达的状态 S_{t+1} 有关。

例 3.1 确定环境下扫地机器人任务的 MDP 数学建模。

考虑图 3.1 所描述的确定环境 MDP 问题：一个扫地机器人，在躲避障碍物的同时，需要到指定的位置收集垃圾，或者到指定位置给电池充电。

扫地机器人任务的 MDP 数学建模如下。

在线视频

图 3.1 扫地机器人环境

1. 状态

在该问题中，状态 s 用来描述机器人所在的位置，可以用 2 维向量表示。为了简化问题，将状态空间离散化为 24 个不同的状态（图 3.1 中，共 25 个小方格，除去 [3,3] 障碍物位置外，将每个小方格作为一个状态），按照图 3.1 中序号出现的先后顺序，用集合表示为

$$\mathcal{S}^+=\{S_0:[1,1],S_1:[2,1],S_2:[3,1],\cdots,S_{11}:[2,3],$$
$$S_{13}:[4,3],\cdots,S_{19}:[5,4],\cdots,S_{23}:[4,5],S_{24}:[5,5]\}$$

其中，充电桩所在的位置为状态 $S_0=[1,1]$，垃圾所在的位置为状态 $S_{19}=[5,4]$。坐标 [3,3] 表示障碍物的位置，机器人不会到达这里，因此不作为状态。通常状态 S_0 和 S_{19} 为终止状态或**吸收状态**（absorbing state），即一旦机器人到达这两个状态之一，就不会再离开，**情节**（episode）即结束。

2. 动作

动作 a 用来描述机器人运动的方向，可以用 2 维向量表示。为了简化问题，将动作空间离散化为上、下、左、右 4 个不同的动作，用集合表示为

$$\mathcal{A}=\{上:[0,1],下:[0,-1],左:[-1,0],右:[1,0]\}$$

对于不同的状态 s，动作空间可能不同。例如，对于状态 $S_0=[1,1]$，它的动作空间为

$\mathcal{A}(S_0) = \{[0,1],[1,0]\}$，即机器人处于该状态时，只能采取向上、向右动作，但因为 $S_0 = [1,1]$ 为吸收状态，无论采取哪个动作，都会保持原地不动；对于状态 $S_9 = [5,2]$，它的动作空间为 $\mathcal{A}(S_9) = \{[0,1],[0,-1],[-1,0]\}$，即机器人处于该状态时，不能采取向右的动作；对于坐标 $[3,3]$ 周围的 4 个状态，动作空间中的 4 个动作都可以采用，但采取指向障碍物的动作时，会保持原地不动。

3. 状态转移函数

在确定环境下，状态转移可以用两种方式来表示：既可以映射为下一个状态，又可以映射为到达下一个状态的概率。

映射为下一个状态：

$$f(s,a) = \begin{cases} s+a, & s \neq [1,1] \text{ 且 } s \neq [5,4] \text{ 且 } s+a \neq [3,3] \\ s, & \text{其他} \end{cases} \tag{3.5}$$

映射为到达下一个状态的概率：

$$p(s,a,s') = $$
$$\begin{cases} 1, & (s+a=s' \text{ 且 } s+a \neq [3,3]) \text{ 或}((s=[1,1] \text{ 或 } s=[5,4] \text{ 或 } s+a=[3,3]) \text{ 且 } s=s') \\ 0, & \text{其他} \end{cases}$$
$$\tag{3.6}$$

4. 奖赏函数

到达状态 $S_{19} = [5,4]$，机器人可以捡到垃圾，并得到 $+3$ 的奖赏；到达状态 $S_0 = [1,1]$，机器人充电，并得到 $+1$ 的奖赏；机器人采取动作向坐标 $[3,3]$ 处移动时，会撞到障碍物，保持原地不动，并得到 -10 的奖赏；其他情况，奖赏均为 0。特别是当机器人到达吸收状态后，无论采取什么动作，只能得到 0 的奖赏。对应的奖赏函数为

$$r(s,a) = \begin{cases} +3, & s \neq [5,4] \text{ 且 } s+a = [5,4] \\ +1, & s \neq [1,1] \text{ 且 } s+a = [1,1] \\ -10, & s+a = [3,3] \\ 0, & \text{其他} \end{cases} \tag{3.7}$$

在线视频

例 3.2 随机环境下扫地机器人任务的 MDP 数学建模。

重新考虑例 3.1 的扫地机器人问题。假设由于地面的原因，采取某一动作后，状态转换不再确定。当采取某一动作试图向某一方向移动时，机器人成功移动的概率为 0.80，保持原地不动的概率为 0.15，移动到相反方向的概率为 0.05，具体如图 3.2 所示，其中 s' 表示下一个状态，s'' 表示相反方向的下一个状态。

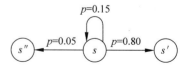

图 3.2 随机环境扫地机器人状态转移示意图

该问题在随机环境下，状态空间、动作空间与确定环境是完全相同的，其随机性主要体现在状态转移函数和奖赏函数中。根据任务的随机性，状态转移只能用概率来表示。具体的状态转移函数可以定义为

$$p(s,a,s') = \begin{cases} 0.80, & s+a=s' \text{ 且 } s \neq s' \\ 0.15, & s=s' \text{ 且 } s \neq [1,1] \text{ 且 } s \neq [5,4] \\ 0.05, & s-a=s' \text{ 且 } s \neq s' \end{cases} \tag{3.8}$$

在随机环境下,奖赏的获取不单纯受 (s,a) 的影响,还与下一状态 s' 相关,具体的奖赏函数定义为

$$r(s,a,s') = \begin{cases} +3, & s \neq [5,4] \text{ 且 } s'=[5,4] \\ +1, & s \neq [1,1] \text{ 且 } s'=[1,1] \\ -10, & s+a=[3,3] \text{ 且 } s=s' \\ 0, & \text{其他} \end{cases} \tag{3.9}$$

3.2 基于模型与无模型

从 MDP 四元组中可以看出,在强化学习任务求解中,状态转移概率 p 是非常重要的。但获取如例 3.2 的状态转移概率难度非常大,需要在保证环境完全相同的情况下,重复大量的实验。从状态转移概率是否已知的角度,强化学习可以分为**基于模型**(model-based)强化学习和**无模型**(model-free)强化学习两种。

(1)基于模型:状态转移概率 p 已知,能够通过建立完备的环境模型来模拟真实反馈。相关算法如动态规划法。

(2)无模型:状态转移概率 p 未知,Agent 所处的环境模型是未知的。相关算法如蒙特卡洛法、时序差分法、值函数近似以及策略梯度法。

基于模型的优缺点如下。

优点:①能够基于模拟经验数据直接模拟真实环境;②具备推理能力,能够直接评估策略的优劣性;③能够与监督学习算法相结合来求解环境模型。

缺点:存在二次误差。两次近似误差具体体现在以下几方面。

(1)第一次近似误差:基于真实经验对模型进行学习,得到的模型仅仅是 Agent 对环境的近似描述。

(2)第二次近似误差:基于模拟模型对值函数或策略进行学习时,存在学习误差。

3.3 求解强化学习任务

对强化学习任务的求解是以 MDP 条件为基础的,因此构建基于 MDP 的强化学习基本框架,如图 3.3 所示。

在 t 时刻,Agent 从环境中得到当前状态 S_t,根据策略 π 执行动作 A_t,并返回奖赏 R_{t+1} 和下一状态 S_{t+1}。Agent 通过不断地与环境交互进行学习,并在学习过程中不断更新策略,经过多次学习后,得到解决问题的最优策略。其中,R_{t+1} 被理解为存在一定延迟的奖赏。

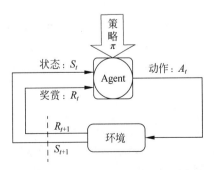

图 3.3 基于 MDP 的强化学习基本框架

以吃豆人游戏为例,Agent 的目标是在网络中,躲避幽灵、吃掉尽量多的食物,其 MDP 模型的基本元素构成如下。

（1）吃豆人是 Agent,网格世界是环境,吃豆人在网格世界中的位置表示 Agent 所处状态。

（2）吃豆人的动作空间为上、下、左、右。根据策略,即玩家想法,选择相应动作。

（3）当吃豆人吃掉食物或被幽灵杀死时,将获得奖赏(奖赏也包括惩罚)。

（4）达到回报阈值时,Agent 赢得比赛。

在线视频

3.3.1　策略

在强化学习基本框架中,除了已知的 MDP 四元组外,还有一个核心要素,即策略 (policy)π。强化学习的目的:在 MDP 中搜索到最优策略。策略表示状态到动作的映射,即在某一状态下采取动作的概率分布。与状态转移概率不同,策略概率通常是人为设定的。根据概率分布形式,策略可以分为**确定策略**(deterministic policy)和**随机策略** (stochastic policy)两种。

1. 确定策略

在确定策略下,Agent 在某一状态下只执行一个固定的动作。如确定策略扫地机器人任务,其动作概率分布形如(1,0,0,0),即在当前状态下,只能执行向上走的动作。确定策略可以将状态映射为一个具体的动作。确定策略函数可以表示为

$$a = \pi(s) \tag{3.10}$$

式(3.10)表示 Agent 处于状态 s 时,根据策略 π,将执行动作 a。

2. 随机策略

在随机策略下,Agent 在一个状态下可能执行多种动作,其动作概率分布形如(0.2, 0.2,0.3,0.3),随机策略将状态映射为执行动作的概率。随机策略函数可以表示为

$$\pi(a|s) = P(a|s) = P(A_t = a | S_t = s) \tag{3.11}$$

式(3.11)表示 Agent 处于状态 s 时,根据策略 π,执行动作 a 的概率。

动态规划法、蒙特卡洛法和时序差分法都只能获得确定策略,而策略梯度法可以获得随机策略。

MDP 应用一个策略产生序列的方法如下。

（1）从初始状态分布中产生一个初始状态 $S_i = S_0$。

（2）根据策略 $\pi(a|S_i)$,给出采取的动作 A_i,并执行该动作。

（3）根据奖赏函数和状态转移函数得到奖赏 R_{i+1} 和下一个状态 S_{i+1}。

（4）$S_i = S_{i+1}$。

（5）不断重复第(2)步到第(4)步的过程,产生一个序列:

$$S_0, A_0, R_1, S_1, A_1, R_2, S_2, A_2, R_3, S_3, \cdots$$

（6）如果任务是情节式的,序列将终止于状态 S_{goal};如果任务是连续式的,序列将无穷延续。

在实际问题中,策略通常都是随机的。强化学习任务一般都具有两种随机性,即策略$\pi(a|s)$的随机性和状态转移概率$p(s',r|s,a)$的随机性。策略的随机性可以是人为设定的,而状态转移的随机性是任务本身所固有的特性,如地面湿滑等。

在线视频

3.3.2 奖赏与回报

归根结底,策略是根据值函数进行更新的。当给定一个策略π时,Agent会依据该策略得到一个状态-动作序列,其形式为

$$S_0, A_0, R_1, S_1, A_1, R_2, S_2, A_2, R_3, S_3, \cdots$$

马尔可夫决策过程将**回报**(return)G_t定义为:从当前状态S_t到终止状态S_T所获得的奖赏值之和。其表达式如式(3.12)所示。这里R的下标从$t+1$开始:

$$G_t = R_{t+1} + R_{t+2} + \cdots + R_T \tag{3.12}$$

在实际情况中,对于未来的奖赏,总是存在较大的不确定性。为了避免序列过长或连续任务中回报趋于无穷大的情况,引入**折扣系数**(discounting rate)γ,用于对未来奖赏赋予折扣,带折扣回报定义如下所示:

$$G_t = R_{t+1} + \gamma R_{t+2} + \gamma^2 R_{t+3} + \cdots, \quad \gamma \in [0,1] \tag{3.13}$$

从式(3.13)可知,距离当前状态越远的未来状态,对当前状态的回报贡献越小。可以用下一状态S_{t+1}的回报来表示当前状态S_t的回报时,其递归关系式的推导如下所示:

$$
\begin{aligned}
G_t &= R_{t+1} + \gamma R_{t+2} + \gamma^2 R_{t+3} + \cdots \\
&= R_{t+1} + \gamma(R_{t+2} + \gamma R_{t+3} + \cdots) \\
&= R_{t+1} + \gamma G_{t+1}
\end{aligned} \tag{3.14}
$$

折扣系数γ存在两种极端情况:当$\gamma=0$时,未来状态无法对当前回报提供任何价值,也就是说,此时只关注当前状态的奖赏,即Agent"看得不够远";当$\gamma=1$时,若环境已知,则能够确定所有的未来状态,也就是说,Agent能够"清晰准确地向后看",得到准确的回报值。

例3.3 设折扣系数$\gamma=0.2$,$T=4$,奖赏序列为$R_1=2$,$R_2=1$,$R_3=5$,$R_4=4$,计算各时刻的回报:$G_0,G_1,\cdots,G_4$。

这里假设终止状态的回报为:$G_4=0$。根据式(3.14),可通过下一个状态的回报来计算当前状态的回报。这样从最后一个状态开始,反向计算更加简便。计算结果如下:

$$
\begin{aligned}
G_4 &= 0 \\
G_3 &= R_4 + \gamma \times G_4 = 4 + 0.2 \times 0 = 4 \\
G_2 &= R_3 + \gamma \times G_3 = 5 + 0.2 \times 4 = 5.8 \\
G_1 &= R_2 + \gamma \times G_2 = 1 + 0.2 \times 5.8 = 2.16 \\
G_0 &= R_1 + \gamma \times G_1 = 2 + 0.2 \times 2.16 = 2.432
\end{aligned}
$$

例3.4 考虑例3.1的确定环境下扫地机器人任务。机器人每走一步都伴随着奖赏,奖赏由奖赏函数给出。当机器人到达状态$S_{19}=[5,4]$时,得到$+3$的奖赏;当机器人到达状态$S_0=[1,1]$时,得到$+1$的奖赏;当机器人碰到障碍物$[3,3]$时,得到-10的奖赏,即惩罚;其他情况都得到0的中性奖赏。图3.4为机器人的一段移动轨迹,令折扣系数$\gamma=0.8$,计算轨迹中每个状态的折扣回报。

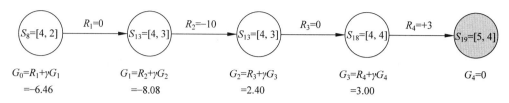

图 3.4　扫地机器人的折扣回报示意图

3.3.3　值函数与贝尔曼方程

在判定一个给定策略 π 的优劣性时，若 $p(s',r\,|\,s,a)$ 恒等于 1，则每次执行一个动作后进入的下一状态是确定的，此时可以直接使用回报作为评判指标。但在实际情况中，由于状态转移概率的存在，环境通常具有随机性，Agent 从当前状态到达终止状态可能存在多种不同的状态序列，也就存在多个不同的回报 G_t，此时无法直接使用 G_t 来判定策略 π 的优劣性，需要以回报的期望作为策略优劣性的评判指标，于是引入 **值函数**(value function)来改进策略。

1. 状态值函数(state-value function)

状态值函数 $v_\pi(s)$ 表示遵循策略 π，状态 s 的价值，即在 t 时刻，从状态 s 开始，Agent 采取策略 π 得到的期望回报。其计算公式如下所示：

$$v_\pi(s) = \mathbb{E}_\pi(G_t\,|\,S_t = s) \tag{3.15}$$

这里将函数 v_π 称为策略 π 的状态值函数。对状态而言，每个状态值函数是由该状态所具有的价值决定的。

2. 动作值函数(action-value function)

动作值函数 $q_\pi(s,a)$ 表示遵循策略 π，状态 s 采取动作 a 的价值，即在 t 时刻，从状态 s 开始，执行动作 a 后，Agent 采取策略 π 得到的回报期望。其计算公式如下所示：

$$q_\pi(s,a) = \mathbb{E}_\pi(G_t\,|\,S_t = s, A_t = a) \tag{3.16}$$

这里将函数 q_π 称为策略 π 的动作值函数。对状态-动作对而言，每个动作值函数是由每个状态采取动作所具有的价值决定的。

3. 状态值函数的贝尔曼方程

由式(3.15)和式(3.16)可知，动作值函数是在状态值函数的基础上考虑了执行动作 a 所产生的影响。根据这一联系，可以构建值函数之间的递归关系，结合回报递归关系式(3.14)，对任意策略 π，当前状态 s 的价值与其下一个状态 s' 的价值，满足如下关系式：

$$
\begin{aligned}
v_\pi(s) &= \mathbb{E}_\pi(G_t\,|\,S_t = s) \\
&= \mathbb{E}_\pi(R_{t+1} + \gamma G_{t+1}\,|\,S_t = s) \\
&= \sum_a \pi(a\,|\,s) \sum_{s',r} p(s',r\,|\,s,a) \left[r + \gamma\,\mathbb{E}_\pi(G_{t+1}\,|\,S_{t+1} = s') \right] \\
&= \sum_a \pi(a\,|\,s) \sum_{s',r} p(s',r\,|\,s,a) \left[r + \gamma v_\pi(s') \right]
\end{aligned}
\tag{3.17}
$$

该推导过程使用了期望公式的展开形式。在式（3.17）的最后一行，对每个（a、s'、r）三元组，首先计算 $\pi(a|s)p(s',r|s,a)$ 的概率值，并用该概率对相应的奖赏估计值进行加权，然后对所有可能的取值求和，得到最终期望。式（3.17）称为状态值函数 $v_\pi(s)$ 的贝尔曼方程，用于估计在策略 π 下，状态 s 的期望回报。

这里，$\sum\limits_a \pi(a|s)\sum\limits_{s',r} p(s',r|s,a)$ 也可以写成 $\sum\limits_{s',r} p[s',r|s,\pi(s)]$ 的形式。

根据状态值函数贝尔曼方程，可以构建**状态值函数更新图**（backup diagram），如图 3.5 所示，这里空心圆表示状态，实心圆表示动作。

由图 3.5 可知，状态值函数与动作值函数满足关系式

$$v_\pi(s) = \sum_a \pi(a|s)q_\pi(s,a) \tag{3.18}$$

式（3.18）表示 Agent 遵循策略 π，值函数 $v_\pi(s)$ 等于状态 s 下所有动作值函数 $q_\pi(s,a)$ 的加权和。其中，策略 $\pi(a|s)$ 起到权重的作用。

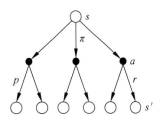

图 3.5　状态值函数更新图

4. 动作值函数的贝尔曼方程

与状态值函数的贝尔曼方程推导方式类似，同理可以得到动作值函数的贝尔曼方程。如下所示：

$$
\begin{aligned}
q_\pi(s,a) &= \mathbb{E}_\pi(G_t|S_t=s,A_t=a)\\
&= \mathbb{E}_\pi(R_{t+1}+\gamma G_{t+1}|S_t=s,A_t=a)\\
&= \mathbb{E}_\pi[R_{t+1}+\gamma v_\pi(S_{t+1})|S_t=s,A_t=a]\\
&= \sum_{s',r} p(s',r|s,a)[r+\gamma v_\pi(s')]\\
&= \sum_{s',r} p(s',r|s,a)\left[r+\gamma \sum_{a'}\pi(a'|s')q_\pi(s',a')\right]
\end{aligned}
\tag{3.19}
$$

根据动作值函数的贝尔曼方程，可以构建**动作值函数更新图**，如图 3.6 所示。

由图 3.6 可知，动作值函数与状态值函数满足如下关系式：

$$q_\pi(s,a) = r + \gamma \sum_{s'} p(s'|s,a)v_\pi(s') \tag{3.20}$$

例 3.5　如图 3.7 所示，已知 s_1'、s_2'、s_3'、s_4' 的状态值，利用状态值函数的贝尔曼方程表示 s 的状态值。

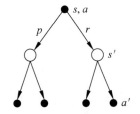

图 3.6　动作值函数更新图

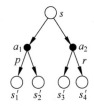

图 3.7　例 3.5 中状态值函数更新图

$$v_\pi(s) = \mathbb{E}_\pi(G_t | S_t = s)$$

$$= \pi(a_1|s)p(s_1',r_1|s,a_1)\left[r_1 + \gamma v_\pi(s_1')\right] + \pi(a_1|s)p(s_2',r_2|s,a_1)\left[r_2 + \gamma v_\pi(s_2')\right] +$$

$$\pi(a_2|s)p(s_3',r_3|s,a_2)\left[r_3 + \gamma v_\pi(s_3')\right] + \pi(a_2|s)p(s_4',r_4|s,a_2)\left[r_4 + \gamma v_\pi(s_4')\right]$$

实际上贝尔曼方程给出了每个状态的状态值或每个状态-动作对的动作值之间的关系。因此可以通过解方程组,得到实际的状态值或动作值。

阅读代码

例 3.6 在例 3.1 确定情况扫地机器人任务中,采用的随机策略为: $\pi(a|S_i) = \dfrac{1}{|\mathcal{A}(S_i)|}$, $a \in \mathcal{A}(S_i)$, 这里, S_i 表示序号为 i 的状态, $|\mathcal{A}(S_i)|$ 表示状态 S_i 可以采取的动作数。在折扣系数 $\gamma = 0.8$ 的情况下,求扫地机器人任务中每个状态的状态值。

根据状态值函数贝尔曼方程,可以通过联立线性方程组的方法求解得到在对应策略 π 下,每个状态的状态值。针对处于状态 S_i 的扫地机器人,可以列出如式(3.21)的贝尔曼方程为

$$v_\pi(S_i) = \sum_{a \in \mathcal{A}(S_i)} \pi(a|S_i)p(S_i,a,s')[r(S_i,a) + \gamma v_\pi(s')] \tag{3.21}$$

在式(3.21)中,确定环境下 $p(S_i,a,s') = 1$。状态值 $v_\pi(s)$ 是对状态 s 的累积回报求期望。因为 S_0 和 S_{19} 是终止状态,在这两个状态下无论采取任何动作,都会保持原地不动,且累积奖赏为 0,即这两个状态的状态值 $v_\pi(S_0)$、$v_\pi(S_{19})$ 均为 0。将每个状态的值函数 $v_\pi(s)$ 作为未知数,它们之间的关系满足贝尔曼方程,于是可以得到如下方程组:

$$
\begin{cases}
v_\pi(S_1) = \dfrac{1}{3} \times [0 + 0.8 \times v_\pi(S_6)] + \dfrac{1}{3} \times [1 + 0.8 \times v_\pi(S_0)] + \dfrac{1}{3} \times [0 + 0.8 \times v_\pi(S_2)] \\[2mm]
v_\pi(S_2) = \dfrac{1}{3} \times [0 + 0.8 \times v_\pi(S_7)] + \dfrac{1}{3} \times [0 + 0.8 \times v_\pi(S_1)] + \\[2mm]
\qquad\qquad \dfrac{1}{3} \times [0 + 0.8 \times v_\pi(S_3)] \\[2mm]
\qquad\qquad \vdots \\[2mm]
v_\pi(S_{11}) = \dfrac{1}{4} \times [0 + 0.8 \times v_\pi(S_{16})] + \dfrac{1}{4} \times [0 + 0.8 \times v_\pi(S_6)] + \\[2mm]
\qquad\qquad \dfrac{1}{4} \times [0 + 0.8 \times v_\pi(S_{10})] + \dfrac{1}{4} \times [-10 + 0.8 \times v_\pi(S_{11})] \\[2mm]
v_\pi(S_{13}) = \dfrac{1}{4} \times [0 + 0.8 \times v_\pi(S_{18})] + \dfrac{1}{4} \times [0 + 0.8 \times v_\pi(S_8)] + \\[2mm]
\qquad\qquad \dfrac{1}{4} \times [-10 + 0.8 \times v_\pi(S_{13})] + \dfrac{1}{4} \times [0 + 0.8 \times v_\pi(S_{14})] \\[2mm]
\qquad\qquad \vdots \\[2mm]
v_\pi(S_{23}) = \dfrac{1}{3} \times [0 + 0.8 \times v_\pi(S_{18})] + \dfrac{1}{3} \times [0 + 0.8 \times v_\pi(S_{22})] + \\[2mm]
\qquad\qquad \dfrac{1}{3} \times [0 + 0.8 \times v_\pi(S_{24})] \\[2mm]
v_\pi(S_{24}) = \dfrac{1}{2} \times (3 + 0.8 \times v_\pi(19)) + \dfrac{1}{2} \times [0 + 0.8 \times v_\pi(S_{23})]
\end{cases}
$$

求解方程组,得到状态值,如图 3.8 所示。

−1.111	−1.359	−1.615	−0.329	1.368
−1.417	−2.372	−4.369	−0.987	0.000
−1.831	−4.716		−3.987	−0.300
−0.731	−2.162	−4.649	−2.160	−0.887
0.000	−0.716	−1.772	−1.280	−0.867

图 3.8　基于等概率策略的确定环境扫地机器人任务的状态值

3.3.4　最优策略与最优值函数

利用强化学习方法解决任务的关键在于搜索出 MDP 中的最优策略。**最优策略**就是使得值函数最大的策略。在有穷 MDP 中,由于状态空间和动作空间都是有穷的,所以策略也是有穷的。通过计算值函数可以精确地得到至少一个最优策略 π_*,优于或等效于其他所有策略。对于一个更优策略 π',执行该策略时,所有状态的期望回报都大于或等于执行 π 策略的期望回报。也就是说,对于所有 $s \in \mathcal{S}$,π' 优于 π,都存在 $v_{\pi'}(s)$ 优于 $v_{\pi}(s)$。

最优策略可能不止一个,它们共享相同的状态值函数,称为**最优状态值函数**(optimal state-value function),记为 v_*,定义为

$$v_*(s) = v_{\pi_*}(s) = \max_{\pi} v_{\pi}(s), \quad s \in \mathcal{S} \tag{3.22}$$

式(3.22)表明,在状态 s 处,执行最优策略 π_* 的期望回报,也就是在状态 s 处能够获得的最大价值。同理,最优策略共享相同的**最优动作值函数**(optimal action-value function),记为 q_*,定义为

$$q_*(s,a) = q_{\pi_*}(s,a) = \max_{\pi} q_{\pi}(s,a), \quad s \in \mathcal{S}, \quad a \in \mathcal{A} \tag{3.23}$$

式(3.23)表明,在状态 s 处,执行动作 a,并在随后的过程中采取最优策略 π_* 得到的期望回报,也就是在状态-动作对 (s,a) 处能够获得的最大价值。

1. 贝尔曼最优方程

对于最优策略值函数 v_* 而言,一方面因为 v_* 是策略的值函数,必定满足贝尔曼方程(3.17)。另一方面又因为它是最优的值函数,因此引入一种不与任何特定策略有关的表达形式来表示它,即**贝尔曼最优方程**(Bellman optimality equation)。贝尔曼最优方程表示:Agent 在采用最优策略 π_* 时,各个状态 s 的价值一定等于在该状态下执行最优动作 a 的期望回报。v_* 的贝尔曼最优方程定义为

$$
\begin{aligned}
v_*(s) &= \max_{a \in \mathcal{A}(s)} q_{\pi_*}(s,a) \\
&= \max_a \mathbb{E}_{\pi_*}(R_{t+1} + \gamma G_{t+1} | S_t = s, A_t = a) \\
&= \max_a \mathbb{E}(R_{t+1} + \gamma v_*(S_{t+1}) | S_t = s, A_t = a) \\
&= \max_a \sum_{s',r} p(s',r|s,a)[r + \gamma v_*(s')]
\end{aligned} \tag{3.24}
$$

式(3.24)中最后两行的表达式为关于 v_* 的贝尔曼最优方程的两种表达形式。同理，q_* 的贝尔曼最优方程定义为

$$
\begin{aligned}
q_*(s,a) &= \mathbb{E}\left[R_{t+1} + \gamma v_*(S_{t+1}) \mid S_t = s, A_t = a\right] \\
&= \mathbb{E}\left[R_{t+1} + \gamma \max_{a'} q_*(S_{t+1}, a') \mid S_t = s, A_t = a\right] \\
&= \sum_{s',r} p(s',r \mid s,a)\left[r + \gamma \max_{a'} q_*(s',a')\right]
\end{aligned}
\tag{3.25}
$$

关于 v_* 和 q_* 的贝尔曼最优方程，其更新图分别如图 3.9 和图 3.10 所示，弧线表示取最大值，其他部分都与图 3.5 和图 3.6 的 v_π、q_π 的更新图相同。

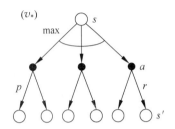

图 3.9　关于 v_* 的贝尔曼最优方程更新图

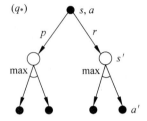

图 3.10　关于 q_* 的贝尔曼最优方程更新图

2. 最优策略

Agent 通过与环境不断地交互获得的信息来更新策略，以最终获得最优值函数。一旦获得最优状态值函数 v_* 或最优动作值函数 q_*，Agent 便能得到最优策略。

若已知 v_*，单步搜索后，最好的动作就是全局最优动作。即对于 v_* 来说，任意贪心策略都是最优策略。贪心用于描述仅基于当前情况或局部条件进行的最优选择，不考虑未来的变化与影响，是一种基于短期视角的方案。由于 v_* 本身包含了未来所有可能的动作产生的回报影响，因此可以将对最优的长期(全局)回报期望的求解，转化为计算每个状态对应的局部变量，以单步搜索方式产生长期的最优动作序列。简单来看，基于贪心策略，Agent 总是朝着具有更大状态值函数的状态进行移动。

若已知 q_*，由于最优动作值函数以最大的长期回报期望来表达每组状态-动作对的局部变量，最优动作的选择无须知道后续状态及其对应的价值，Agent 可以直接选择最大动作值函数所对应的动作，这一方法也称为贪心动作选择方法，其表达式为

$$
A_t = \arg\max_a q_t(s,a)
\tag{3.26}
$$

由于受环境的完备性、计算能力和计算资源的限制，在寻找最优策略时，直接对包含 max 的非线性最优贝尔曼方程组求解是比较困难的。通常采用迭代方式，如动态规划法，经过一轮一轮的迭代，最终收敛为最优解。第 4 章将会详细介绍动态规划法。

例 3.7　求解例 3.1 中确定环境下扫地机器人任务的最优状态值函数，并给出最优策略。

设折扣系数 $\gamma = 0.8$。利用式(3.24)，可以显式地给出在该扫地机器人任务中，状态 S_i 的最优贝尔曼方程为

$$
v_*(S_i) = \max_a p(S_i, a, s')\left[r(S_i, a) + \gamma v_*(s')\right]
\tag{3.27}
$$

在式(3.27)中,确定环境下$p(S_i,a,s')=1$。将每个状态的值函数$v_\pi(s)$作为未知数,它们之间的关系满足最优贝尔曼方程,于是利用式(3.27)可以得到扫地机器人任务的最优贝尔曼方程组。利用第4章的值迭代算法,可以对贝尔曼最优方程组进行求解,并找到该扫地机器人任务的最优策略,计算结果如图3.11所示。

1.229	1.536	1.920	2.400	3.000
1.536	1.920	2.400	3.000	0.000
1.229	1.536		2.400	3.000
1.000	1.229	1.536	1.920	2.400
0.000	1.000	1.229	1.536	1.920

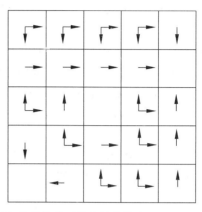

图 3.11 确定环境下扫地机器人任务的最优值函数和最优策略

通过图3.11可以看出,当机器人处于状态$S_6=[2,2]$时,可以采取4个不同的动作。通过一步搜索,计算出上、下、左和右4个动作值,分别为1.229、0.8、0.8、1.229,于是得出状态$S_6=[2,2]$的最优动作为向上和向右,共2个动作。当机器人处于状态$S_{17}=[3,4]$时,仍可以采取4个不同的动作。通过一步搜索,计算出上、下、左和右4个动作值,分别为1.536、−8.080、1.536、2.400,于是得出状态$S_{17}=[3,4]$的最优动作为向右,1个动作。

综上,利用最优值函数计算最优策略时,需要通过一步搜索,计算出其所有动作值,通过选取具有最大动作值的动作,得到最优策略。而利用动作值寻找最优策略时,由于动作值中包含了可采取动作的信息,因此只需要选取具有最大动作值的动作,即可得到最优策略。

3.4 探索与利用

由于强化学习的目的是得到一个最优策略,使得回报最大化。这就导致了强化学习的一大矛盾:探索与利用的平衡。一方面,Agent秉持**利用机制**(exploitation),为了得到最大回报,需要始终采用最优动作,即根据当前的值函数选择最优动作,最大限度地提升回报;另一方面,Agent需要**探索机制**(exploration),摒弃基于值函数的贪心策略,找到更多可能的动作来获得更好的策略,探索更多的可能性。

通常我们采用具有探索性的策略来解决以上矛盾。常用的两种方法为**同策略**和**异策略**。使用这两种方法一方面保证足够的探索性,另一方面充分地利用最优策略。在介绍它们之前,先来了解行为策略和目标策略。

(1) 行为策略(behavior policy):用于产生采样数据的策略,具备探索性,能够覆盖所有情况,通常采用 **ε-柔性策略**(ε-soft policy)。

(2) **目标策略**(target policy):强化学习任务中待求解的策略,也就是待评估和改进的策略,一般不具备探索性,通常采用确定贪心策略。

下面对同策略和异策略的特点分别阐述。

(1) **同策略**(on-policy):行为策略和目标策略相同。通过 ε-贪心策略平衡探索和利用,在保证初始状态-动作对 (S_0, A_0) 不变的前提下,确保每一组 (s, a) 都有可能被遍历到。常用算法为 Sarsa 和 Sarsa(λ) 算法。

(2) **异策略**(off-policy):行为策略和目标策略不同。将探索与利用分开,在行为策略中贯彻探索原则:采样数据,得到状态-动作序列;在目标策略中贯彻利用原则:更新值函数并改进目标策略,以得到最优目标策略。常用算法为 Q-Learning 算法和 DQN 算法。

同策略方法较为简单,通常会被优先考虑,但异策略方法更为通用,效果也更好,可以用来学习由传统的非学习型控制器或人类专家生成的数据。异策略方法的优缺点分别阐述如下。

异策略优点:

➤ 效果好,更具有一般性,可以从示例样本或其他 Agent 给出的数据样本中进行学习。

➤ 可以重复利用旧策略。

➤ 可以在使用一个探索策略的基础上,学习一个确定策略。

➤ 可以用一个行为策略进行采样,多个目标策略同时进行学习。

异策略缺点:

➤ 由于数据来源于一个不同的策略,存在方差较大、收敛速度慢等缺陷。

下面介绍 2 个概念。

偏差(bias):在机器学习中,偏差和欠拟合相关,预测值与样本之间的偏差越大,说明精度越低。在强化学习中,偏差指通过采样数据获得的估计平均值与实际平均值的偏离程度。

方差(variance):在机器学习中,方差和过拟合相关,样本值之间的方差越大,说明样本的置信度越差,模型适用性越差。在强化学习中,方差指单次采样结果相对于均值的波动大小。

3.5 小结

本章主要介绍了强化学习的基础数学理论,以马尔可夫决策过程描述了 Agent 与环境的交互过程。状态是 Agent 选择动作的基础,通过动作的选择完成状态的转移,并以奖赏评判 Agent 动作选择的优劣。

有限的状态、动作和收益共同构成了有限马尔可夫决策过程,回报刻画了 Agent 能获得的全部未来奖赏,对于不同的任务,未来状态的奖赏会有不同的折扣,而 Agent 的任务就是最大化回报。动作的选择依赖于 Agent 所采取的策略,而强化学习的目的就是获得最优策略。

引入状态值函数和动作状态值函数来描述回报,通过贝尔曼最优方程将马尔可夫决策过程表达抽象化,从而可以相对容易地求解得到最优价值函数。在强化学习问题中,定义环境模型和明确最优值函数是计算最优策略的基础,在后续章节中,将进一步讨论如何求解最优策略。

3.6 习题

1. 举例说明基于模型与无模型强化学习的异同点。

2. 分别给出如图 3.12 所示的确定环境和随机环境下扫地机器人任务的 MDP 数学模型。与例 3.1 和例 3.2 相比,主要有两方面的变化:

(1) 图 3.12 中障碍物、充电桩及垃圾位置不同;

(2) 在任何状态下都有上、下、左、右 4 个不同的动作,当采取冲出边界的动作时,机器人保持原地不同。其他参数设置与例 3.1 和例 3.2 相同。

3. 考虑一个折扣系数为 γ 的连续式任务,其奖赏序列为 $R_1, R_2 = R_3 = \cdots =$,计算 G_0, G_1 的值。

4. (编程)通过解方程组计算:在确定环境、等概率策略下,图 3.12 扫地机器人在折扣系数 $\gamma = 0.8$ 的情况下,每个状态的状态值。

5. 简述同策略与异策略强化学习的异同点。

20	21	22	23	24
15	16	17	18	19
10	11	12	13	14
5	6	7	8	9
0	1	2	3	4

图 3.12 扫地机器人任务(变化)

第 **4** 章

动态规划法

在强化学习中,**动态规划法**(Dynamic Programming,DP)主要用于求解有模型的 MDP 问题。尽管在现实任务中难以获得完备的环境模型,且动态规划需要消耗大量的计算资源,但是作为强化学习的基础,动态规划法仍然具有非常重要的理论意义。事实上,所有其他强化学习方法,如**蒙特卡洛法**(Monte Carlo,MC)、**时序差分法**(Temporal Difference,TD)等,都是对动态规划法的一种近似,只是在学习过程中不再需要完整的环境模型,而且在计算资源的消耗方面也有了大幅降低。

动态规划法主要包括基于模型的**策略迭代**(policy iteration)和基于模型的**值迭代**(value iteration)两种。这两种算法都是利用值函数来评价策略的,一旦计算出满足贝尔曼最优方程的最优状态值函数 v_* 或最优动作值函数 q_*,就能得到最优策略,即利用 v_* 并借助环境模型,或直接利用 q_* 都可以得到最优策略。

在线视频

4.1 策略迭代

策略迭代通过构建策略的值函数(状态值函数 v_π 或动作值函数 q_π)来评估当前策略,并利用这些值函数给出改进的新策略。策略迭代由策略评估(Policy Evaluation,PE)和策略改进(Policy Improvement,PI)两部分组成。

策略评估:每一次策略评估都是一个迭代过程,对于一个给定的策略 π,评估在该策略下,所有状态 s[或状态-动作对 (s,a)]的值函数 $v_\pi(s)$[或 $q_\pi(s,a)$]。

策略改进:在策略评估的基础上,直接利用(或状态值函数通过一步搜索计算得出的)策略 π 的动作值函数,然后通过贪心策略(或 ε-贪心策略)对策略进行改进。

在采用某一策略 π 时,需要考虑该策略是否是最优策略。首先根据策略 π 的值函数 v_π(或 q_π)产生一个更优策略 π',再根据策略 π' 的值函数 $v_{\pi'}$(或 $q_{\pi'}$)得到一个更优策略 π'',以此类推。通过这样的链式方法可以得到一个关于策略和值函数的更新序列,并且能够保证每一个新策略都比前一个策略更优(除非前一个策略已是最优策略)。在有限 MDP 中,策略有限,所以在多次迭代后,一定能收敛到最优策略和最优值函数。其链式关系为

$$\pi_0 \xrightarrow{\text{PE}} v_{\pi_0} \xrightarrow{\text{PI}} \pi_1 \xrightarrow{\text{PE}} v_{\pi_1} \xrightarrow{\text{PI}} \cdots \xrightarrow{\text{PI}} \pi_* \xrightarrow{\text{PE}} v_*$$

其中,策略 π 的下标 $0,1,2,\cdots$ 表示迭代更新的次序。

4.1.1 策略评估

1. 基于状态值函数的策略评估

由第 3 章可知,对策略 π 进行评价就是估计在该策略下的状态值函数 v_π,这在动态规划法中称为策略评估。在环境完备的情况下,状态值函数的贝尔曼方程(3.17)就是一个包含有 $|\mathcal{S}|$ 个未知数的 $|\mathcal{S}|$ 元方程组。理论上该方程组可以直接求解,但是当状态较多,甚至无穷多时,很难使用解方程组的方法来解决强化学习问题,因此引入迭代方法来简化求解过程。

根据迭代思想,可以将状态值函数的贝尔曼方程(3.17)转化为迭代式(4.1),即基于状态值函数的策略评估迭代式为

$$\begin{aligned} v_\tau(s) &= \mathbb{E}_\pi [R_{t+1} + \gamma v_\pi(S_{t+1}) \mid S_t = s] \\ &= \sum_a \pi(a \mid s) \sum_{s',r} p(s',r \mid s,a) [r + \gamma v_{\tau-1}(s')] \end{aligned} \tag{4.1}$$

初始值 v_0 可以为任意值(通常设为 0)。在使用 $v_\tau(s)$ 这样的迭代式时,默认采用同一策略 π,为了突出迭代关系,可以省略 $v_\pi(s)$ 的下标 π。

策略评估对每个状态 s 都采用相同的操作:根据给定的策略(动作分布),采取可能的动作,得到单步转移后的所有状态 s' 和奖赏 r,并利用下一状态 s' 的值函数 $v_{\tau-1}(s')$,通过分布的期望值,更新状态 s 的值函数 $v_\tau(s)$。该方法称为**期望更新法**(expected update)。另外,从式(4.1)可以看出,对状态 s 值函数的估算是建立在所有可能下一状态 s' 的值函数估计 $v_{\tau-1}(s')$ 之上的,这种更新方式也称为**自举方法**(bootstrapping)。

在保证 v_π 存在的前提下,当 $\tau \to \infty$ 时,序列 $\{v_\tau\}$ 将会收敛到 v_π。在实际情况下,只要更新后的状态值基本不变,就可以停止迭代。通常可以采取以下两种方式提前结束迭代。

(1) 直接设置迭代次数。只要达到预期的迭代次数,即可停止迭代;

(2) 设定较小的阈值(次优界限)θ。当 $|v_\tau(s) - v_{\tau-1}(s)|_\infty < \theta$ 时,停止迭代。比较两次迭代的状态值函数差的绝对值 Δ(或差的平方),当 Δ 最大值小于阈值时,终止迭代。

算法 4.1 给出了在有穷状态空间 MDP 中,基于状态值函数的策略评估算法。

算法 4.1	基于状态值函数的策略评估算法
输　入	初始策略 $\pi(a \mid s)$,状态转移概率 p,奖赏函数 r,折扣系数 γ
初始化	1. 对任意 $s \in \mathcal{S}$,初始化状态值函数,如 $V(s) = 0$ 2. 阈值 θ 设置为一个较小的实数值,如 $\theta = 0.01$
策　略 评　估	3.　**repeat** 对每一轮策略评估 $\tau = 1,2,\cdots$ 4.　　　delta $\leftarrow 0$ 5.　　　**for** 每个状态 s **do** 6.　　　　　$v \leftarrow V(s)$

策 略 评 估	7. $V(s) \leftarrow \sum_{a} \pi(a\|s) \sum_{s',r} p(s',r\|s,a)[r+\gamma V(s')]$
	8. delta$\leftarrow$max(delta,$\|v-V(s)\|$)
	9. **end for**
	10. **until** delta$<\theta$
输 出	$v_{\pi}=V$

算法 4.1 使用的迭代方式是异步计算方式,即在相邻的两个迭代轮次 τ 和 $\tau-1$ 中保存同一组状态值函数 $V(s)$。在 $V(s)$ 中,存储两轮混合的函数值。因此在每次计算中,如果状态 s 的值函数已被更新,那么当用到 $V(s)$ 时,就使用已经更新过的数据。评估过程中,中间结果与状态评估的先后次序密切相关。另外一种迭代方式是同步计算方式,即在每一迭代轮次 τ 中都保存相邻两轮的状态值函数: $V_{\tau}(s)$ 和 $V_{\tau-1}(s)$。在计算 $V_{\tau}(s)$ 过程中,使用的全部是上一轮的 $V_{\tau-1}(s)$ 值。这样评估过程中,中间结果与状态评估的先后次序无关。在相同情况下,利用两种迭代方式评估,收敛后结果是相同的。但在收敛速度方面,通常异步计算方式收敛速度会更快。

另外,算法 4.1 可用于有穷状态空间下确定 MDP 问题和随机 MDP 问题,这具体体现在 MDP 的状态转移动态 $p(s',r\|s,a)$ 上。对于确定 MDP 问题,在当前状态 s 下采取动作 a,到达下一状态 s' 的概率为 1,而到达其他状态的概率均为 0。对于随机 MDP 问题,在当前状态 s 下采取动作 a,到达下一状态 s' 是随机的。因此当利用算法 4.1 解决确定 MDP 问题和随机 MDP 时,只是状态转移动态的变化,而算法本身不需要改变。这也体现出确定 MDP 是随机 MDP 的特例。

下面利用算法 4.1 分别来解决例 3.1 的确定环境扫地机器人任务和例 3.2 的随机环境扫地机器人任务。

在线视频

阅读代码

例 4.1 对例 3.1 的确定环境扫地机器人任务进行策略评估。如图 4.1 所示,设定策略评估的起始位置为左下角,即充电桩位置,按序号顺序进行评估。机器人在非终止状态(除位置 0、12、19)均采取等概率策略 $\pi(a\|s)=\dfrac{1}{\|\mathcal{A}(s)\|}, a\in\mathcal{A}(s), \|\mathcal{A}(s)\|$ 为当前状态 s 可采取的动作个数。扫地机器人最多可以采取$\{Up, Down, Left, Right\}$4 个动作。到达充电桩位置时,$r=+1$;到达垃圾位置时,$r=+3$;撞到障碍物时,$r=-10$;其他情况,获得的奖赏 r 均为 0。折

20	21	22	23	24
15	16	17	18	19
10	11	12	13	14
5	6	7	8	9
	1	2	3	4

图 4.1 扫地机器人环境

扣系数 $\gamma=0.8$,利用算法 4.1 计算,在策略 π 下,确定环境扫地机器人任务的状态值函数。

根据算法 4.1,在随机策略 $\pi(a\|s)$ 下,确定环境扫地机器人任务的评估过程如下。

(1) 当 $\tau=0$ 时(τ 为迭代的次数),对于所有的 s 初始化:$V(s)=0$;

(2) 当 $\tau=1$ 时,以状态 S_{24} 为例。在策略 π 下,只能采取向下和向左共 2 个动作,概率各为 0.5。采取向下的动作时,到达状态 $S_{19}[V(S_{19})=0]$,并可以捡到垃圾,获得 $r_1=+3$ 的奖赏;采取向左的动作时,到达状态 $S_{23}[V(S_{23})=-0.271]$,获得 $r_2=0$ 的奖赏。根据算法 4.1 计算得:

$$V(S_{24})=\frac{1}{2}\times 1\times[r_1+\gamma V(S_{19})]+\frac{1}{2}\times 1\times[r_2+\gamma V(S_{23})]$$

$$= \frac{1}{2} \times 1 \times (3 + 0.8 \times 0) + \frac{1}{2} \times 1 \times [0 + 0.8 \times (-0.271)]$$

$$\approx 1.392$$

同理可以计算状态 S_5、S_{17} 的状态值函数：

$$V(S_5) = \frac{1}{3} \times 1 \times [r_1 + \gamma V(S_{10})] + \frac{1}{3} \times 1 \times [r_2 + \gamma V(S_0)] + \frac{1}{3} \times 1 \times [r_3 + \gamma V(S_6)]$$

$$= \frac{1}{3} \times 1 \times (0 + 0) + \frac{1}{3} \times 1 \times (1 + 0) + \frac{1}{3} \times 1 \times (0 + 0)$$

$$\approx 0.333$$

$$V(S_{17}) = \frac{1}{4} \times 1 \times [r_1 + \gamma V(S_{22})] + \frac{1}{4} \times 1 \times [r_2 + \gamma V(S_{17})] +$$

$$\frac{1}{4} \times 1 \times [r_3 + \gamma V(S_{16})] + \frac{1}{4} \times 1 \times [r_4 + \gamma V(S_{18})]$$

$$= 0.25 \times (0 + 0) + 0.25 \times (-10 + 0) + 0.25 \times [0 + 0.8 \times (-0.486)] + 0.25 \times (0 + 0)$$

$$\approx -2.597$$

按顺序计算完一轮后，得到值函数 $V(s)$ 如图 4.2($\tau=1$)所示。

(3) 当 $\tau=2$ 时，仍然以状态 S_5、S_{17}、S_{24} 为例。采用异步计算方式，状态值函数的计算通常与迭代计算顺序有关。这里策略评估的起始位置为左下角，即充电桩位置，按序号顺序进行评估。那么在每一轮次中，这 3 个状态的计算顺序为 S_5、S_{17}、S_{24}。3 个状态值函数分别计算为

$$V(S_5) = \frac{1}{3} \times 1 \times [r_1 + \gamma V(S_{10})] + \frac{1}{3} \times 1 \times [r_2 + \gamma V(S_0)] + \frac{1}{3} \times 1 \times [r_3 + \gamma V(S_6)]$$

$$= \frac{1}{3} \times (0 + 0.8 \times 0.089) + \frac{1}{3} \times 1 \times (1 + 0.8 \times 0) + \frac{1}{3} \times (0 + 0.8 \times 0.133)$$

$$\approx 0.393$$

$$V(S_{17}) = \frac{1}{4} \times 1 \times [r_1 + \gamma V(S_{22})] + \frac{1}{4} \times 1 \times [r_2 + \gamma V(S_{17})] +$$

$$\frac{1}{4} \times 1 \times [r_3 + \gamma V(S_{16})] + \frac{1}{4} \times 1 \times [r_4 + \gamma V(S_{18})]$$

$$= 0.25 \times [0 + 0.8 \times (-0.727)] + 0.25 \times [-10 + 0.8 \times (-2.597)] +$$

$$0.25 \times [0 + 0.8 \times (-1.272)] + 0.25 \times [0 + 0.8 \times (-0.289)]$$

$$\approx -3.477$$

$$V(S_{24}) = \frac{1}{2} \times 1 \times [r_1 + \gamma V(S_{19})] + \frac{1}{2} \times 1 \times [r_2 + \gamma V(S_{23})]$$

$$= 0.5 \times (3 + 0.8 \times 0) + 0.5 \times [0 + 0.8 \times (-0.111)]$$

$$= 1.456$$

按顺序计算完一轮后，得到状态值函数 $V(s)$ 如图 4.2($\tau=2$)所示。

(4) 当 $\tau=21$ 时，$|V_\tau(s) - V_{\tau-1}(s)|_\infty < \theta (\theta=0.0001)$，认为 $V_{21}(s)$ 已经收敛于 $v_\pi(s)$，计算得到的 $v_\pi(s)$ 就是在策略 π 下的有效评估。

随着迭代的进行，每轮状态值函数的更新过程，如图 4.2 所示。

对于例 4.1 的确定情况扫地机器人任务，策略评估时通常采用异步计算方式。而同

$\tau=0$

0.000	0.000	0.000	0.000	0.000
0.000	0.000	0.000	0.000	0.000
0.000	0.000		0.000	0.000
0.000	0.000	0.000	0.000	0.000
0.000	0.000	0.000	0.000	0.000

$\tau=1$

0.009	-0.127	-0.727	-0.271	1.392
0.024	-0.486	-2.597	-2.289	0.000
0.089	-2.456		-2.597	0.273
0.333	0.133	-2.456	-0.486	-0.127
0.000	0.333	0.089	0.024	0.009

$\tau=2$

-0.160	-0.575	-1.153	-0.111	1.456
-0.272	-1.272	-3.477	-0.655	0.000
-0.544	-3.362		-3.277	0.044
0.393	-0.825	-3.362	-1.272	-0.309
0.000	0.393	-0.544	-0.272	-0.160

⋮

$\tau=10$

-1.091	-1.345	-1.605	-0.324	1.371
-1.393	-2.353	-4.355	-0.980	0.000
-1.803	-4.691		-3.976	-0.294
-0.709	-2.138	-4.626	-2.145	-0.877
0.000	-0.694	-1.747	-1.260	-0.852

$\tau=20$

-1.110	-1.359	-1.615	-0.329	1.368
-1.417	-2.372	-4.368	-0.987	0.000
-1.830	-4.716		-3.987	-0.300
-0.731	-2.162	-4.649	-2.160	-0.887
0.000	-0.716	-1.772	-1.280	-0.867

$\tau=21$

-1.110	-1.359	-1.615	-0.329	1.368
-1.417	-2.372	-4.369	-0.987	0.000
-1.830	-4.716		-3.987	-0.300
-0.731	-2.162	-4.649	-2.160	-0.887
0.000	-0.716	-1.772	-1.280	-0.867

⋮

图 4.2　面向确定环境扫地机器人任务的状态值函数 v_π 的评估过程(异步计算方式)

步计算方式评估值函数时,环境状态越多,效率也越低。采用异步计算方式时,每一轮迭代都直接用新产生的值函数来替换旧的值函数,不需要对上一轮迭代的状态值函数进行备份,既减少了迭代次数,又节省了存储空间。对于该扫地机器人任务,采用异步计算方式进行评估,21轮迭代后即可以收敛到 v_π,而采用同步计算方式,收敛到 v_π 则需要36轮迭代。另外,使用异步计算方式时,每次遍历并不需要对所有的状态值函数都做一次更新,而可以任意顺序更新状态值,这样其中的某些状态值可能会在其他状态值更新一次之前已经更新过多次。这种基于异步计算方式,以任意顺序进行规划的方法,称为**异步动态规划法**(Asynchronous Dynamic Programming,ADP)。ADP的特点归纳如下。

(1) ADP可以对更新顺序进行调整,通常重要的状态优先更新;

(2) 在实际情况中,ADP必须保证完成所有状态的价值更新;

(3) ADP并不一定能减少计算量。但该方法的作用在于:算法在改进策略之前不需要陷入无望的长时间扫描。

例 4.2 对例3.2的随机环境下扫地机器人任务进行策略评估。重新考虑例3.1的扫地机器人问题。假设由于地面的问题,采取某一动作后,状态转换不再确定。当采取某一动作试图向某一方向移动时,机器人成功移动的概率为0.80,保持原地不动的概率为0.15,移动到相反方向的概率为0.05,具体如图4.3所示,其中 s' 表示下一个状态,s'' 表示相反方向的状态。

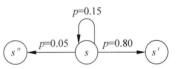

图 4.3 随机环境扫地机器人状态转移示意图

在其他条件与例4.1不变的情况下,采用异步计算方式,给出策略 π 下的随机环境扫地机器人任务的状态值函数更新过程。

根据算法4.1,在随机策略 $\pi(a|s)$ 下,随机环境扫地机器人任务的评估过程如下。

(1) 当 $\tau=0$ 时(τ 为迭代的次数),对于所有的 s 初始化:$V(s)=0$;

(2) 当 $\tau=1$ 时,以状态 S_{24} 为例。在策略 π 下,只能采取向下和向左共2个动作,概率各为0.5。采取向下的动作时,以0.8的概率到达状态 $S_{19}[V(S_{19})=0]$,并可以捡到垃圾,获得 $r_{11}=+3$ 的奖赏;以0.15的概率保持原地 $S_{24}[V(S_{24})=0]$ 不动,获得 $r_{12}=0$ 的奖赏;以0.05的概率采取冲出边界的动作,保持原地 $S_{24}[V(S_{24})=0]$ 不动,获得 $r_{13}=0$ 的奖赏。采取向左的动作时,以0.8的概率到达状态 $S_{23}[V(S_{23})=-0.132]$,获得 $r_{21}=0$ 的奖赏;以0.15的概率保持原地 $S_{24}[V(S_{24})=0]$ 不动,获得 $r_{22}=0$ 的奖赏;以0.05的概率采取冲出边界的动作,保持原地 $S_{24}[V(S_{24})=0]$ 不动,获得 $r_{23}=0$ 的奖赏。根据算法4.1计算得:

$$V(S_{24})$$
$$=\frac{1}{2}\times\{0.8\times[r_{11}+\gamma V(S_{19})]+0.15\times[r_{12}+\gamma V(S_{24})]+0.05\times[r_{13}+\gamma V(S_{24})]\}+$$
$$\frac{1}{2}\times\{0.8\times[r_{21}+\gamma V(S_{23})]+0.15\times[r_{22}+\gamma V(S_{24})]+0.05\times[r_{23}+\gamma V(S_{24})]\}$$
$$=\frac{1}{2}\times[0.8\times(3+0.8\times0)+0.15\times(0+0.8\times0)+0.05\times(0+0.8\times0)]+\frac{1}{2}\times$$
$$\{0.8\times[0+0.8\times(-0.132)]+0.15\times(0+0.8\times0)+0.05\times(0+0.8\times0)\}$$
$$\approx1.158$$

同理可以计算状态 S_5、S_{17} 的状态值函数:

$V(S_5)$

$= \frac{1}{3} \times \{0.8 \times [r_{11} + \gamma V(S_{10})] + 0.15 \times [r_{12} + \gamma V(S_5)] + 0.05 \times [r_{13} + \gamma V(S_0)]\} +$

$\frac{1}{3} \times \{0.8 \times [r_{21} + \gamma V(S_0)] + 0.15 \times [r_{12} + \gamma V(S_5)] + 0.05 \times [r_{13} + \gamma V(S_{10})]\} +$

$\frac{1}{3} \times \{0.8 \times [r_{31} + \gamma V(S_6)] + 0.15 \times [r_{32} + \gamma V(S_5)] + 0.05 \times [r_{23} + \gamma V(S_5)]\}$

$= \frac{1}{3} \times [0.8 \times (0 + 0.8 \times 0) + 0.15 \times (0 + 0.8 \times 0) + 0.05 \times (1 + 0.8 \times 0)] +$

$\frac{1}{3} \times [0.8 \times (1 + 0.8 \times 0) + 0.15 \times (0 + 0.8 \times 0) + 0.05 \times (0 + 0.8 \times 0)] +$

$\frac{1}{3} \times [0.8 \times (0 + 0.8 \times 0) + 0.15 \times (0 + 0.8 \times 0) + 0.05 \times (0 + 0.8 \times 0)]$

≈ 0.28

$V(S_{17})$

$= \frac{1}{4} \times \{0.8 \times [r_{11} + \gamma V(S_{22})] + 0.15 \times [r_{12} + \gamma V(S_{17})] + 0.05 \times [r_{13} + \gamma V(S_{17})]\} +$

$\frac{1}{4} \times \{0.8 \times [r_{21} + \gamma V(S_{17})] + 0.15 \times [r_{12} + \gamma V(S_{17})] + 0.05 \times [r_{13} + \gamma V(S_{22})]\} +$

$\frac{1}{4} \times \{0.8 \times [r_{31} + \gamma V(S_{16})] + 0.15 \times [r_{32} + \gamma V(S_{17})] + 0.05 \times [r_{23} + \gamma V(S_{18})]\} +$

$\frac{1}{4} \times \{0.8 \times [r_{41} + \gamma V(S_{18})] + 0.15 \times [r_{42} + \gamma V(S_{17})] + 0.05 \times [r_{23} + \gamma V(S_{16})]\}$

$= \frac{1}{4} \times [0.8 \times (0 + 0.8 \times 0) + 0.15 \times (0 + 0.8 \times 0) + 0.05 \times (-10 + 0.8 \times 0)] +$

$\frac{1}{4} \times [0.8 \times (-10 + 0.8 \times 0) + 0.15 \times (0 + 0.8 \times 0) + 0.05 \times (0 + 0.8 \times 0)] +$

$\frac{1}{4} \times \{0.8 \times [0 + 0.8 \times (-0.354)] + 0.15 \times (0 + 0.8 \times 0) + 0.05 \times (0 + 0.8 \times 0)\} +$

$\frac{1}{4} \times \{0.8 \times (0 + 0.8 \times 0) + 0.15 \times (0 + 0.8 \times 0) + 0.05 \times [0 + 0.8 \times (-0.354)]\}$

≈ -2.185

按顺序计算完一轮后,得到值函数 $V(s)$,如图 4.4($\tau=1$)所示。

(3) 当 $\tau=2$ 时,仍然以状态 S_5、S_{17}、S_{24} 为例。在每一轮次中,这 3 个状态的计算顺序为 S_5、S_{17}、S_{24}。3 个状态值函数分别计算为

$V(S_5)$

$= \frac{1}{3} \times \{0.8 \times [r_{11} + \gamma V(S_{10})] + 0.15 \times [r_{12} + \gamma V(S_5)] + 0.05 \times [r_{13} + \gamma V(S_0)]\} +$

$\frac{1}{3} \times \{0.8 \times [r_{21} + \gamma V(S_0)] + 0.15 \times [r_{12} + \gamma V(S_5)] + 0.05 \times [r_{13} + \gamma V(S_{10})]\} +$

$\frac{1}{3} \times \{0.8 \times [r_{31} + \gamma V(S_6)] + 0.15 \times [r_{32} + \gamma V(S_5)] + 0.05 \times [r_{23} + \gamma V(S_5)]\}$

$$= \frac{1}{3} \times [0.8 \times (0 + 0.8 \times 0.064) + 0.15 \times (0 + 0.8 \times 0.283) + 0.05 \times (1 + 0.8 \times 0)] +$$

$$\frac{1}{3} \times [0.8 \times (1 + 0.8 \times 0) + 0.15 \times (0 + 0.8 \times 0.283) + 0.05 \times (0 + 0.8 \times 0.064)] +$$

$$\frac{1}{3} \times [0.8 \times (0 + 0.8 \times 0.096) + 0.15 \times (0 + 0.8 \times 0.283) + 0.05 \times (0 + 0.8 \times 0.283)]$$

$$\approx 0.356$$

$$V(S_{17})$$

$$= \frac{1}{4} \times \{0.8 \times [r_{11} + \gamma V(S_{22})] + 0.15 \times [r_{12} + \gamma V(S_{17})] + 0.05 \times [r_{13} + \gamma V(S_{17})]\} +$$

$$\frac{1}{4} \times \{0.8 \times [r_{21} + \gamma V(S_{17})] + 0.15 \times [r_{12} + \gamma V(S_{17})] + 0.05 \times [r_{13} + \gamma V(S_{22})]\} +$$

$$\frac{1}{4} \times \{0.8 \times [r_{31} + \gamma V(S_{16})] + 0.15 \times [r_{32} + \gamma V(S_{17})] + 0.05 \times [r_{23} + \gamma V(S_{18})]\} +$$

$$\frac{1}{4} \times \{0.8 \times [r_{41} + \gamma V(S_{18})] + 0.15 \times [r_{42} + \gamma V(S_{17})] + 0.05 \times [r_{23} + \gamma V(S_{16})]\}$$

$$= \frac{1}{4} \times \{0.8 \times [0 + 0.8 \times (-0.483)] + 0.15 \times [0 + 0.8 \times (-2.185)] + 0.05 \times$$

$$(-10 + 0.8 \times 0)\} + \frac{1}{4} \times \{0.8 \times [-10 + 0.8 \times (-2.185)] + 0.15 \times [0 + 0.8 \times$$

$$(-2.185)] + 0.05 \times [0 + 0.8 \times (-0.483)]\} + \frac{1}{4} \times \{0.8 \times [0 + 0.8 \times (-0.951)] +$$

$$0.15 \times [0 + 0.8 \times (-2.185)] + 0.05 \times [0 + 0.8 \times (-0.106)]\} + \frac{1}{4} \times \{0.8 \times [0 + 0.8 \times$$

$$(-0.106)] + 0.15 \times [0 + 0.8 \times (-2.185)] + 0.05 \times [0 + 0.8 \times (-0.951)]\}$$

$$\approx -2.999$$

$$V(S_{24})$$

$$= \frac{1}{2} \times \{0.8 \times [r_{11} + \gamma V(S_{19})] + 0.15 \times [r_{12} + \gamma V(S_{24})] + 0.05 \times [r_{13} + \gamma V(S_{24})]\} +$$

$$\frac{1}{2} \times \{0.8 \times [r_{21} + \gamma V(S_{23})] + 0.15 \times [r_{22} + \gamma V(S_{24})] + 0.05 \times [r_{23} + \gamma V(S_{24})]\}$$

$$= \frac{1}{2} \times \{0.8 \times (3 + 0.8 \times 0) + 0.15 \times (0 + 0.8 \times 1.158) + 0.05 \times (0 + 0.8 \times 1.158)\} +$$

$$\frac{1}{2} \times \{0.8 \times [0 + 0.8 \times (-0.023)] + 0.15 \times (0 + 0.8 \times 1.158) + 0.05 \times (0 + 0.8 \times 1.158)\}$$

$$\approx 1.378$$

按顺序计算完一轮后,得到状态值函数 $V(s)$,如图 4.4($\tau = 2$)所示。

(4) 当 $\tau = 23$ 时,$|V_\tau(s) - V_{\tau-1}(s)|_\infty < \theta (\theta = 0.0001)$,认为 $V_{23}(s)$ 已经收敛于 $v_\pi(s)$,计算得到的 $v_\pi(s)$ 就是在策略 π 下的有效评估。

随着迭代的进行,每轮状态值函数更新,如图 4.4 所示。

图 4.4 面向随机环境扫地机器人任务的状态值函数 v_π 的评估过程（异步计算方式）

在线视频

2. 基于动作值函数的策略评估

与基于状态值函数的策略评估一样,根据迭代思想,可以将动作值函数的贝尔曼方程[式(3.19)]转化为迭代[式(4.2)],即基于动作值(Q值)函数的策略评估迭代式:

$$q_\tau(s,a) = \mathbb{E}_\pi(G_t | S_t = s, A_t = a)$$
$$= \sum_{s',r} p(s',r|s,a)\left[r + \gamma \sum_{a'} \pi(a'|s') q_{\tau-1}(s',a')\right] \quad (4.2)$$

使用 Q 值函数的策略评估,在当前策略 π 下,从任意 Q 值函数 q_0 开始,在每一轮迭代中,利用式(4.2)来更新 Q 值函数。

算法 4.2 给出了在有穷状态空间 MDP 中,基于动作值函数的策略评估算法。

算法 4.2	基于动作值函数的策略评估算法
输　入	初始策略 $\pi(a\|s)$,状态转移概率 p,奖赏函数 r,折扣系数 γ
初始化	1.　对任意 $s \in \mathcal{S}, a \in \mathcal{A}(s)$,初始化动作值函数,如 $Q(s,a) = 0$ 2.　阈值 θ 设置为一个较小的实数值,如 $\theta = 0.01$
策　略 评　估	3.　**repeat** 对每一轮策略评估 $\tau = 1, 2, \cdots$ 4.　　　delta←0 5.　　　**for** 每个状态-动作对 (s,a) **do** 6.　　　　　$q \leftarrow Q(s,a)$ 7.　　　　　$Q(s,a) \leftarrow \sum_{s',r} p(s',r\|s,a)\left\{r + \gamma \sum_{a'}[\pi(a'\|s')Q(s',a')]\right\}$ 8.　　　　　delta←max(delta, |q - Q(s,a)|) 9.　　　**end for** 10.　**until** delta$<\theta$
输　出	$q_* = Q$

阅读代码

例 4.3　利用算法 4.2,基于 Q 值函数对确定环境扫地机器人任务进行策略评估。如图 4.1 所示,设定策略评估的起始位置为左下角,即充电桩位置,按序号顺序进行评估。动作按 Up, Down, Left, Right 顺序评估。折扣系数 $\gamma = 0.8$,在等概率策略 π 下,计算确定环境扫地机器人任务的动作值函数。

根据算法 4.2,在随机策略 $\pi(a|s)$ 下,确定环境扫地机器人任务的评估过程如下。

(1) 当 $\tau = 0$ 时(τ 为迭代的次数),对于所有的 (s,a) 初始化:$Q(s,a) = 0$;

(2) 当 $\tau = 1$ 时,以状态 S_7 的 4 个动作$\{$Up, Down, Left, Right$\}$为例。根据扫地机器人的确定环境 MDP 模型,(S_7, Up)遇到障碍物,保持原地 S_7 不动,得到 -10 的惩罚,状态 S_7 中可以采取$\{$Up, Down, Left, Right$\}$4 个动作,概率各为 $\frac{1}{4}$;(S_7, Down)到达状态 S_2,得到 0 的奖赏,状态 S_2 中可以采取$\{$Up, Left, Right$\}$3 个动作,概率各为 $\frac{1}{3}$;$(S_7,$ Left)到达状态 S_6,得到 0 的奖赏,状态 S_6 中可以采取$\{$Up, Down, Left, Right$\}$4 个动作,概率各为 $\frac{1}{4}$;$(S_7,$ Right)到达状态 S_8,得到 0 的奖赏,状态 S_8 中可以采取$\{$Up, Down,

Left,Right}4 个动作,概率各为 $\frac{1}{4}$。综上所述,根据算法 4.2 计算得:

$$Q(S_7,\mathrm{Up})=r+\gamma\sum_{a'}\left[\pi(a'|S_7)Q(S_7,a')\right]$$

$$=-10+0.8\times\left[\frac{1}{4}\times Q(S_7,\mathrm{Up})+\frac{1}{4}\times Q(S_7,\mathrm{Down})+\frac{1}{4}\times\right.$$

$$\left.Q(S_7,\mathrm{Left})+\frac{1}{4}\times Q(S_7,\mathrm{Right})\right]$$

$$=-10+0.8\times(0.25\times0+0.25\times0+0.25\times0+0.25\times0)$$

$$=-10.000$$

$$Q(S_7,\mathrm{Down})=r+\gamma\sum_{a'}\left[\pi(a'|S_2)Q(S_2,a')\right]$$

$$=0+0.8\times\left[\frac{1}{3}\times Q(S_2,\mathrm{Up})+\frac{1}{3}\times Q(S_2,\mathrm{Left})+\frac{1}{3}\times Q(S_2,\mathrm{Right})\right]$$

$$=0+0.8\times\left(\frac{1}{3}\times0+\frac{1}{3}\times0.267+\frac{1}{3}\times0\right)$$

$$\approx0.071$$

$$Q(S_7,\mathrm{Left})=r+\gamma\sum_{a'}\left[\pi(a'|S_6)Q(S_6,a')\right]$$

$$=0+0.8\times\left[\frac{1}{4}\times Q(S_6,\mathrm{Up})+\frac{1}{4}\times Q(S_6,\mathrm{Down})+\frac{1}{4}\times\right.$$

$$\left.Q(S_6,\mathrm{Left})+\frac{1}{4}\times Q(S_6,\mathrm{Right})\right]$$

$$=0+0.8\times\left(\frac{1}{4}\times0+\frac{1}{4}\times0.267+\frac{1}{4}\times0.267+\frac{1}{4}\times0\right)$$

$$\approx0.107$$

$$Q(S_7,\mathrm{Right})=r+\gamma\sum_{a'}\left[\pi(a'|S_8)Q(S_8,a')\right]$$

$$=0+0.8\times\left[\frac{1}{4}\times Q(S_8,\mathrm{Up})+\frac{1}{4}\times Q(S_8,\mathrm{Down})+\frac{1}{4}\times\right.$$

$$\left.Q(S_8,\mathrm{Left})+\frac{1}{4}\times Q(S_8,\mathrm{Right})\right]$$

$$=0+0.8\times\left(\frac{1}{4}\times0+\frac{1}{4}\times0+\frac{1}{4}\times0+\frac{1}{4}\times0\right)$$

$$=0.000$$

按顺序计算完一轮后,得到动作值函数 $Q(s,a)$,如表 4.2($\tau=1$)所示。

(3) 当 $\tau=21$ 时,$|Q_\tau(s,a)-Q_{\tau-1}(s,a)|_\infty<\theta(\theta=0.0001)$,认为 $Q_{21}(s,a)$ 已经收敛于 $q_\pi(s,a)$,计算得到的 $q_\pi(s,a)$ 就是在策略 π 下的有效评估。

随着迭代的进行,每轮动作值函数更新,如表 4.1 所示。表中动作按 Up,Down,Left,Right 顺序评估,不同动作值之间用";"分隔开,"＊.＊＊＊"表示此状态不能执行相应的动作。

表 4.1 面向确定环境扫地机器人任务的动作值函数 q_π 评估过程

q_τ	...	S_2	...	S_6	S_7	S_8	...
q_0	...	$0.000; *.***;$ $0.000; 0.000$	...	$0.000; 0.000;$ $0.000; 0.000$	$0.000; 0.000;$ $0.000; 0.000$	$0.000; 0.000;$ $0.000; 0.000$	...
q_1	...	$0.000; *.***;$ $0.267; 0.000$	...	$0.000; 0.267;$ $0.267; 0.000$	$-10.000; 0.071;$ $0.107; 0.000$	$0.000; 0.019;$ $-1.964; 0.000$	...
q_2	...	$-1.964; *.***;$ $0.314; 0.019$	...	$-1.957; 0.314;$ $0.314; -1.964$	$-11.964; -0.435;$ $-0.659; -0.389$	$-2.093; -0.218;$ $-2.689; -0.102$	...
$\vdots$	$\vdots$	$\vdots$	$\vdots$	$\vdots$	$\vdots$	$\vdots$	$\vdots$
q_{20}	...	$-3.719; *.***;$ $-0.573; -1.024$	...	$-3.773; -0.573;$ $-0.585; -3.719$	$-13.719; -1.417;$ $-1.730; -1.728$	$-3.189; -1.024;$ $-3.719; -0.710$	...
q_{21}	...	$-3.719; *.***;$ $-0.573; -1.024$	...	$-3.773; -0.573;$ $-0.585; -3.719$	$-13.719; -1.417;$ $-1.730; -1.728$	$-3.189; -1.024;$ $-3.719; -0.710$	...
q_π	...	$-3.719; *.***;$ $-0.573; -1.024$	...	$-3.773; -0.573;$ $-0.585; -3.719$	$-13.719; -1.417;$ $-1.730; -1.728$	$-3.189; -1.024;$ $-3.719; -0.710$	...

例 4.4 利用算法 4.2,使用 Q 值函数对随机环境扫地机器人任务进行策略评估。在其他条件与例 4.2 不变的情况下,采用异步计算方式,给出在策略 π 下,面向随机环境扫地机器人任务的动作值函数 q_π 评估过程。

根据算法 4.2,在随机策略 $\pi(a|s)$ 下,利用 Q 值函数,随机环境扫地机器人任务的评估过程如下。

(1) 当 $\tau = 0$ 时(τ 为迭代次数),对于所有的 (s, a) 初始化:$Q(s, a) = 0$;

(2) 当 $\tau = 1$ 时,以状态 S_7 的 4 个动作 $\{\text{Up}, \text{Down}, \text{Left}, \text{Right}\}$ 为例。根据扫地机器人的随机环境 MDP 模型,(S_7, Up) 以 0.8 的概率撞到障碍物,保持原地 $S_7[Q(S_7, \text{Up}) = 0.000, Q(S_7, \text{Down}) = 0.000, Q(S_7, \text{Left}) = 0.000, Q(S_7, \text{Right}) = 0.000]$ 不动,得到 -10 的惩罚;以 0.15 的概率保持原地 $S_7[Q(S_7, \text{Up}) = 0.000, Q(S_7, \text{Down}) = 0.000, Q(S_7, \text{Left}) = 0.000, Q(S_7, \text{Right}) = 0.000]$ 不动,获得 0 的奖赏;以 0.05 的概率滑到状态 $S_2[Q(S_2, \text{Up}) = 0.000, Q(S_2, \text{Left}) = 0.188, Q(S_2, \text{Right}) = 0.019]$,获得 0 的奖赏。

根据算法 4.2 计算得:

$$Q(S_7, \text{Up}) = p(s', r | s, \text{Up}) \left\{ r + \gamma \sum_{a'} [\pi(a' | s') Q(s', a')] \right\}$$

$$= p(S_7, r_1 | S_7, \text{Up}) \left\{ r_1 + \gamma \sum_{a'} [\pi(a' | S_7) Q(S_7, a')] \right\} +$$

$$p(S_7, r_2 | S_7, \text{Up}) \left\{ r_2 + \gamma \sum_{a'} [\pi(a' | S_7) Q(S_7, a')] \right\} +$$

$$p(S_2, r_3 | S_7, \text{Up}) \left\{ r_3 + \gamma \sum_{a'} [\pi(a' | S_2) Q(S_2, a')] \right\}$$

$$= 0.8 \times \left\{ -10 + 0.8 \times \left[\frac{1}{4} \times Q(S_7, \text{Up}) + \frac{1}{4} \times Q(S_7, \text{Down}) + \right.\right.$$

$$\left.\left. \frac{1}{4} \times Q(S_7, \text{Left}) + \frac{1}{4} \times Q(S_7, \text{Right}) \right] \right\} +$$

$$0.15 \times \left\{ 0 + 0.8 \times \left[\frac{1}{4} \times Q(S_7, \text{Up}) + \frac{1}{4} \times Q(S_7, \text{Down}) + \right. \right.$$

$$\left. \left. \frac{1}{4} \times Q(S_7, \text{Left}) + \frac{1}{4} \times Q(S_7, \text{Right}) \right] \right\} +$$

$$0.05 \times \left\{ 0 + 0.8 \times \left[\frac{1}{3} \times Q(S_2, \text{Up}) + \frac{1}{3} \times Q(S_2, \text{Left}) + \frac{1}{3} \times Q(S_2, \text{Right}) \right] \right\}$$

$$= 0.8 \times \left[-10 + 0.8 \times \left(\frac{1}{4} \times 0.000 + \frac{1}{4} \times 0.000 + \frac{1}{4} \times 0.000 + \frac{1}{4} \times 0.000 \right) \right] +$$

$$0.15 \times \left[0 + 0.8 \times \left(\frac{1}{4} \times 0.000 + \frac{1}{4} \times 0.000 + \frac{1}{4} \times 0.000 + \frac{1}{4} \times 0.000 \right) \right] +$$

$$0.05 \times \left[0 + 0.8 \times \left(\frac{1}{3} \times 0.000 + \frac{1}{3} \times 0.188 + \frac{1}{3} \times 0.019 \right) \right]$$

$$= -7.997$$

同理可以计算动作值函数 $Q(S_7, \text{Down}) = -0.696$，$Q(S_7, \text{Left}) = -0.193$，$Q(S_7, \text{Right}) = -0.262$。

按顺序计算完一轮后，得到动作值函数 $Q(s,a)$，如表 4.2($\tau = 1$)所示。

（3）当 $\tau = 21$ 时，$|Q_\tau(s,a) - Q_{\tau-1}(s,a)|_\infty < \theta$，认为 $Q_{21}(s,a)$ 已经收敛于 $q_\pi(s,a)$，计算得到的 $q_\pi(s,a)$ 就是在策略 π 下的有效评估。

随着迭代的进行，每轮动作值函数更新，如表 4.2 所示。

在线表格

表 4.2　面向随机环境扫地机器人任务的动作值函数 q_π 评估过程

q_τ	…	S_2	…	S_6	S_7	S_8	…
q_0	…	0.000; *.***; 0.000;0.000	…	0.000;0.000; 0.000;0.000	0.000;0.000; 0.000;0.000	0.000;0.000; 0.000;0.000	…
q_1	…	0.000; *.***; 0.188;0.019	…	0.012;0.189; 0.197;0.024	−7.997;0.696; −0.193;−0.262	0.001;0.010; −1.463;−0.135	…
q_2	…	−1.453; *.***; 0.184;−0.025	…	−1.325;0.121; 0.113;−1.481	−9.755;−1.013; −0.767;−0.636	−1.507;−0.305; −2.608;−0.296	…
⋮	⋮	⋮	⋮	⋮	⋮	⋮	⋮
q_{20}	…	−2.862; *.***; −0.511;−0.801	…	−2.907;−0.688; −0.693;−2.875	−11.191;−1.886; −1.712;−1.712	−2.534;−0.972; −2.879;−0.771	…
q_{21}	…	−2.862; *.***; −0.511;−0.801	…	−2.907;−0.688; −0.693;−2.875	−11.191;−1.886; −1.712;−1.712	−2.534;−0.972; −2.879;−0.771	…
q_π	…	−2.862; *.***; −0.511;−0.801	…	−2.907;−0.688; −0.693;−2.875	−11.191;−1.886; −1.712;−1.712	−2.534;−0.972; −2.879;−0.771	…

在线视频

策略的优劣性可以由值函数来评价。通过策略评估迭代得到值函数，再利用动作值函数来寻找更好的策略。假设已知某一策略 π 的值函数 v_π 或 q_π，目的是寻找一个更优策略 π'。下面从特殊情况到一般情况对策略改进方法进行说明，最后推导出最优策略的获取方法。

1）特殊情况

针对单一状态 s 和特定动作 a，制定如下约定以获得新策略 $\pi'(\pi' \neq \pi)$：

➤ 在状态 s 下选择一个新动作 $a[a \neq \pi(s)]$；

➤ 保持后续（其他）状态所执行的动作与原策略 π 给出的动作相同。

在这种情况下，根据动作值函数贝尔曼方程，得到的价值为

$$q_\pi(s,a) = \mathbb{E}_\pi(R_{t+1} + \gamma v_\pi(S_{t+1}) | S_t = s, A_t = a)$$
$$= \sum_{s',r} p(s',r|s,a)[r + \gamma v_\pi(s')] \tag{4.3}$$

若 $q_\pi(s,a) \geqslant v_\pi(s)$ 成立，则说明满足以上约定的策略 π' 优于或等价于 π。

2）一般情况

将单一状态和特定动作的情况进行拓展。对任意状态 $s \in \mathcal{S}$，若存在任意的两个确定策略 π 和 $\pi'(\pi' \neq \pi)$ 满足**策略改进定理**（policy improvement theorem），则说明在状态 s 处采取策略 π' 时，能得到更大的值函数，即 π' 优于或等价于 π。策略改进定理为

$$q_\pi[s, \pi'(s)] \geqslant v_\pi(s) \tag{4.4}$$

此时，对任意状态 s 执行策略 π' 时，必定能够得到更大的期望回报，即存在：

$$v_{\pi'}(s) \geqslant v_\pi(s) \tag{4.5}$$

对策略改进定理进行推导，利用式(4.3)，基于式(4.2)等号左侧的 q_π 进行多次展开，并不断应用式(4.3)直到得到 $v_{\pi'}(s)$：

$$v_\pi(s) \leqslant q_\pi[s, \pi'(s)]$$

$$= \mathbb{E}[R_{t+1} + \gamma v_\pi(S_{t+1})|S_t = s, A_t = \pi'(s)] \quad \text{——由式(4.2)推出}$$

$$= \mathbb{E}_{\pi'}[R_{t+1} + \gamma v_\pi(S_{t+1})|S_t = s] \quad \text{——将条件 } \pi'(s) \text{ 提出}$$

$$\leqslant \mathbb{E}_{\pi'}\{R_{t+1} + \gamma q_\pi[S_{t+1}, \pi'(S_{t+1})]|S_t = s\} \quad \text{——由式(4.4)推出}, v_\pi(S_{t+1}) \leqslant$$
$$q_\pi[S_{t+1}, \pi'(S_{t+1})]$$

$$= \mathbb{E}_{\pi'}\{R_{t+1} + \gamma \mathbb{E}_{\pi'}[R_{t+2} + \gamma\pi(S_{t+2})]|S_t = s\} \quad \text{——由式(4.2)推出}$$

$$= \mathbb{E}_{\pi'}[R_{t+1} + \gamma R_{t+2} + \gamma^2 v_\pi(S_{t+2})|S_t = s] \quad \text{——期望展开}$$

$$\leqslant \mathbb{E}_{\pi'}[R_{t+1} + \gamma R_{t+2} + \gamma^2 R_{t+3} + \gamma^3 v_\pi(S_{t+3})|S_t = s]$$

$$\cdots$$

$$\leqslant \mathbb{E}_{\pi'}[R_{t+1} + \gamma R_{t+2} + \gamma^2 R_{t+3} + \cdots|S_t = s] = \mathbb{E}_{\pi'}[G_t|S_t = s] = v_{\pi'}(s)$$

由上述推导可知，给定一个策略及其值函数估计值，就能判定改变某个状态的动作对策略的影响。于是对每个状态 s 都选择最优动作，即基于贪心策略选取最大动作值函数对应的动作，构建一个新的贪心策略 π'，满足式(4.6)：

$$\pi'(s) = \arg\max_a q_\pi(s,a)$$
$$= \arg\max_a \mathbb{E}[R_{t+1} + \gamma v_\pi(S_{t+1})|S_t = s, A_t = a] \tag{4.6}$$
$$= \arg\max_a \sum_{s',r} p(s',r|s,a)[r + \gamma v_\pi(s')]$$

其中，arg max 表示能够使得表达式值最大化的 a，如果结果有多个满足条件的值时，则随机取其一。

贪心策略选取了短期内最优的动作，即根据 v_π 向前一步搜索，式(4.6)构造出的策略满足策略改进定理为

$$v_{\pi'}(s) = q_\pi[s, \pi'(s)] = \max_a q_\pi(s,a) \geqslant q_\pi[s, \pi(s)] = v_\pi(s) \qquad (4.7)$$

这样一种贪心策略的概率分布呈 one-hot 分布，该策略也称为确定贪心策略。其满足如下关系：

$$\pi'(a \mid s) = \begin{cases} 1, & a = \arg\max_a q_\pi(s,a) \\ 0, & \text{其他} \end{cases} \qquad (4.8)$$

另一种贪心策略称为随机贪心策略，其概率分布为：对于所有的贪心动作 a'，赋予一个 $(0,1]$ 的值，且其满足如下关系：

$$\pi'(a \mid s) = \begin{cases} \pi'(a' \mid s), & \pi'(a' \mid s) \in (0,1] \text{ 且 } \sum_{a'} \pi'(a' \mid s) = 1 \\ 0, & \text{其他} \end{cases} \qquad (4.9)$$

3）策略迭代中的最优策略

通过策略改进，可以得到更优策略 π'，而强化学习的目标是获得最优策略 π_*。假设贪心策略 π' 与原策略 π 一样好，根据式(4.6)可得，对任意 $s \in \mathcal{S}$，存在：

$$v_{\pi'}(s) = \max_a \sum_{s',r} p(s',r \mid s,a) [r + \gamma v_{\pi'}(s')]$$

该式与贝尔曼最优方程(3.24)的形式完全相同，因此 $v_{\pi'}$ 一定等于 v_*，且 π 和 π' 均为最优策略。综上所述，策略改进可以得到最优策略。

4.1.2 策略迭代

在线视频

策略迭代的关键部分是策略评估，首先评估状态的价值，然后根据状态的动作值进行相应的策略改进，并进行下一轮评估和改进，直到策略稳定。策略改进可以通过求解静态最优化问题来实现，通过状态动作值来选择动作，通常比策略评估容易。

1. 基于状态值函数的策略迭代

基于状态值函数的策略迭代算法主要包括以下 3 个阶段：

(1) 初始化策略函数 $\pi(a \mid s)$ 和状态值函数 $V_0(s)$。

(2) 策略评估：在当前策略 π 下，使用贝尔曼方程更新状态值函数 $V_\tau(s)$，直到收敛于 $v_\pi(s)$，再根据式(4.3)计算出 $q_\pi(s,a)$。

(3) 策略改进：基于 $q_\pi(s,a)$，通过贪心策略得到更优策略 π'，满足式(4.9)。

直到策略不再发生变化，迭代产生的状态值函数渐近地收敛到 $v_*(s)$，同时得到最优策略 $\pi_*(s)$。

通常基于状态值函数的策略改进是通过状态值函数 $v_\pi(s)$ 进行的，但需要经过一步搜索，得到动作值函数 $q_\pi(s,a)$，而后进行改进策略。基于状态值函数估算最优策略的策略迭代算法，如算法 4.3 所示。

算法 4.3	基于随机 MDP 的状态值函数 v_π 策略迭代算法	
输　入	初始策略 $\pi(a\mid s)$,状态转移概率 p,奖赏函数 r,折扣系数 γ	
初始化	1.　对任意 $s\in\mathcal{S}$,初始化状态值函数:如 $V(s)=0$ 2.　阈值 θ 设置为一个较小的实值	

策略迭代	策略评估	3.　**repeat** 对每一轮策略迭代 $l=1,2,\cdots$
		4.　在当前策略 $\pi(a\mid s)$ 下,通过算法 4.1 策略评估迭代,得到值函数 $v_\pi(s)$
	策略改进	5.　policy_stable←**True**
		6.　**for** 每个状态 s **do**
		7.　　old_policy←$\pi(a\mid s)$
		8.　　$Q(s,a)=\sum\limits_{s',r} p(s',r\mid s,a)\left[r+\gamma V(s')\right]$
		9.　　max_action←arg $\max\limits_a Q(s,a)$; max_count←count(max($Q(s,a)$))
		10.　　**for** 每个状态-动作对 (s,a') **do**
		11.　　　**if** $a'==$ max_action **then**
		12.　　　　$\pi(a'\mid s)=1/($max_count$)$
		13.　　　**else**
		14.　　　　$\pi(a'\mid s)=0$
		15.　　　**end if**
		16.　　**end for**
		17.　　**if** old_policy$\neq\pi(a\mid s)$ **then**
		18.　　　policy_stable←**False**
		19.　**end for**
	20. **until** policy_stable＝**True**	
输　出	$v_*=V,\pi_*=\pi$	

阅读代码

在线表格

例 4.5 将基于状态值函数的策略迭代算法 4.3 应用于例 4.1 的确定环境扫地机器人任务中,经过多轮迭代后,得到表 4.3 所示的值函数和策略迭代更新过程。

表 4.3　面向确定环境扫地机器人任务的状态值函数策略迭代更新过程

	S_1	S_2	S_3	...	S_7	...	S_{24}
v_0	0.000	0.000	0.000	...	0.000	...	0.000
π_0	0.333;0.000; 0.333;0.333	0.333;0.000; 0.333;0.333	0.333;0.000; 0.333;0.333	...	0.250;0.250; 0.250;0.250	...	0.000;0.500; 0.500;0.000
v_1	−0.716	−1.772	−1.280	...	−4.649	...	1.368
q_1	−1.730;*.***; 1.000;−1.417	−3.719;*.***; −0.573;−1.024	−1.728;*.***; −1.417;−0.693	...	−10.000;−1.417; −1.730;−1.728	...	*.***;3.000; −0.263;*.***
π_1	0.000;0.000; 1.000;0.000	0.000;0.000; 1.000;0.000	0.000;0.000; 0.000;1.000	...	0.000;1.000; 0.000;0.000	...	0.000;1.000; 0.000;0.000
v_2	1.000	0.800	1.536	...	0.640	...	3.000
q_2	0.640;*.***; 1.000;0.640	0.512;*.***; 0.800;1.229	1.536;*.***; 0.640;1.536	...	−10.000;0.640; 0.640;1.536	...	*.***;3.000; 1.920;*.***

续表

	S_1	S_2	S_3	...	S_7	...	S_{24}
π_2	0.000;0.000; 1.000;0.000	0.000;0.000; 0.000;1.000	0.500;0.000; 0.000;0.500	...	0.000;0.000; 0.000;1.000	...	0.000;1.000; 0.000;0.000
⋮	⋮	⋮	⋮	⋮	⋮	⋮	⋮
v_4	1.000	1.229	1.536	...	1.536	...	3.000
q_4	0.983;*.***; 1.000;0.983	1.229;*.***; 0.800;1.229	1.536;*.***; 0.983;1.536	...	−10.000;0.983; 0.983;1.536	...	*.***;3.000; 1.920;*.***
π_4	0.000;0.000; 1.000;0.000	0.500;0.000; 0.000;0.500	0.500;0.000; 0.000;0.500	...	0.000;0.000; 0.000;1.000	...	0.000;1.000; 0.000;0.000
v_5	1.000	1.228	1.536	...	1.536	...	3.000
q_5	0.983;*.***; 1.000;0.983	1.229;*.***; 0.800;1.229	1.536;*.***; 0.983;1.536	...	−10.000;0.983; 0.983;1.536	...	*.***;3.000; 1.920;*.***
π_5	0.000;0.000; 1.000;0.000	0.500;0.000; 0.000;0.500	0.500;0.000; 0.000;0.500	...	0.000;0.000; 0.000;1.000	...	0.000;1.000; 0.000;0.000
π_*	0.000;0.000; 1.000;0.000	0.500;0.000; 0.000;0.500	0.500;0.000; 0.000;0.500	...	0.000;0.000; 0.000;1.000	...	0.000;1.000; 0.000;0.000

面向确定环境扫地机器人任务的状态值函数及策略迭代更新过程如图 4.5 所示。

在图 4.5 中，左边一列给出了每一轮($l=0,1,2,3,4,5$)状态值函数的迭代更新过程。当 $l=5$ 和 6 时，策略不再发生变化(这里状态值也不再变化)，策略评估迭代收敛。右侧一列给出了相应的策略改进过程。依据对动作值函数的贪心，获得较好策略，对策略进行改进。从图 4.5 可以看出，每个状态的最优策略始终选择动作值最大的动作。

在线视频

阅读代码

例 4.6 汽车租赁问题。杰克经营两家异地的汽车租赁场(A、B 租赁场)，每天都会有客户来租车。如果每个租赁场有可供外租的汽车，每租出一辆汽车，杰克都会获得 10 美元的租金。为了保证每个租赁场有足够的车辆可租，每天晚上杰克会在两个租赁场之间移动车辆，每辆车的移车费用为 2 美元。假设每个租赁场的租车和还车的数量是一个泊松随机量，即期望数量 n 的概率为 $\dfrac{\lambda^n}{n!}e^{-\lambda}$，其中 λ 为期望值。假设在两个租赁场租车的 λ 分别是 $\lambda_{A1}=3,\lambda_{B1}=4$；还车的 λ 分别为 $\lambda_{A2}=3,\lambda_{B2}=2$。

为了简化问题，给定 3 个假设：①任何一个租赁场车辆总数不超过 20 辆车；②当天还回的车辆第 2 天才能出租；③两个租车场之间每天最多可移车数量为 5 辆。

利用策略迭代方法，在折扣系数 $\gamma=0.9$ 时，计算两个租赁场点之间的最优移车策略。

将汽车租赁问题描述为一个持续的有限 MDP 模型。其中时刻 t 按天计算；状态为每天租还车结束时，两个租赁场的车辆数；动作为每天晚上在两个租赁场之间移动的车辆数目。

该问题的 MDP 模型如下。

(1) 状态空间：两个租赁场每天租还结束时，可供出租的车辆数组成的二维向量，状态共 $21\times21=441$ 个，即 $\boldsymbol{S}=\{[0,0],[0,1],[0,2],\cdots,[10,10],[10,11],\cdots,[20,19],[20,20]\}$。用 s 表示状态空间中的某一个状态 $[s_A,s_B]$。例如，$[3,5]$ 表示每天租还结束后，A 租赁场可供出租 3 辆车、B 租赁场可供出租 5 辆车的状态。

l=0:

0.000	0.000	0.000	0.000	0.000
0.000	0.000	0.000	0.000	0.000
0.000	0.000		0.000	0.000
0.000	0.000	0.000	0.000	0.000
0.000	0.000	0.000	0.000	0.000

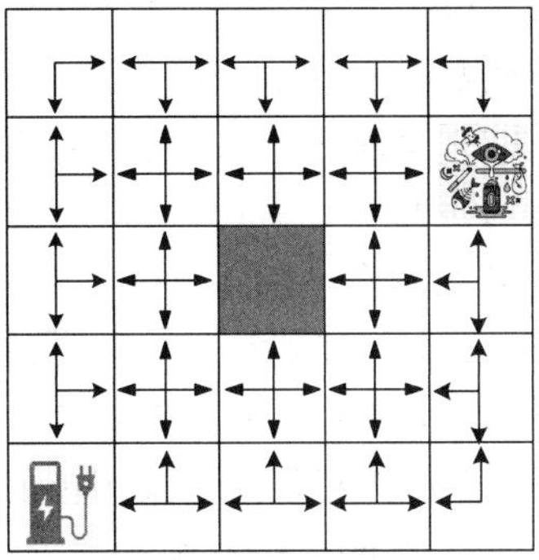

l=1:

−1.111	−1.359	−1.615	−0.329	1.368
−1.417	−2.372	−4.369	−0.987	0.000
−1.831	−4.716		−3.987	−3.000
−0.731	−2.162	−4.649	−2.160	−0.887
0.000	−0.716	−1.772	−0.280	−0.867

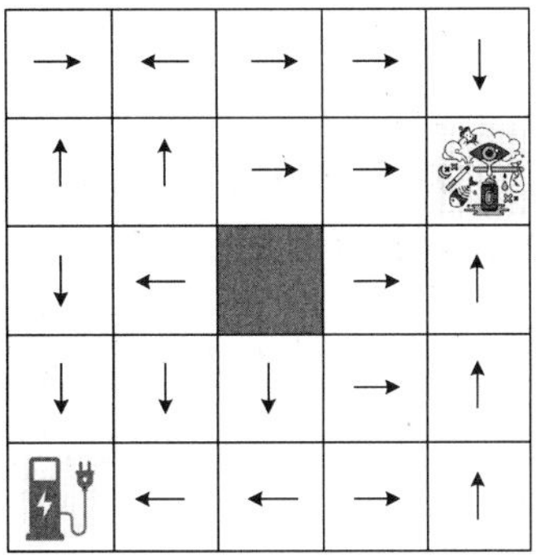

l=2:

0.000	0.000	1.920	2.400	3.000
0.000	0.000	2.400	3.000	0.000
0.800	0.640		2.400	3.000
1.000	0.800	0.640	1.920	2.400
0.000	1.000	0.800	1.536	1.920

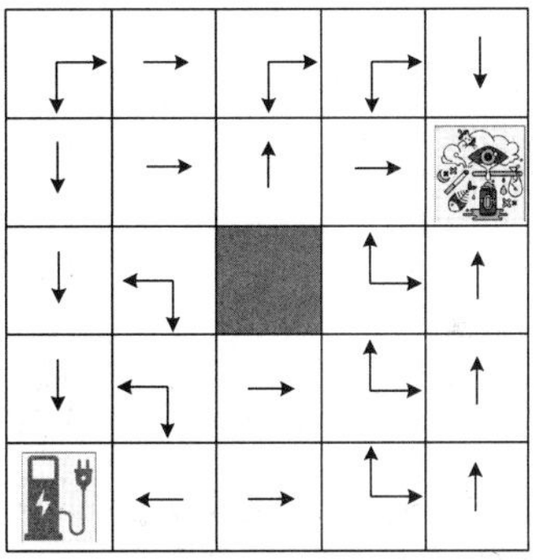

$\vdots$

l=5:

1.229	1.536	1.920	2.400	3.000
1.536	1.920	2.400	3.000	0.000
1.229	1.536		2.400	3.000
1.000	1.229	1.536	1.920	2.400
0.000	1.000	1.229	1.536	1.920

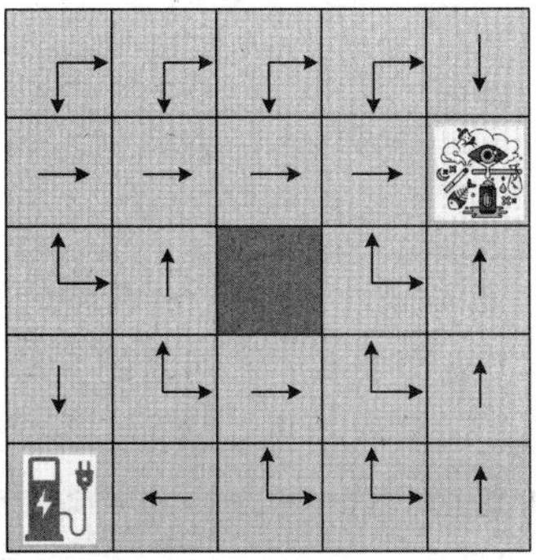

图 4.5 面向确定环境扫地机器人任务的状态值函数及策略迭代更新图

（2）动作空间：每天晚上在两个租赁场之间移动车辆的数目。根据任务的假设，可移动车辆数目不超过 5 辆。设 A 租赁场向 B 租赁场移车为"－"，B 租赁场向 A 租赁场移车为"＋"。该问题的动作空间中共包含 11 个动作，即 $\mathcal{A}(s)=\{-5,-4,-3,-2,-1,0,+1,+2,+3,+4,+5\}$。用 a 表示动作空间中的某一个动作。例如，-2 表示 A 租赁场向 B 租赁场移车 2 辆；$+3$ 表示 B 租赁场向 A 租赁场移车 3 辆。

（3）状态转移函数：令 $s=[s_A,s_B]$，$s'=[s'_A,s'_B]$，那么状态转移函数为：$p([s_A,s_B],a,[s'_A,s'_B])$，即在当前状态 $s=[s_A,s_B]$ 下，采取动作 a，到达下一状态 $s'=[s'_A,s'_B]$ 的概率。设 n_A 为 A 租赁场当天租掉的车辆数；n_B 为 B 租赁场当天租掉的车辆数。m_A 为 A 租赁场当天还回的车辆数；m_B 为 B 租赁场当天还回的车辆数。假设当前状态为 $s=[2,5]$，采取 $+1$ 动作后，中间状态为 $s_L=[3,4]$，当下一状态为 $s'=[1,2]$，对于 A 租赁场来说，一天的租掉、还回车辆 (n_A,m_A) 可能为 $(2,0)$、$(3,1)$，共 2 种情况；对于 B 租赁场来说，一天的租掉、还回车辆 (n_B,m_B) 可能为 $(2,0)$、$(3,1)$、$(4,2)$，共 3 种情况。那么在该情况下，状态转移函数 $p([2,5],+1,[1,2])$ 计算为

$$
\begin{aligned}
p([2,5],+1,[1,2]) =\;& \left(\frac{\lambda_{A1}^{2}}{2!}e^{-\lambda_{A1}}\right)\times\left(\frac{\lambda_{A1}^{0}}{0!}e^{-\lambda_{A1}}\right)\times\left(\frac{\lambda_{B1}^{2}}{2!}e^{-\lambda_{B1}}\right)\times\left(\frac{\lambda_{B1}^{0}}{0!}e^{-\lambda_{B1}}\right)+ \\
& \left(\frac{\lambda_{A1}^{2}}{2!}e^{-\lambda_{A1}}\right)\times\left(\frac{\lambda_{A1}^{0}}{0!}e^{-\lambda_{A1}}\right)\times\left(\frac{\lambda_{B1}^{3}}{3!}e^{-\lambda_{B1}}\right)\times\left(\frac{\lambda_{B1}^{1}}{1!}e^{-\lambda_{B1}}\right)+ \\
& \left(\frac{\lambda_{A1}^{2}}{2!}e^{-\lambda_{A1}}\right)\times\left(\frac{\lambda_{A1}^{0}}{0!}e^{-\lambda_{A1}}\right)\times\left(\frac{\lambda_{B1}^{4}}{4!}e^{-\lambda_{B1}}\right)\times\left(\frac{\lambda_{B1}^{2}}{2!}e^{-\lambda_{B1}}\right)+ \\
& \left(\frac{\lambda_{A1}^{3}}{3!}e^{-\lambda_{A1}}\right)\times\left(\frac{\lambda_{A1}^{1}}{1!}e^{-\lambda_{A1}}\right)\times\left(\frac{\lambda_{B1}^{2}}{2!}e^{-\lambda_{B1}}\right)\times\left(\frac{\lambda_{B1}^{0}}{0!}e^{-\lambda_{B1}}\right)+ \\
& \left(\frac{\lambda_{A1}^{3}}{3!}e^{-\lambda_{A1}}\right)\times\left(\frac{\lambda_{A1}^{1}}{1!}e^{-\lambda_{A1}}\right)\times\left(\frac{\lambda_{B1}^{3}}{3!}e^{-\lambda_{B1}}\right)\times\left(\frac{\lambda_{B1}^{1}}{1!}e^{-\lambda_{B1}}\right)+ \\
& \left(\frac{\lambda_{A1}^{3}}{3!}e^{-\lambda_{A1}}\right)\times\left(\frac{\lambda_{A1}^{1}}{1!}e^{-\lambda_{A1}}\right)\times\left(\frac{\lambda_{B1}^{4}}{4!}e^{-\lambda_{B1}}\right)\times\left(\frac{\lambda_{B1}^{2}}{2!}e^{-\lambda_{B1}}\right)
\end{aligned}
$$

根据任务可知，这里 $\lambda_{A1}=3$，$\lambda_{B1}=4$，$\lambda_{A2}=3$，$\lambda_{B2}=2$。

综上所述，如果 $0\leqslant S'_A-S_A-a+n_A\leqslant20$ 且 $0\leqslant S'_B-S_B+a+n_B\leqslant20$，则有：

$$
\begin{aligned}
p(s,a,s') =\;& p([s_A,s_B],a,[s'_A,s'_B]) \\
=\;& \sum_{n_A=0}^{S_A+a}\sum_{n_B=0}^{S_B-a}\left(\frac{\lambda_{A1}^{n_A}}{n_A!}e^{-\lambda_{A1}}\right)\times\left(\frac{\lambda_{A2}^{(S'_A-S_A-a+n_A)}}{(S'_A-S_A-a+n_A)!}e^{-\lambda_{A2}}\right)\times \\
& \left(\frac{\lambda_{B1}^{n_B}}{n_B!}e^{-\lambda_{B1}}\right)\times\left(\frac{\lambda_{B2}^{(S'_B-S_B+a+n_B)}}{(S'_B-S_B+a+n_B)!}e^{-\lambda_{B2}}\right)
\end{aligned}
$$

（4）立即奖赏：该问题的立即奖赏函数为 $r([s_A,s_B],a,[s'_A,s'_B])$，即在当前状态 $s=[s_A,s_B]$ 下，采取动作 a，到达下一状态 $s'=[s'_A,s'_B]$ 得到的立即奖赏。

如果 $0\leqslant S'_A-S_A-a+n_A\leqslant20$ 且 $0\leqslant S'_B-S_B+a+n_B\leqslant20$，则立即奖赏由 3 部分组成，分别是：

➤ 两个租赁场之间的移车费用：$r_1=-2*|a|$；

➤ 两个租赁场的租车收益：

$$r_2 = \sum_{n_A=0}^{S_A+a} \sum_{n_B=0}^{S_B-a} \left[\begin{array}{c} \left(\dfrac{\lambda_{A1}^{n_A}}{n_A!} \times e^{-\lambda_{A1}} \right) \times \left(\dfrac{\lambda_{A2}^{(S_A'-S_A-a+n_A)}}{(S_A'-S_A-a+n_A)!} \times e^{-\lambda_{A2}} \right) \times \left(\dfrac{\lambda_{B1}^{n_B}}{n_B!} \times e^{-\lambda_{B1}} \right) \\[3mm] \times \left(\dfrac{\lambda_{B2}^{(S_B'-S_B+a+n_B)}}{(S_B'-S_B+a+n_B)!} \times e^{-\lambda_{B2}} \right) \times (n_A+n_B) \times 10 \end{array} \right]$$

这样,获得的立即奖赏为 $r([s_A,s_B],a,[s_A',s_B']) = r_1 + r_2$。

(5)折扣系数:$\gamma = 0.9$。

图 4.6 为关于汽车租赁问题的策略迭代过程,经过 5 轮的策略评估和改进后,得到该问题的最优策略及最优价值,如图 4.6(e)、图 4.6(f)所示。

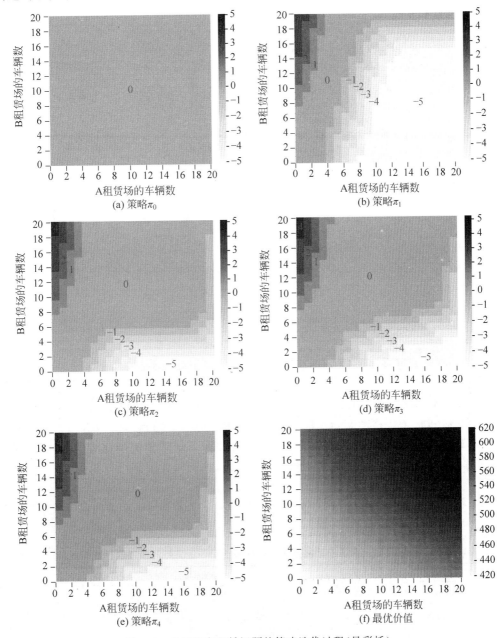

图 4.6 关于汽车租赁问题的策略迭代过程(见彩插)

该问题需要从一个确定策略出发进行策略迭代。本实验的初始策略为：在任何状态下，不考虑两个租赁场的需求，选择不移动车辆(动作为 **0**)。然后进行策略评估，并根据值函数进行策略改进。如此反复，直到策略收敛，找到最优策略。图 4.6(e)即为最优策略图。

2. 基于动作值函数的策略迭代

与基于状态值函数的策略迭代不同，基于动作值函数的策略迭代是在当前策略 $\pi(a|s)$ 下，利用式(4.2)对状态-动作对进行评估。具体如算法 4.4 所示。

算法 4.4	**基于随机 MDP 的动作值函数 q_π 策略迭代算法**	
输　入	初始策略 $\pi(a|s)$，状态转移概率 p，奖赏函数 r，折扣系数 γ	
初始化	1.　　对任意 $s \in \mathcal{S}, a \in \mathcal{A}(s)$，初始化动作值函数，如 $Q(s,a)=0$ 2.　　阈值 θ 设置为一个较小的实值	
策略迭代		3.　　**repeat** 对每一轮策略迭代 $l=1,2,\cdots$
	策略评估	4.　　　　在当前策略 $\pi(a|s)$ 下，通过算法4.2策略评估迭代，得到动作值函数 $q_\pi(s,a)$
	策略改进	5.　　　　policy_stable←**True** 6.　　　　**for** 每个状态 s **do** 7.　　　　　　old_policy←$\pi(a|s)$ 8.　　　　　　max_ction←arg $\max\limits_{a} Q(s,a)$; max_count←count(max($Q(s,a)$)) 9.　　　　　　**for** 每个状态-动作对 (s,a') **do** 10.　　　　　　　**if** $a'==$max_action **then** 11.　　　　　　　　$\pi(a'|s)=1/($max_count$)$ 12.　　　　　　　**else** 13.　　　　　　　　$\pi(a'|s)=0$ 14.　　　　　　　**end if** 15.　　　　　　**end for** 16.　　　　　　**if** old_policy$\neq\pi(a|s)$ **then** 17.　　　　　　　policy_stable←**False** 18.　　　　　**end for**
		19.　**until** policy_stable=**True**
输　出	$q_*=Q, \pi_*=\pi$	

阅读代码

算法 4.4 与算法 4.3 的区别在于：算法 4.3 是基于状态值函数的策略迭代，利用 $V(s)$ 值函数和状态转移动态，计算该状态 s 下所有动作 a 的动作值 $Q(s,a)$，然后根据 $Q(s,a)$ 选择较优的策略，再进行改进。而算法 4.2 是基于动作值函数 $Q(s,a)$ 进行的策略迭代，因为在 $Q(s,a)$ 中包含了关于动作的信息，因此较优策略可以根据 $Q(s,a)$ 直接得到。

例 4.7 将基于动作值函数的策略迭代算法 4.4 应用于例 4.1 的确定环境扫地机器人任务中，经过多轮迭代后，得到表 4.4 所示的动作值函数和策略迭代更新过程。

在线表格

表 4.4　面向确定环境扫地机器人任务的基于动作值函数的策略迭代更新过程

	S_1	S_2	S_3	$\cdots$	S_7	$\cdots$	S_{24}
q_0	0.000; *.***; 0.000;0.000	0.000; *.***; 0.000;0.000	0.000; *.***; 0.000;0.000	$\cdots$	0.000;0.000; 0.000;0.000	$\cdots$	*.***;0.000; 0.000; *.***

续表

	S_1	S_2	S_3	...	S_7	...	S_{24}
π_0	0.333;0.000; 0.333;0.333	0.333;0.000; 0.333;0.333	0.333;0.000; 0.333;0.333	...	0.250;0.250; 0.250;0.250	...	0.000;0.500; 0.500;0.000
q_1	−1.730;*.***; 1.000;−1.417	−3.719;*.***; −0.573;−1.024	−1.728;*.***; −1.417;−0.693	...	−10.000;−1.417 −1.730;−1.728	...	*.***;3.000; −0.263;*.***
π_1	0.000;0.000; 1.000;0.000	0.000;0.000; 1.000;0.000	0.000;0.000; 0.000;1.000	...	0.000;1.000; 0.000;0.000	...	0.000;1.000; 0.000;0.000
q_2	0.640;*.***; 1.000;0.640	0.512;*.***; 0.800;1.229	1.536;*.***; 0.640;1.536	...	−10.000;0.640; 0.640;1.536	...	*.***;3.000; 1.920;*.***
π_2	0.000;0.000; 1.000;0.000	0.000;0.000; 1.000;0.000	0.500;0.000; 0.000;0.500	...	0.000;0.000; 0.000;1.000	...	0.000;1.000; 0.000;0.000
⋮	⋮	⋮	⋮	⋮	⋮	⋮	⋮
q_4	0.983;*.***; 1.000;0.983	1.229;*.***; 0.800;1.229	1.536;*.***; 0.983;1.536	...	−10.000;0.983; 0.983;1.536	...	*.***;3.000; 1.920;*.***
π_4	0.000;0.000; 1.000;0.000	0.500;0.000; 0.000;0.500	0.500;0.000; 0.000;0.500	...	0.000;0.000; 0.000;1.000	...	0.000;1.000; 0.000;0.000
q_5	0.983;*.***; 1.000;0.983	1.229;*.***; 0.800;1.229	1.536;*.***; 0.983;1.536	...	−10.000;0.983; 0.983;1.536	...	*.***;3.000; 1.920;*.***
π_5	0.000;0.000; 1.000;0.000	0.500;0.000; 0.000;0.500	0.500;0.000; 0.000;0.500	...	0.000;0.000; 0.000;1.000	...	0.000;1.000; 0.000;0.000
π_*	0.000;0.000; 1.000;0.000	0.500;0.000; 0.000;0.500	0.500;0.000; 0.000;0.500	...	0.000;0.000; 0.000;1.000	...	0.000;1.000; 0.000;0.000

在线视频

4.2 值迭代

在策略迭代中,每轮策略改进之前都涉及策略评估,每次策略评估都需要多次遍历才能保证状态值函数在一定程度上得到收敛,这将消耗大量的时间和计算资源。从例 4.1 中可以看出,当 $\tau \geqslant 4$ 时,值函数的变化对策略不再有影响。于是根据迭代次数与策略稳定的相互关系,考虑在单步评估之后就进入改进过程,即采取截断式策略评估,在一次遍历完所有的状态后立即停止策略评估,随后进行策略改进,这种方法称为值迭代。基于状态值函数的值迭代公式为

$$v_\ell(s) = \max_a \mathbb{E}_\pi(R_{t+1} + \gamma v_\pi(S_{t+1}) \mid S_t = s, A_t = a)$$

$$= \max_a \sum_{s',r} p(s',r \mid s,a)[r + \gamma v_{\ell-1}(s')] \tag{4.10}$$

该式与策略评估方程(4.1)的唯一区别在于:对状态值函数进行更新时,仅使用最大动作值函数,而非所有动作值函数的期望。可以证明:当 v_* 存在时,对任意初始 v_0,序列 $\{v_\ell\}$ 一定能收敛到 v_*。

值迭代将贝尔曼最优方程变成一条更新规则,其状态值函数的计算过程仅体现了状

态转移的随机性,而与策略无关。理论上值迭代依然需要迭代无数次才能收敛,但与策略迭代一样,如果一次遍历后值函数的变化低于阈值,可以提前停止。由于策略迭代的收敛速度更快一些,因此在状态空间较小时,最好选用策略迭代方法。当状态空间较大时,值迭代的计算量更小些。

算法 4.5 给出了在有穷状态空间 MDP 中,基于状态值函数的值迭代算法。

算法 4.5	基于状态值函数的值迭代算法
输　入	状态转移概率 p,奖赏函数 r,折扣系数 γ
初始化	1.　对任意 $s \in \mathcal{S}$,初始化状态值函数,如 $V(s)=0$ 2.　阈值 θ 设置为一个较小的实值
评　估 过　程	3.　**repeat** 对每一轮值迭代 $l=1,2,\cdots$ 4.　　　delta←0 5.　　　**for** 每个状态 s **do** 6.　　　　　$v \leftarrow V(s)$ 7.　　　　　$V(s) \leftarrow \max\limits_{a} \sum\limits_{s',r} p(s',r \mid s,a)[r+\gamma V(s')]$ 8.　　　　　delta←max(delta,$\mid v-V(s)\mid$) 9.　　　**end for** 10.　**until** delta$<\theta$
最　优 策　略	11.　**for** 每个状态 s **do** 12.　　　max_action ← arg $\max\limits_{a} \sum\limits_{s',r} p(s',r \mid s,a)[r+\gamma V(s')]$; 13.　　　max_count←count(max_action) 14.　　　**for** 每个状态-动作对 (s,a') **do** 15.　　　　　**if** $a'==$max_action **then** 16.　　　　　　　$\pi(a' \mid s)=1/($max_count$)$ 17.　　　　　**else** 18.　　　　　　　$\pi(a' \mid s)=0$ 19.　　　　　**end if** 20.　　　**end for** 21.　**end for**
输　出	$v_* = V, \pi_* = \pi$

与策略迭代类似,也可以直接基于动作值函数进行值迭代,迭代公式为

$$Q(s,a) = \sum_{s',r} p(s',r \mid s,a)[r+\gamma \max_{a'} Q(s',a')] \tag{4.11}$$

算法 4.6 给出了在有穷状态空间 MDP 中,基于动作值函数的值迭代算法。

算法 4.6	基于动作值函数的值迭代算法
输　入	状态转移概率 p,奖赏函数 r,折扣系数 γ
初始化	1.　对任意 $s \in \mathcal{S}, a \in \mathcal{A}(s)$,初始化动作值函数,如 $Q(s,a)=0$ 2.　阈值 θ 设置为一个较小的实值

评 估 过 程	3. **repeat** 对每一轮值迭代 $l=1,2,\cdots$ 4. delta←0 5. **for** 每个状态-动作对 (s,a) **do** 6. $q \leftarrow Q(s,a)$ 7. $Q(s,a)=\sum_{s',r} p(s',r\mid s,a)\left[r+\gamma\max_{a'}Q(s',a')\right]$ 8. delta←max(delta,$\mid q-Q(s,a)\mid$) 9. **until** delta$<\theta$
最 优 策 略	10. **for** 每个状态 s **do** 11. max_ction←$\arg\max_a Q(s,a)$; max_count←count(max$(Q(s,a))$) 12. **for** 每个状态-动作对 (s,a') **do** 13. **if** $a'==$ max_action **then** 14. $\pi(a'\mid s)=1/($max_count$)$ 15. **else** 16. $\pi(a'\mid s)=0$ 17. **end if** 18. **end for** 19. **end for**
输 出	$q_*=Q, \pi_*=\pi$

算法 4.5 和算法 4.6 既可用于确定环境 MDP,又可用于随机环境 MDP。

例 4.8 将基于状态值函数的值迭代算法 4.5 应用于例 4.1 的确定环境扫地机器人 任务中,可以得到以下状态值迭代更新过程。

(1) 当 $l=0$ 时(l 为值迭代次数),对于所有的 s 初始化:$V(s)=0$;

阅读代码

(2) 当 $l=1$ 时,以状态 S_{24} 为例。在策略 π 下,只能采取向下和向左 2 个动作,概率 各为 0.5。采取向下的动作时,到达状态 $S_{19}[V(S_{19})=0]$,并可以捡到垃圾,获得 $r_1=+3$ 的奖赏;采取向左的动作时,到达状态 $S_{23}[V(S_{23})=2.40]$,获得 $r_2=0$ 的奖赏。根据算 法 4.2 计算得:

$$V(S_{24})=\max[r_1+\gamma V(S_{19}),r_2+\gamma V(S_{23})]$$
$$=\max(3+0.8\times0,0+0.8\times2.400)$$
$$=\max(3,1.920)$$
$$=3.000$$

同理可以计算状态 S_5 和 S_6 的状态值函数:

$$V(S_5)=\max[r_1+\gamma V(S_{10}),r_2+\gamma V(S_0),r_3+\gamma V(S_6)]$$
$$=\max(0+0.8\times0,1+0.8\times0,0+0.8\times0)$$
$$=1.000$$

$$V(S_6)=\max[r_1+\gamma V(S_{11}),r_2+\gamma V(S_1),r_3+\gamma V(S_5),r_4+\gamma V(S_7)]$$
$$=\max(0+0.8\times0,0+0.8\times1.00,0+0.8\times1.00,0+0.8\times0)$$
$$=0.800$$

按顺序计算完一轮后,得到值函数 $V(s)$,如图 4.7($l=1$)所示。

（3）当 $l=2$ 时，以状态 S_{22}、S_{23}、S_{24} 为例，计算状态值函数。异步计算方式，通常与迭代的计算顺序有关，根据例 4.1 规定，在每一轮次中，这 3 个状态的计算顺序为 S_{22}、S_{23}、S_{24}。

$$V(S_{22}) = \max[r_1 + \gamma V(S_{17}), r_2 + \gamma V(S_{21}), r_3 + \gamma V(S_{23})]$$
$$= \max(0 + 0.8 \times 2.40, 0 + 0.8 \times 0.41, 0 + 0.8 \times 2.40)$$
$$= \max(1.920, 0.328, 1.920)$$
$$= 1.920$$

$$V(S_{23}) = \max[r_1 + \gamma V(S_{18}), r_2 + \gamma V(S_{22}), r_3 + \gamma V(S_{24})]$$
$$= \max(0 + 0.8 \times 3.000, 0 + 0.8 \times 1.920, 0 + 0.8 \times 3.000)$$
$$= \max(2.40, 1.536, 2.400)$$
$$= 2.400$$

$$V(S_{24}) = \max[r_1 + \gamma V(S_{19}), r_2 + \gamma V(S_{23})]$$
$$= \max(3 + 0.8 \times 0, 0 + 0.8 \times 2.400)$$
$$= 3.000$$

按顺序计算完一轮后，得到值函数 $V(s)$，如图 4.7($l=2$)所示。

（4）当 $l=6$ 时，$|v_l(s)-v_{l-1}(s)|_\infty < \theta(\theta=0.0001)$，认为 $v_6(s)$ 已经收敛于 $v_*(s)$，计算得到的 $v_*(s)$ 就是最优状态值函数。

图 4.7 为确定环境扫地机器人任务通过状态值迭代得到的结果。

0.000	0.000	0.000	0.000	0.000
0.000	0.000	0.000	0.000	0.000
0.000	0.000		0.000	0.000
0.000	0.000	0.000	0.000	0.000
0.000	0.000	0.000	0.000	0.000

$l=0$

0.512	0.410	0.328	2.400	3.000
0.640	0.512	0.410	3.000	0.000
0.800	0.640		0.410	3.000
1.000	0.800	0.640	0.512	0.410
0.000	1.000	0.800	0.640	0.512

$l=1$

0.512	0.410	1.920	2.400	3.000
0.640	0.512	2.400	3.000	0.000
0.800	0.640		2.400	3.000
1.000	0.800	0.640	0.512	2.400
0.000	1.000	0.800	0.640	0.512

$l=2$

0.512	1.536	1.920	2.400	3.000
0.640	1.920	2.400	3.000	0.000
0.800	0.640		2.400	3.000
1.000	0.800	0.640	1.920	2.400
0.000	1.000	0.800	0.640	1.920

$l=3$

1.229	1.536	1.920	2.400	3.000
1.536	1.920	2.400	3.000	0.000
1.229	1.536		2.400	3.000
1.000	1.229	1.536	1.920	2.400
0.000	1.000	1.229	1.536	1.920

$l=5$

1.229	1.536	1.920	2.400	3.000
1.536	1.920	2.400	3.000	0.000
1.229	1.536		2.400	3.000
1.000	1.229	1.536	1.920	2.400
0.000	1.000	1.229	1.536	1.920

$l=6$

图 4.7　面向扫地机器人任务的基于状态值函数的值迭代更新过程

表 4.5 和表 4.6(应用算法 4.6)分别给出了通过异步计算方式得到的、基于状态值函数和动作值函数的扫地机器人任务的值迭代更新过程。

表 4.5　面向确定环境扫地机器人任务的基于状态值函数的值迭代更新过程

在线表格

	S_1	S_2	S_3	...	S_7	...	S_{24}
v_0	0.000	0.000	0.000	...	0.000	...	0.000
v_1	1.000	0.800	0.640	...	0.640	...	3.000
v_2	1.000	0.800	0.640	...	0.640	...	3.000
v_3	1.000	0.800	0.640	...	0.640	...	3.000
v_4	1.000	0.800	1.536	...	1.536	...	3.000
v_5	1.000	1.229	1.536	...	1.536	...	3.000
v_6	1.000	1.229	1.536	...	1.536	...	3.000
v_*	1.000	1.229	1.536	...	1.536	...	3.000
q_*	0.983; *.***; 1.000;0.983	1.229; *.***; 0.800;1.229	1.536; *.***; 0.983;1.536	...	−8.771;0.983; 0.983;1.536	...	*.***;3.000; 1.920;*.***
π_*	0.000;0.000; 1.000;0.000	0.500;0.000; 0.000;0.500	0.500;0.000; 0.000;0.500	...	0.000;0.000; 0.000;1.000	...	0.000;1.000; 0.000;0.000

表 4.6　面向确定扫地机器人任务的基于动作值函数的值迭代更新过程

阅读代码

在线表格

	S_1	S_2	S_3	...	S_7	...	S_{24}
q_0	0.000; *.***; 0.000;0.000	0.000; *.***; 0.000;0.000	0.000; *.***; 0.000;0.000	...	0.000;0.000; 0.000;0.000	...	*.***;0.000; 0.000;*.***
q_1	0.000; *.***; 1.000;0.000	0.000; *.***; 0.800;0.000	0.000; *.***; 0.640;0.000	...	−10.000;0.640; 0.640;0.000	...	*.***;3.000; 1.920;*.***
q_2	0.640; *.***; 1.000;0.640	0.512; *.***; 0.800;0.512	0.410; *.***; 0.640;0.410	...	−9.488;0.640; 0.640;0.410	...	*.***;3.000; 1.920;*.***
q_3	0.640; *.***; 1.000;0.640	0.512; *.***; 0.800;0.512	0.410; *.***; 0.640;0.410	...	−9.488;0.640; 0.640;0.410	...	*.***;3.000; 1.920;*.***
q_4	0.640; *.***; 1.000;0.640	0.512; *.***; 0.800;0.512	1.536; *.***; 0.640;1.536	...	−9.488;0.640; 0.640;1.536	...	*.***;3.000; 1.920;*.***
q_5	0.640; *.***; 1.000;0.640	1.229; *.***; 0.800;1.229	1.536; *.***; 0.983;1.536	...	−8.771;0.983; 0.983;1.536	...	*.***;3.000; 1.920;*.***
q_6	0.983; *.***; 1.000;0.983	1.229; *.***; 0.800;1.229	1.536; *.***; 0.983;1.536	...	−8.771;0.983; 0.983;1.536	...	*.***;3.000; 1.920;*.***
q_7	0.983; *.***; 1.000;0.983	1.229; *.***; 0.800;1.229	1.536; *.***; 0.983;1.536	...	−8.771;0.983; 0.983;1.536	...	*.***;3.000; 1.920;*.***
q_*	0.983; *.***; 1.000;0.983	1.229; *.***; 0.800;1.229	1.536; *.***; 0.983;1.536	...	−8.771;0.983; 0.983;1.536	...	*.***;3.000; 1.920;*.***
π_*	0.000;0.000; 1.000;0.000	0.500;0.000; 0.000;0.500	0.500;0.000; 0.000;0.500	...	0.000;0.000; 0.000;1.000	...	0.000;1.000; 0.000;0.000

　　虽然策略迭代、值迭代等 DP 方法可以有效解决强化学习问题,但它仍然存在较多缺点:

（1）在进行最优策略计算时，必须知道状态转移概率 p。

（2）DP的推演是整个树状展开的，计算量大，消耗存储资源多。

（3）每次回溯，所有可能的下一状态和相应动作都要被考虑在内，存在维度灾难问题。

（4）由于策略初始化的随机性，不合理的策略可能会导致算法无法收敛。

4.3　广义策略迭代

在策略迭代算法中，策略评估与策略改进两个流程交替进行，且每个流程都在另一个开始前完成，这样的方法被称为**经典策略迭代**（Classical Policy Iteration）。**广义策略迭代**（Generalized Policy Iteration，GPI）则体现了策略评估与策略改进交替进行的一般性，强调策略评估和策略改进的交互关系，而不关心策略评估到底迭代了多少次以及具体的策略评估和策略改进的细节。在 GPI 中，策略评估没结束，就可以进行策略改进，只要这两个过程都能不断地更新，就能收敛到最优值函数和最优策略。从这一角度看，值迭代也属于 GPI，而实际上几乎所有的强化学习方法都可以被描述为 GPI。

GPI 体现了评估和改进之间相互竞争与合作的关系：基于贪心策略，使得值函数与当前策略不匹配，而保持值函数与策略一致就无法更新策略。在长期的博弈后，两个流程会趋于一个目标，即最优值函数和最优策略。

策略总是基于特定的值函数进行改进的，值函数始终会收敛于对应的特定策略的真实值函数，当评估和改进都稳定时，贝尔曼最优方程便可成立，此时得到最优值函数和最优策略。换句话说，只有值函数与当前策略一致，且策略是当前值函数的贪心策略时才稳定。

4.4　小结

在环境已知的前提下，基于马尔可夫决策过程，动态规划法可以很好地完成强化学习任务。策略评估通常对于给定的策略，不断迭代计算每个状态（或状态-动作对）的价值。其迭代方法主要是利用对后继状态（或状态-动作对）价值的估计，来更新当前状态（或状态-动作对）价值的估计，也就是用自举的方法。策略改进是采用贪心算法，利用动作值函数获得更优的策略，每次都选择最好的动作。策略迭代是重复策略评估和策略改进的迭代，直到策略收敛，找到最优的策略。但是策略迭代需要多次使用策略评估才能得到收敛的状态（或状态-动作对）值函数，即策略评估是迭代进行的，只有在 v_{π} 收敛时，才能停止迭代。值迭代不需要等到其完全收敛，提早地计算出贪心策略，截断策略评估，在一次遍历后即刻停止策略评估，并对每个状态进行更新。实践证明，值迭代算法收敛速度优于策略迭代算法。广义策略迭代则体现了策略评估与策略改进交替进行的一般性。在 GPI 中，策略评估和策略改进同时进行，只要这两个过程都能不断地更新，就能收敛到最优值函数和最优策略。从这一角度看，值迭代也属于 GPI，而实际上几乎所有的强化学习方法都可以被描述为 GPI。

4.5 习题

1. (编程)通过策略迭代算法计算：第 3 章习题 2(图 3.12)扫地机器人在折扣系数 $\gamma = 0.8$、初始策略为等概率策略的情况下，分别计算确定环境和随机环境下，每个状态的最优状态-动作对值函数。

2. (编程)通过策略迭代算法解决更改过的杰克汽车租赁问题。杰克的一个员工在 A 租赁场工作，家住在 B 租赁场附近。该员工每天晚上下班时，愿意免费将一辆车从 A 租赁场移到 B 租赁场。其他车辆的移动，包括反向的车辆移动依然需要 2 美元。在这种情况下，给出汽车租赁问题的解决方案。

3. (编程)通过值迭代算法解决赌徒问题。一个赌徒利用硬币投掷的反正面结果来赌博。假如投掷结果是硬币的正面朝上，那么他将赢得他所压在这一局的相同钱，如果是反面朝上，那么他将输掉他的赌金。当这个赌徒赢满 100 美元或者他输掉所有的钱时，赌博结束。每一轮投掷，赌徒必须取出他资金的一部分作为赌金，赌金必须是整数。这个问题可以表述为一个非折扣的、阶段有穷马尔可夫决策过程。状态就是赌徒所拥有的资金，$s \in \{1, 2, \cdots, 99\}$，动作就是下赌注，$a \in \{1, 2, \cdots, \min(s, 100-s)\}$。除了赌徒达到 100 美元的目标，奖赏为 +1 以外，其他情况奖赏均为 0。状态值函数给出每个状态能够获胜的概率。策略就是如何决定每轮取出多少钱去赌博。最优策略就是使取得最后胜利的概率最大化。P 代表的就是硬币正面朝上的概率。当 $P = 0.4$ 时，给出值迭代每一轮后值函数的变化情况，并给出最优策略。

4. 假设在本章实例确定情况下扫地机器人任务中，对每个状态的立即奖赏都加上一个常量 C，这对于最终结果是否有影响？请给出解释。

5. 简述策略迭代算法和值迭代算法的优缺点，并给出它们各自的适用情况。

第 5 章

蒙特卡洛法

动态规划法属于基于模型的 MDP 问题求解方法。在环境模型已知的情况下,动态规划法不需要对环境采样,只需要通过迭代计算,就可以得到问题的最优策略。然而在实际任务中,完整的环境模型通常是难以获取的。无模型的强化学习,状态转移概率是未知的,也就是说无模型强化学习无法利用动态规划方法来求解值函数。不妨尝试通过值函数的原始定义来求解无模型强化学习问题:

$$v_{\pi}(s) = \mathbb{E}_{\pi}(G_t \,|\, S_t = s)$$
$$q_{\pi}(s,a) = \mathbb{E}_{\pi}(G_t \,|\, S_t = s, A_t = a)$$

本章将主要介绍如何利用**蒙特卡洛法**(Monte Carlo,MC)来求解无模型强化学习问题,以 GPI 来保证其最优性。这里首先考虑预测问题中的策略评估,然后再考虑控制问题中的策略改进。

5.1 蒙特卡洛法的基本概念

在线视频

在实际问题中,通常不易获得完整的环境知识。例如在 21 点游戏中,只根据玩家已知的牌面,无法直接获得状态转移概率。相对而言,采样数据则更容易获得。例如可以多次进行游戏对弈,然后估计专家的叫牌和停牌套路,计算出最优的游戏策略。这种基于统计学的思想,通过大量采样获取数据来进行学习的方法称为经验方法。MC 正是基于经验方法,在环境模型未知的情况下,采用时间步有限的、完整的情节,根据经验进行学习,并通过平均采样回报来解决强化学习问题。

5.1.1 MC 的核心要素

(1) **经验**(experience):经验是从环境交互中获得的(s,a,r)序列,它是情节的集合,也就是样本集。经验既可以是**真实经验**（real experience），也可以是**模拟经验**（simulator experience）。其中模拟经验是通过**模拟模型**（simulated model）得到的，这里的模拟模型只需要生成状态转移的一些样本，不需要像 DP 那样需要环境中所有可能的状态转移概率。

（2）**情节**（episode）：一段经验可以分为多个情节，每一情节都是一个完整的 (s,a,r) 序列，即必有终止状态，形如 $s_0,a_0,r_1,\cdots,s_{T-1},a_{T-1},r_T,s_T$。经常与情节混淆的概念是**轨迹**（trajectory），轨迹可以没有终止状态，形如 $s_0,a_0,r_1,s_1,a_1,r_2,\cdots$。所以通常情况下，可以认为：

$$序列 \subseteq 情节 \subseteq 经验（轨迹）$$

（3）**完整回报**（full return）与目标值：因为只有到达终止状态才能计算回报，所以将情节的回报 G_t 称为完整回报。此外，G_t 也称为 MC 的目标值。

5.1.2　MC 的特点

（1）不需要知道状态转移概率 p，直接从环境中进行采样来处理无模型任务。

（2）利用情节进行学习，并采用**情节到情节**（episode-by-episode）的**离线学习**（off-line）方式来求解最优策略 π_*。与之相对的，DP 和后续介绍的时序差分算法则采用**步到步**（step-by-step）的**在线学习**（on-line）方式来求解最优策略。

➤ 离线学习：先完整地采集数据，然后以离线方式优化学习目标。

➤ 在线学习：边采集数据边优化学习目标。

（3）MC 是一个非平稳问题，其表现在：某个状态采取动作之后的回报，取决于在同一个情节内后续状态所采取的动作，而这些动作通常是不确定的。如果说 DP 是在 MDP 模型中计算值函数，那么 MC 就是学习值函数。

（4）在 MC 中，对每个状态值函数的估计都是独立的。也就是说，对状态的值函数估计不依赖于其他任何状态，这也说明了 MC 不是自举过程。

（5）MC 在估计每个状态的值函数时，其计算成本与状态总数无关，因为它只需要计算指定状态的回报，不需要考虑所有的状态。

实际上，MC 泛指任何包含大量随机成分的估计方法，通常利用采样数据来估算某一事件的发生概率。在数学领域中，它的应用可以用例 5.1 来说明。

例 5.1　在边长为 1 米的正方形 S_1 内构建一个扇形 S_2，如图 5.1 所示。利用扇形面积计算公式，可以计算出 $S_2=\dfrac{1}{4}\pi r^2\approx\dfrac{1}{4}\times 3.14\times 1^2=0.785$。现在利用 MC 方法计算 S_2 的面积。均匀地向 S_1 内撒 n 个黄豆，经统计得知有 m 个黄豆在 S_2 内部，那么有 $\dfrac{S_2}{S_1}\approx\dfrac{m}{n}$，即 $S_2\approx\dfrac{m}{n}S_1$，且 n 越大，计算得到的面积越精确。

在程序中分别设置 $n=100$、10000 和 1000000 共 3 组数据，统计结果如表 5.1 所示。

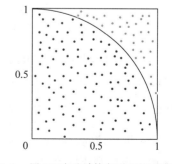

图 5.1　用 MC 方法计算扇形面积（见彩插）

表 5.1　MC 方法计算扇形面积结果统计表

n	S_1	S_2	m	$\dfrac{m}{n}$
100	1.0	0.785	79	0.79
10000	1.0	0.785	7839	0.7839
1000000	1.0	0.785	786018	0.786018

由实验数据可知，当 n 值越大时，得到的扇形面积越精确，即接近 0.785。

由此获得的 MC 采样公式为

$$\mathbb{E}_{x \sim p}\left[f(x)\right] = \sum_x p(x)f(x) \approx \frac{1}{N} \sum_{x_i \sim p, i=1}^{N} f(x_i) \tag{5.1}$$

5.2　蒙特卡洛预测

根据状态值函数的初始定义，MC 预测算法以情节中初始状态 s 的回报期望作为其值函数 $v_\pi(s)$ 的估计值，对策略 π 进行评估。在求解状态 s 的值函数时，先利用策略 π 产生 n 个情节 $s_0, a_0, r_1, \cdots, s_{T-1}, a_{T-1}, r_T, s_T$，然后计算每个情节中状态 s 的折扣回报：

$$G_t^{(i)} = r_{t+1} + \gamma r_{t+2} + \cdots + \gamma^{T-t-1} r_T$$

这里，$G_t^{(i)}$ 表示在第 i 个情节中，从 t 时刻到终点时刻 T 的回报。该回报是基于某一策略下的状态值函数的无偏估计(由于 G_t 是真实获得的，所以属于无偏估计，但是存在高方差)。

在 MC 中，每个回报都是对 $v_\pi(s)$ 独立同分布的估计，通过对这些折扣回报求期望(均值)来评估策略 π 为

$$v_\pi(s) = \mathbb{E}_\pi(G_t \mid s \in \mathcal{S}) = \text{average}(G_t^{(1)} + G_t^{(2)} + \cdots + G_t^{(i)} + \cdots + G_t^{(n)} \mid s \in \mathcal{S})$$

在一组采样(一个情节)中状态 s 可能多次出现，以更新图的方式表示，如图 5.2 所示。对同一情节中重复出现的状态 s，有如下两种处理方法。

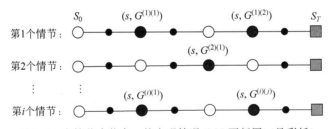

图 5.2　在情节中状态 s 的出现情况(MC 更新图)(见彩插)

(1) 首次访问(first-visit)：在对状态 s 的回报 $v_\pi(s)$ 进行估计时，只对每个情节中第 1 次访问到状态 s 的回报值作以统计：

$$V(s) = \frac{G_t^{(1)(1)}(s) + G_t^{(2)(1)}(s) + \cdots + G_t^{(i)(1)}(s)}{i} \tag{5.2}$$

(2) 每次访问(every-visit)：在对状态 s 的回报 $v_\pi(s)$ 进行估计时，对所有访问到状态 s 的回报值都作以统计：

$$V(s) = \frac{G_t^{(1)(1)}(s) + G_t^{(1)(2)}(s) + \cdots + G_t^{(2)(1)}(s) + \cdots + G_t^{(i)(1)}(s) + \cdots + G_t^{(i)(j)}(s)}{N(s)}$$

$$(5.3)$$

其中，i 表示第 i 个情节；j 表示第 j 次访问到状态 s；$N(s)$ 表示状态 s 被访问过的总次数。根据大数定理，当 MC 采集的样本足够多时，计算出来的状态值函数估计值 $V_\pi(s)$ 就会逼近真实状态值函数 $v_\pi(s)$。

从图 5.2 中可以看出，MC 更新图只显示在当前情节中，采样得到的状态转移，且包含了到该情节结束为止的所有状态转移；而 DP 更新图显示在当前状态下所有可能的状态转移，且仅包含单步转移。

基于首次访问的 MC 预测算法，如算法 5.1 所示。

算法 5.1　基于首次访问的 MC 预测算法

输　入：待评估的随机策略 $\pi(a|s)$

初始化：

1.　对所有 $s \in \mathcal{S}$，初始化 $V(s) \in \mathbf{R}$，$V(s^T)=0$；状态 s 被统计的次数 $\text{count}(s)=0$

2.　**repeat** 对每一个情节 $k=0,1,2,\cdots$

3.　　根据策略 $\pi(a|s)$，生成一个情节序列 $S_0,A_0,R_1,\cdots,S_{T-1},A_{T-1},R_T,S_T$

4.　　$G \leftarrow 0$

5.　　**for** 本情节中的每一步 $t=T-1$ **downto** 0 **do**

6.　　　$G \leftarrow \gamma G + R_{t+1}$

7.　　　**if** $S_t \notin \{S_0,S_1,\cdots,S_{t-1}\}$ **then**

8.　　　　$\text{count}(S_t) \leftarrow \text{count}(S_t)+1$

9.　　　　$V(S_t) \leftarrow V(S_t) + \dfrac{1}{\text{count}(S_t)}(G-V(S_t))$

10.　　　**end if**

11.　　**end for**

输　出：$v_\pi = V$

例 5.2　以例 3.1 扫地机器人为例。给出机器人经过图 5.3 的每条轨迹后，相对应的状态值。

如图 5.3 所示，选取了 5 个经过状态 16 的情节，5 个情节依次设置为情节 1、情节 2、情节 3、情节 4 和情节 5。

情节 1：$16 \to 15 \to 10 \to 5 \to 0$

$G_{16}^{(1)(1)} = 0 + 0.8 \times (0 + 0.8 \times (0 + 0.8 \times (1 + 0.8 \times 0))) = 0.8^3 \times 1 = 0.512$

情节 2：$16 \to 17 \to 17 \to 18 \to 19$

$G_{16}^{(2)(1)} = 0 + 0.8 \times (-10 + 0.8 \times (0 + 0.8 \times (3 + 0.8 \times 0)))$

$\qquad = 0.8 \times (-10) + 0.8^3 \times 3 = -6.464$

情节 3：$16 \to 11 \to 6 \to 7 \to 8 \to 9 \to 14 \to 19$

$G_{16}^{(3)(1)} = 0 + 0.8 \times (0 + 0.8 \times (0 + 0.8 \times (0 + 0.8 \times (0 + 0.8 \times$

$\qquad (0 + 0.8 \times (3 + 0.8 \times 0)))))) = 0.8^6 \times 3 \approx 0.786$

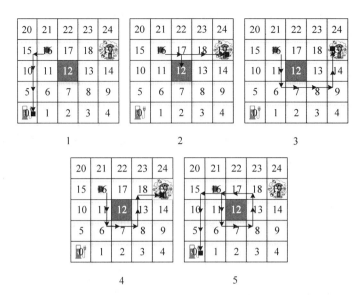

图 5.3　经过状态 16 的其中 5 个情节(见彩插)

也可以直接利用关于回报的定义计算:

$$G_{16}^{(3)(1)} = 0 + 0.8 \times 0 + 0.8^2 \times 0 + 0.8^3 \times 0 + 0.8^4 \times 0 + 0.8^5 \times 0 + 0.8^6 \times 3$$
$$= 0.8^6 \times 3 \approx 0.786$$

情节 4: $16 \rightarrow 11 \rightarrow 6 \rightarrow 7 \rightarrow 8 \rightarrow 13 \rightarrow 18 \rightarrow 19$

$$G_{16}^{(4)(1)} = 0 + 0.8 \times (0 + 0.8 \times (0 + 0.8 \times (0 + 0.8 \times (0 + 0.8 \times$$
$$(0 + 0.8 \times (3 + 0.8 \times 0)))))) = 0.8^6 \times 3 \approx 0.786$$

情节 5: 首次访问状态 16: $16 \rightarrow 11 \rightarrow 6 \rightarrow 7 \rightarrow 8 \rightarrow 13 \rightarrow 18 \rightarrow 17 \rightarrow 16 \rightarrow 15 \rightarrow 10 \rightarrow 5 \rightarrow 0$

$$G_{16}^{(5)(1)} = 0 + 0.8 \times (0 + 0.8 \times (0 + 0.8 \times (0 + 0.8 \times (0 + 0.8 \times (0 + 0.8 \times (0 + 0.8 \times$$
$$(0 + 0.8 \times (0 + 0.8 \times (0 + 0.8 \times (0 + 0.8 \times (1 + 0.8 \times 0)))))))))))$$
$$= 0.8^{11} \times 1 \approx 0.086$$

第 2 次访问状态 16: $16 \rightarrow 15 \rightarrow 10 \rightarrow 5 \rightarrow 0$

$$G_{16}^{(5)(2)} = 0 + 0.8 \times (0 + 0.8 \times (0 + 0.8 \times (1 + 0.8 \times 0))) = 0.8^3 \times 1 = 0.512$$

在情节 5 中状态 16 被访问了两次。利用首次访问的 MC 预测方法时,计算累计回报值只使用该情节中第一次访问状态 16 的回报,即 $G_{16}^{(5)(1)}$。所以使用这 5 条情节,利用首次访问方式计算状态 16 的估计值为 $V(S_{16}) = (G_{16}^{(1)(1)} + G_{16}^{(2)(1)} + G_{16}^{(3)(1)} + G_{16}^{(4)(1)} + G_{16}^{(5)(1)})/5 = -0.859$;而利用每次访问方式计算状态 16 的估计值为 $V(S_{16}) = (G_{16}^{(1)(1)} + G_{16}^{(2)(1)} + G_{16}^{(3)(1)} + G_{16}^{(4)(1)} + G_{16}^{(5)(1)} + G_{16}^{(5)(2)})/6 = -0.630$。

5.3　蒙特卡洛评估

在线视频

由最优策略的两种求解方式可知,利用动作值函数更适合于无模型求解最优策略。于是将估计状态值函数的 MC 预测问题转化为估计动作值函数的 MC 评估问题,也就是说,对状态-动作对 (s,a) 进行访问而不是对状态 s 进行访问。根据策略 π 进行采样,记录情节中 (s,a) 的回报 G_t,并对 (s,a) 的回报求期望,得到策略 π 下的动作值函数 $q_\pi(s,a)$ 的估计值。同样地,MC 评估方法对每一组状态-动作对 (s,a) 的评估方法也分为首次访问和每次访问两种。

为了保证算法中值函数和策略的收敛性,DP 算法会对所有状态进行逐个扫描。在 MC 评估方法中,根据动作值函数计算的性质,必须保证每组状态-动作对 (s,a) 都能被访问到,即得到所有 (s,a) 的回报值,才能保证样本的完备性。针对该问题,我们设定**探索始点**(exploring starts):每一组 (s,a) 都有非 0 的概率作为情节的起始点 (s_0,a_0)。

实际上,探索始点在实际应用中是难以达成的,需要配合无限采样才能保证样本的完整性。通常的做法是采用那些在每个状态下所有动作都有非 0 概率被选中的随机策略。这里我们先从简单的满足探索始点的 MC 控制算法开始讨论,然后引出基于同策略和异策略方法的 MC 控制算法。

5.4　蒙特卡洛控制

预测和控制的思想是相同的,它们都是基于带奖赏过程的马尔可夫链来对目标进行更新,其区别在于以下两点。

(1) MC 预测:求解在给定策略 π 下,状态 s 的状态值函数 $v_\pi(s)$。

(2) MC 控制:基于 GPI,包含策略评估和策略改进两部分。这里的策略评估是求解在给定策略 π 下,状态-动作对 (s,a) 的动作值函数 $q_\pi(s,a)$。其策略迭代过程为

$$\pi_0 \xrightarrow{\text{E}} q_{\pi_0} \xrightarrow{\text{I}} \pi_1 \xrightarrow{\text{E}} q_{\pi_1} \xrightarrow{\text{I}} \cdots \xrightarrow{\text{I}} \pi_* \xrightarrow{\text{E}} q_*$$

5.4.1　基于探索始点的蒙特卡洛控制

当采样过程满足探索始点时,对任意策略 π_k,MC 算法都可以准确地计算出指定状态-动作对的值函数 $q_{\pi_k}(s,a)$。一旦得到了动作值函数,可以直接利用基于动作值函数的贪心策略来对策略进行更新。此时对于所有 $s\in\mathcal{S}$,任意策略 π_k 以及更新后的 π_{k+1} 都将满足策略改进原理:

$$\begin{aligned}
q_{\pi_k}[s,\pi_{k+1}(s)] &= q_{\pi_k}[s,\arg\max_a q_{\pi_k}(s,a)] \quad\text{——根据 } \pi_{k+1}(s)=\arg\max_a q_{\pi_k}(s,a)\\
&= \max_a q_{\pi_k}(s,a) \quad\text{——将最优策略提到公式外面}\\
&\geqslant q_{\pi_k}[s,\pi_k(s)] \quad\text{——使用上一个策略的动作值函数}\\
&\geqslant v_{\pi_k}(s)
\end{aligned}$$

$$(5.4)$$

式(5.4)表明,采用基于动作值函数的贪心策略,改进后的策略 π_{k+1} 一定优于或等价于 π_k。这一过程保证了 MC 控制算法能够收敛到最优动作值函数和最优策略。

对于 5.3 节介绍的无穷采样假设,由于在实际环境中无法实现这一条件,我们使用**基于探索始点的蒙特卡洛**(Monte Carlo based on Exploring Starts,MCES)控制算法来进行规避。

MCES 控制算法通过情节到情节的方式对策略进行评估和更新,每一情节结束后,使用观测到的回报进行策略评估,然后在该情节访问到的每一个状态上进行策略改进。

MC 控制算法主要分为以下两个阶段。

(1) 策略评估:根据当前策略 π 进行采样,得到一条完整情节,估计每一组 (s,a) 的动作值函数。

(2) 策略改进:基于动作值函数 $q_{\pi}(s,a)$,直接利用贪心策略对策略进行改进。

算法 5.2 给出了 MCES 控制算法。

算法 5.2 MCES 控制算法

输　　入:待评估的确定策略 $\pi(s)$

初始化:

1. 对所有 $s\in\mathcal{S}^{+}$, $a\in\mathcal{A}(s)$,初始化 $Q(s,a)\in\mathbb{R}$, $Q(s^{T},a)=0$

2. 对所有 $s\in\mathcal{S}^{+}$, $a\in\mathcal{A}(s)$,状态-动作对 (s,a) 被统计的次数 $\text{count}(s,a)=0$

3. **repeat** 对每一个情节 $k=0,1,2,\cdots$

4. 　　以非 0 概率随机选取初始状态-动作对 (S_0,A_0)

5. 　　根据策略 $\pi(s)$,从初始状态-动作对 (S_0,A_0) 开始,生成一个情节序列:

$$S_0,A_0,R_1,\cdots,S_{T-1},A_{T-1},R_T,S_T$$

6. 　　$G\leftarrow 0$

7. 　　**for** 本情节中的每一步 $t=T-1$ **downto** 0 **do**

8. 　　　　$G\leftarrow\gamma G+R_{t+1}$

9. 　　　　**if** $S_t,A_t\notin\{S_0,A_0,S_1,A_1,\cdots,S_{t-1},A_{t-1}\}$ **then**

10. 　　　　　　$\text{count}(S_t,A_t)\leftarrow\text{count}(S_t,A_t)+1$

11. 　　　　　　$Q(S_t,A_t)\leftarrow Q(S_t,A_t)+\dfrac{1}{\text{count}(S_t,A_t)}[G-Q(S_t,A_t)]$

12. 　　　　**end if**

13. 　　　　$\pi(S_t)\leftarrow\arg\max\limits_{a}Q(S_t,a)$

14. 　　**end for**

输　　出:$\pi_*=\pi$

在算法 5.2 中,$Q(s,a)$ 的初始值一般设置为 0。若使用非 0 初始化,则可以通过 $Q[s][a]=\text{random}()/10$ 来控制。$Q(s,a)$ 表示动作值函数估计值,所以使用大写 Q 表示。在程序中,常以 defalutdict() 声明未定型字典 $Q(s,a)$,其参数可表示为 {s:(action1_value,action2_value),$\cdots$} 形式,并通过 $Q[s][a]$ 来调用 (s,a) 的动作值函数。

虽然可以通过探索始点来弥补无法访问到所有状态-动作对的缺陷,但这一方法并不合理,普遍的解决方法就是保证 Agent 能够持续不断地选择所有可能的动作,这也称为无探索始点方法,该方法分为同策略方法与异策略方法两种。

5.4.2 同策略蒙特卡洛控制

在同策略 MC 控制算法中,策略通常是**软性**的(soft),即对于所有的 $s\in\mathcal{S}$、$a\in\mathcal{A}(s)$,均有 $\pi(a|s)>0$。但策略都必须逐渐变得贪心,以逐渐逼近一个确定性策略。同策略方

法使用ε-**贪心策略**（ε-greedy policy），其公式为

$$\pi(a\,|\,s) \leftarrow \begin{cases} 1-\varepsilon+\dfrac{\varepsilon}{|\mathcal{A}(s)|} & \text{当 } a=A^{*} \text{ 时，以概率 } 1-\varepsilon+\dfrac{\varepsilon}{|\mathcal{A}(s)|} \\ & \text{选择具有最大价值的动作} \\ \dfrac{\varepsilon}{|\mathcal{A}(s)|} & \text{当 } a \neq A^{*} \text{ 时，以概率 } \dfrac{\varepsilon}{|\mathcal{A}(s)|} \text{ 随机选择动作} \end{cases} \tag{5.5}$$

其中，$\mathcal{A}(s)$ 表示状态 s 的动作空间；$|\mathcal{A}(s)|$ 表示状态 s 可采取的动作总数；A^{*} 表示最优动作。

GPI 并没有要求必须使用贪心策略，只要求采用的优化方法逐渐逼近贪心策略即可。根据策略改进定理，对于一个 ε-软性策略 π，任何根据 q_π 生成的 ε-贪心策略都是对其所做的改进。下面对 ε-软性策略改进定理进行证明。

假设 π' 为 ε-greedy 策略，对任意状态 $s\in\mathcal{S}$ 有

$$
\begin{aligned}
q_\pi\big[s,\pi'(s)\big] &= \sum_a \pi'(a\,|\,s)\,q_\pi(s,a) \\
&= \frac{\varepsilon}{|\mathcal{A}(s)|}\sum_a q_\pi(s,a) + (1-\varepsilon)\max_a q_\pi(s,a) \\
&\geqslant \frac{\varepsilon}{|\mathcal{A}(s)|}\sum_a q_\pi(s,a) + (1-\varepsilon)\sum_a \frac{\pi(a\,|\,s)-\dfrac{\varepsilon}{|\mathcal{A}(s)|}}{1-\varepsilon}q_\pi(s,a) \\
&= \frac{\varepsilon}{|\mathcal{A}(s)|}\sum_a q_\pi(s,a) - \frac{\varepsilon}{|\mathcal{A}(s)|}\sum_a q_\pi(s,a) + \sum_a \pi(a\,|\,s)q_\pi(s,a) \\
&= v_\pi(s)
\end{aligned}
\tag{5.6}
$$

所以，根据策略改进定理，$\pi'\geqslant\pi$。

基于同策略首次访问 ε-greedy 策略的 MC 算法，如算法 5.3 所示。

算法 5.3 基于同策略首次访问 ε-greedy 策略的 MC 算法

输　入：待评估的 ε-greedy 策略 $\pi(a\,|\,s)$

初始化：

1.　对所有 $s\in\mathcal{S}^{+}$，$a\in\mathcal{A}(s)$，初始化 $Q(s,a)\in\mathbb{R}$，$Q(s^{T},a)=0$

2.　对所有 $s\in\mathcal{S}^{+}$，$a\in\mathcal{A}(s)$，状态-动作对 (s,a) 被统计的次数 $count(s,a)=0$

3.　$\varepsilon\leftarrow(0,1)$ 为一个逐步递减的较小的实数

4.　　**repeat** 对每一个情节 $k=0,1,2,\cdots$

5.　　　根据策略 $\pi(a\,|\,s)$，生成一个情节序列 $S_0,A_0,R_1,\cdots,S_{T-1},A_{T-1},R_T,S_T$

6.　　　$G\leftarrow 0$

7.　　　**for** 本情节中的每一步 $t=T-1$　**downto**　0　**do**

8.　　　　$G\leftarrow\gamma G+R_{t+1}$

9.　　　　**if** $S_t,A_t \notin \{S_0,A_0,S_1,A_1,\cdots,S_{t-1},A_{t-1}\}$ **then**

10.　　　　　$count(S_t,A_t)\leftarrow count(S_t,A_t)+1$

11.　　　　　$Q(S_t,A_t)\leftarrow Q(S_t,A_t)+\dfrac{1}{count(S_t,A_t)}[G-Q(S_t,A_t)]$

12.　　　　　$A^{*}\leftarrow\arg\max_a Q(S_t,a)$

13.	**for** $a \in \mathcal{A}(S_t)$ **do**
14.	**if** $a == A^*$ **then**
15.	$\pi(a \mid S_t) \leftarrow 1 - \varepsilon + \dfrac{\varepsilon}{\mid A(S_t) \mid}$
16.	**else**
17.	$\pi(a \mid S_t) \leftarrow \dfrac{\varepsilon}{\mid A(S_t) \mid}$
18.	**end if**
19.	**end for**
20.	**end if**
21.	**end for**

输　出：$q_* = Q$；$\pi_* = \pi$

在算法 5.3 中，基于动作值函数 Q 的 ε-贪心策略，对于贪心动作给予 $\pi(a \mid S_t) \leftarrow 1 - \varepsilon + \dfrac{\varepsilon}{\mid A(S_t) \mid}$ 的概率，其他动作给予 $\pi(a \mid S_t) \leftarrow \dfrac{\varepsilon}{\mid A(S_t) \mid}$ 概率。

例 5.3 利用同策略首次访问 ε-贪心策略 MC 算法，给出扫地机器人的最优策略。扫地机器人通过多次实验，不断地更新 Q 值，最终收敛到最优策略，并得到一条回报最大的路径。同策略蒙特卡洛首次访问控制算法中，对动作值函数 Q 的计算，也是通过对每一情节中第一次访问到的该状态-动作对的回报进行平均，然后选择使该动作值函数 Q 最大的动作，作为该状态下应该采取的动作。表 5.2 给出 5 个代表性状态，基于同策略首次访问 MC 算法的扫地机器人最优策略的求解过程。

在线表格

表 5.2　基于同策略首次访问 MC 算法的扫地机器人最优策略计算过程（$\varepsilon_0 = 0.1$）

	S_5	$\cdots$	S_{10}	$\cdots$	S_{18}	$\cdots$	S_{20}	$\cdots$	S_{24}
Q_0	0.000;0.000; *.***;0.000	$\cdots$	0.000;0.000; *.***;0.000	$\cdots$	0.000;0.000; 0.000;0.000	$\cdots$	*.***;0.000; *.***;0.000	$\cdots$	*.***;0.000; 0.000;*.***
π_0	0.667;0.167; 0.000;0.167		0.667;0.167; 0.000;0.167		0.625;0.125; 0.125;0.125		0.000;0.750; 0.000;0.250		0.000;0.750; 0.250;0.000
A_0	1;0;0;0		0;1;0;0		1;0;0;0		0;1;0;0	$\cdots$	0;1;0;0
Q_1	0.000;0.000; *.***;0.000		0.000;0.000; *.***;0.000		-5.120;0.000; 0.000;3.000		*.***;-0.269; *.***;-1.605		*.***;0.000; 0.000;*.***
π_1	0.667;0.167; 0.000;0.167		0.667;0.167; 0.000;0.167		0.125;0.125; 0.125;0.625		0.000;0.750; 0.000;0.250		0.000;0.750; 0.250;0.000
A_1	1;0;0;0	$\cdots$	1;0;0;0		0;0;0;1		0;1;0;0		0;1;0;0
$\vdots$	$\vdots$	$\vdots$	$\vdots$	$\vdots$	$\vdots$	$\vdots$	$\vdots$	$\vdots$	$\vdots$
Q_{7500}	0.391;1.000; *.***;0.368	$\cdots$	0.326;0.641; *.***;-0.546		1.530;0.667; 0.265;3.000		*.***;0.396; *.***;0.710		*.***;3.000; 1.605;*.***
π_{7500}	0.104;0.792; 0.000;0.104		0.104;0.792; 0.000;0.104		0.078;0.078; 0.078;0.766		0.000;0.156; 0.000;0.843		0.000;0.843; 0.156;0.000
A_{7500}	0;1;0;0	$\cdots$	0;0;0;1	$\cdots$	0;0;0;1		0;0;0;1		0;1;0;0
$\vdots$	$\vdots$	$\vdots$	$\vdots$	$\vdots$	$\vdots$	$\vdots$	$\vdots$	$\vdots$	$\vdots$

续表

	S_5	$\cdots$	S_{10}	$\cdots$	S_{18}	$\cdots$	S_{20}	$\cdots$	S_{24}
Q_{12500}	0.402;1.000; *.***;0.379	$\cdots$	0.342;0.661; *.***;−0.575	$\cdots$	1.580;0.756; 0.486;3.000	$\cdots$	*.***;0.436; *.***;0.808	$\cdots$	*.***;3.000; 1.646;*.***
π_{12500}	0.062;0.875; 0.000;0.062	$\cdots$	0.062;0.875; 0.000;0.062	$\cdots$	0.047;0.047; 0.047;0.859	$\cdots$	0.000;0.094; 0.000;0.906	$\cdots$	0.000;0.906; 0.094;0.000
A_{12500}	0;1;0;0	$\cdots$	0;0;0;1	$\cdots$	0;0;0;1	$\cdots$	0;1;0;0	$\cdots$	0;1;0;0
$\vdots$	$\vdots$	$\vdots$	$\vdots$	$\vdots$	$\vdots$	$\vdots$	$\vdots$	$\vdots$	$\vdots$
Q_{19999}	0.405;1.000; *.***;0.382	$\cdots$	0.342;0.668; *.***;−0.565	$\cdots$	1.590;0.752; 0.553;3.000	$\cdots$	*.***;0.469; *.***;0.935	$\cdots$	*.***;3.000; 1.680;*.***
π_{19999}	0.000;1.000; 0.000;0.000	$\cdots$	0.000;1.000; 0.000;0.000	$\cdots$	0.000;0.000; 0.000;1.000	$\cdots$	0.000;0.000; 0.000;1.000	$\cdots$	0.000;1.000; 0.000;0.000
A_{19999}	0;1;0;0	$\cdots$	0;1;0;0	$\cdots$	0;0;0;1	$\cdots$	0;0;0;1	$\cdots$	0;1;0;0
$\vdots$	$\vdots$	$\vdots$	$\vdots$	$\vdots$	$\vdots$	$\vdots$	$\vdots$	$\vdots$	$\vdots$
Q_{20000}	0.405;1.000; *.***;0.382	$\cdots$	0.342;0.668; *.***;−0.565	$\cdots$	1.590;0.752; 0.553;3.000	$\cdots$	*.***;0.469; *.***;0.935	$\cdots$	*.***;3.000; 1.680;*.***
π_{20000}	0.000;1.000; 0.000;0.000	$\cdots$	0.000;1.000; 0.000;0.000	$\cdots$	0.000;0.000; 0.000;1.000	$\cdots$	0.000;0.000; 0.000;1.000	$\cdots$	0.000;1.000; 0.000;0.000
A_{20000}	0;1;0;0	$\cdots$	0;1;0;0	$\cdots$	0;0;0;1	$\cdots$	0;0;0;1	$\cdots$	0;1;0;0
π_*	0;1;0;0	$\cdots$	0;1;0;0	$\cdots$	0;0;0;1	$\cdots$	0;0;0;1	$\cdots$	0;1;0;0

另外,常用 ε-柔性策略公式还有以下 4 种。

(1) 随机贪心策略。基于随机数,用一个较小的阈值 ε 来控制策略的探索性:

$$\pi(a \mid S_t) \leftarrow \begin{cases} A^*, & \text{rand}() > \varepsilon \\ \text{rand}(A), & \text{rand}() \leqslant \varepsilon \end{cases} \tag{5.7}$$

当随机数大于 ε 时,选择最大动作值函数对应的动作;当随机数小于或等于 ε 时,随机地选择动作 rand(A)。

(2) 玻耳兹曼探索。定义 t 时刻选择动作 A_t 的概率,其公式为

$$\pi(A_t \mid S_t) = \frac{e^{Q_t(s_t, A_t)/\tau_t}}{\sum_a e^{Q_t(s_t, a)/\tau_t}} \tag{5.8}$$

其中,$\tau_t \geqslant 0$ 表示温度参数,控制探索的随机性。当 $\tau_t \to 0$ 时,选择贪心动作;当 $\tau_t \to \infty$ 时,随机选择动作。

(3) 最大置信上界法。虽然贪心策略选取的动作在当前时刻看起来是最好的,但实际上其他一些没有选取到的动作可能从长远看更好。在这些动作中,通常是根据它们的潜力来选择可能最优的动作,因此在选择动作时,一方面要考虑其估计值最大,另一方面也要考虑探索长时间没有访问到的动作,以免错过更好的动作。一个有效的方法是按照以下公式来选择动作:

$$A_t = \arg\max_a \left[Q_t(s,a) + c\sqrt{\frac{\ln t}{N_t(s,a)}} \right] \tag{5.9}$$

其中，$\ln t$ 表示 t 的自然对数；$N_t(s,a)$ 表示当前状态 s；在时刻 t 之前动作 a 被选择的次数；c 是一个大于 0 的数，用来控制探索的程度。如果 $N_t(s,a)=0$，则动作 a 就被认为是当前状态 s 下满足最大化条件的动作。

（4）乐观初始值方法。给值函数赋予一个比实际价值大得多些的乐观初始值。这种乐观估计会鼓励不断地选取收益接近估计值的动作。但无论选取哪一种动作，收益都比最初始的估计值小，因此在估计值收敛之前，所有动作都会被多次尝试。即使每一次都按照贪心法选择动作，系统也会进行大量的探索。

在线视频

5.4.3 异策略与重要性采样

另一种常用的无探索始点蒙特卡洛方法为异策略 MC 方法。在介绍异策略方法之前，我们先来了解重要性采样，因为几乎所有的异策略方法都使用到重要性采样。所谓的重要性采样是利用来自其他分布的样本，估计当前某种分布期望值的通用方法。在引出异策略 MC 控制之前，首先阐述预测问题的**重要性采样**（importance sampling）。

1. 重要性采样

以离散型数据为例，假设 $f(x)$ 是一个服从 $p(x)$ 分布的函数，其期望公式为

$$\mathbb{E}_{x\sim p}[f(x)]=\sum_x p(x)f(x) \tag{5.10}$$

其中，$x\sim p$ 表示 x 服从 $p(x)$ 分布，也可记为 $f(x)\sim p$。

通常情况下，可以在服从 $p(x)$ 分布的离散型数据中进行采样，得到样本集 $\{x_1,x_2,\cdots,x_N\}$，则 $f(x)$ 在 $p(x)$ 分布下的期望为

$$\mathbb{E}_{x\sim p}[f(x)]\approx \frac{1}{N}\sum_{x_i\sim p,i=1}^{N}f(x_i) \tag{5.11}$$

在有些任务中，为了得到分布函数 $p(x)$，需要采集大量的样本才能拟合原期望，或存在部分极端、无法代表分布的样本。针对这些任务，在服从 $p(x)$ 分布的数据中采样存在困难的问题，根据重要性采样原则，可以将该任务转化为从服从简单分布 $q(x)$ 的数据中进行采样，得到的样本集为 $\{x_1,x_2,\cdots,x_N\}$。此时 $f(x)$ 在 $p(x)$ 分布下的期望为

$$\mathbb{E}_{x\sim p}[f(x)]=\sum_x p(x)f(x)=\sum_x q(x)\left[\frac{p(x)}{q(x)}f(x)\right]=\mathbb{E}_{x\sim q}\left[\frac{p(x)}{q(x)}f(x)\right] \tag{5.12}$$

其中，$\mathbb{E}_{x\sim q}\left[\dfrac{p(x)}{q(x)}f(x)\right]$ 表示函数 $\dfrac{p(x)}{q(x)}f(x)$ 在 $q(x)$ 分布下的期望。

根据 MC 采样思想，在采样数据足够多时，$f(x)$ 在 $p(x)$ 分布下的期望近似为

$$\mathbb{E}_{x\sim p}[f(x)]=\mathbb{E}_{x\sim q}\left[\frac{p(x)}{q(x)}f(x)\right]\approx \frac{1}{N}\sum_{x_i\sim q,i=1}^{N}\frac{p(x_i)}{q(x_i)}f(x_i)=\frac{1}{N}\sum_{x_i\sim q,i=1}^{N}\omega(x_i)f(x_i) \tag{5.13}$$

其中，$\omega(x)$ 为**重要性采样比率**（importance-sampling ratio），有 $\omega(x)=p(x)/q(x)$。

由此，我们将求解 $f(x)$ 在 $p(x)$ 分布下的函数期望问题，转换为求解包含重要性采

样比率 ω 的 $f(x)$ 在 $q(x)$ 分布下的函数期望。

重要性采样的特点：

（1）$q(x)$ 与 $p(x)$ 具有相同的定义域。

（2）采样概率分布 $q(x)$ 与原概率分布 $p(x)$ 越接近，方差越小；反之，方差越大。

通常采用加权重要性采样来减小方差，即用 $\sum\limits_{j=1}^{N}\omega(x_j)$ 替换 N。

① **普通重要性采样**（ordinary importance sampling）的函数估计为

$$\mathbb{E}_{x\sim p}\left[f(x)\right]\approx\sum_{x_i\sim q,i=1}^{N}\omega(x_i)f(x_i)/N \tag{5.14}$$

② **加权重要性采样**（weighted importance sampling）的函数估计为

$$\mathbb{E}_{x\sim p}\left[f(x)\right]\approx\sum_{x_i\sim q,i=1}^{N}\omega(x_i)f(x_i)\Big/\sum_{j=1}^{N}\omega(x_j) \tag{5.15}$$

2. 基于重要性采样的异策略方法

异策略方法目标策略和行为策略是不同的。这里假设目标策略为 π，行为策略为 b，所有情节都遵循行为策略 b，并利用行为策略 b 产生的情节来评估目标策略。这样需要满足覆盖条件，即目标策略 π 中的所有动作都会在行为策略 b 中被执行。也就是说，所有满足 $\pi(a|s)>0$ 的 (s,a) 均有 $b(a|s)>0$。根据轨迹在两种策略下产生的相对概率来计算目标策略 π 的回报值，该相对概率称为重要性采样比率，记为 ρ。

以 S_t 作为初始状态，其采样得到的后续状态-动作对序列为：$A_t, S_{t+1}, \cdots, S_{T-1}$，$A_{T-1}, S_T$。在任意目标策略 π 下发生的概率如式（5.16）所示，在任意行为策略 b 下发生后的概率如式（5.17）所示。

$$P(A_t, S_{t+1}, A_{t+1}, \cdots, S_T | S_t, A_{t:T-1} \sim \pi)$$
$$=\pi(A_t|S_t)p(S_{t+1}|S_t,A_t)\pi(A_{t+1}|S_{t+1})\cdots p(S_T|S_{T-1},A_{T-1})$$
$$=\prod_{k=t}^{T-1}\pi(A_k|S_k)p(S_{k+1}|S_k,A_k) \tag{5.16}$$

$$P(A_t, S_{t+1}, A_{t+1}, \cdots, S_T | S_t, A_{t:T-1} \sim b)$$
$$=b(A_t|S_t)p(S_{t+1}|S_t,A_t)\pi(A_{t+1}|S_{t+1})\cdots p(S_T|S_{T-1},A_{T-1})$$
$$=\prod_{k=t}^{T-1}b(A_k|S_k)p(S_{k+1}|S_k,A_k) \tag{5.17}$$

其中，p 表示状态转移概率；T 是该情节的终止时刻。注意：公式累乘符号的上标为 $T-1$，因为最后一个动作发生在 $T-1$ 时刻。$S_t, A_{t:T-1} \sim \pi$ 表示该情节服从目标策略 π。

这样某一情节在目标策略和行为策略下发生的相对概率为

$$\rho_{t:T-1}=\frac{\prod\limits_{k=t}^{T-1}\pi(A_k|S_k)p(S_{k+1}|S_k,A_k)}{\prod\limits_{k=t}^{T-1}b(A_k|S_k)p(S_{k+1}|S_k,A_k)}=\prod_{k=t}^{T-1}\frac{\pi(A_k|S_k)}{b(A_k|S_k)} \tag{5.18}$$

其中，$\rho_{t:T-1}$ 表示某一情节从 t 到 T 时刻的重要性采样比率，也就是基于两种策略采取动

作序列 $A_t, A_{t+1}, \cdots, A_{T-1}$ 的相对概率,与重要性采样比率 $\omega(x)$ 相对应。从式(5.12)可以看出,尽管情节的形成依赖于状态转移概率 p,但由于分子分母中同时存在 p,可以约去,所以重要性采样比率仅仅依赖于两个策略,而与状态转移概率无关。

行为策略中的回报期望是不能直接用于评估目标策略的。根据重要性采样原则,需要使用比例系数 $\rho_{t:T-1}$ 对回报进行调整,使其矫正为正确的期望值:

$$\mathbb{E}\left[G_t \mid S_t = s\right] = v_b(s) \quad \Rightarrow \quad v_\pi(s) = \mathbb{E}\left[\rho_{t:T-1} G_t \mid S_t = s\right] \tag{5.19}$$

假设遵循行为策略 b 采样得到了一系列情节。为方便计算,将这些情节首尾相连,并按时刻状态出现的顺序进行编号。例如第 1 个情节在时刻 100 状态结束,则第 2 个情节的编号就在时刻 101 状态开始,以此类推。在每次访问方法中,存储所有访问过状态 s 的时间步,记为 $T(s)$,并以 $|T(s)|$ 表示状态 s 被访问过的总次数。在首次访问方法中,$T(s)$ 只包括这些情节中第一次访问到 s 的时间步。此外,以 $T(t)$ 表示在 t 时刻后的第一个终止时刻,以 G_t 表示从 t 到 $T(t)$ 时刻的回报,以 $\rho_{t:T(t)-1}$ 表示回报 G_t 的重要性采样比率(在增量式计算中常简写为 W_i)。

根据重要性采样思想,状态值函数的计算方法分为两种。

1) 普通重要性采样

将回报按照权重缩放后进行平均。属于无偏估计,具有方差无界的特点。其计算如式(5.20)所示:

$$V(s) = \frac{\sum_{t \in T(s)} \rho_{t:T(t)-1} G_t}{|T(s)|} \tag{5.20}$$

2) 加权重要性采样

将回报进行加权平均。属于有偏估计,具有方差较小的特点。其计算如式(5.21)所示:

$$V(s) = \frac{\sum_{t \in T(s)} \rho_{t:T(t)-1} G_t}{\sum_{t \in T(s)} \rho_{t:T(t)-1}} \tag{5.21}$$

分母为 0 时,$V(s) = 0$。

两种方法的主要差异在于偏差和方差的不同。后面将讨论它们在首次访问方法下,获得单一情节回报后的值函数估计值。

1) 普通重要性采样的偏差与方差

采用某种方法估计值函数,当估计结果的期望恒为 $v_\pi(s)$ 时,该方法是无偏估计,但其方差可能是无界的。当 $\rho = 10$ 时,表明该轨迹在目标策略下发生的可能性是行为策略下的 10 倍,$V(s) = 10G_t$,根据普通重要性采样得到的估计值 $V_\pi(x)$ 是回报值的 10 倍,这就存在高方差。

2) 加权重要性采样的偏差与方差

由于比例系数 ρ 被消去,所以加权重要性采样的估计值就等于回报值,与重要性采样比例无关。因为该回报值是仅有的观测结果,所以是一个合理的估计,但它的期望是 $v_b(s)$ 而非 $v_\pi(s)$,所以该方法属于有偏估计。此外,由于加权估计中回报的最大权重是 1,所以其方差会明显低于普通估计。

而实际上,由于重要性采样比率涉及所有状态的转移概率,因此有很高的方差,从这一点来说,MC 算法不太适合于处理异策略问题。异策略 MC 算法只有理论研究价值,实际应用的效果并不明显,难以获得最优动作值函数。

5.4.4 蒙特卡洛中的增量式计算

增量式计算在强化学习中具有很重要的应用价值。本节在说明 MC 增量式计算之前,先来了解经典的增量式计算。

1. 经典的增量式计算

计算一组数据的均值,最简单的方法是使用采样平均法,即将所有的历史信息记录下来,然后求平均。假设有一组实数数据,其形式为 $x_1, x_2, \cdots, x_k, x_{k+1}, \cdots$。令 x_k 为第 k 个数据的数值,u_k 为前 k 个数据的平均值,有:

$$u_k = \frac{1}{k} \sum_{i=1}^{k} x_i \tag{5.22}$$

使用式(5.22)计算前 k 个数据的平均值时,需要对这 k 个数据进行存储,然后再求平均值。这种方法容易产生计算量大和存储消耗量大的问题。根据数学中的迭代思想,引入增量式计算方法,以简化求解过程。增量式推导如下所示:

$$
\begin{aligned}
u_k &= \frac{1}{k} \sum_{i=1}^{k} x_i \\
&= \frac{1}{k} \left(x_k + \sum_{i=1}^{k-1} x_i \right) \\
&= \frac{1}{k} (x_k + (k-1)u_{k-1}) \\
&= u_{k-1} + \frac{1}{k} (x_k - u_{k-1})
\end{aligned}
$$

根据上式的规律,构建经典增量式公式,如式(5.23)所示:

$$\text{NewEstimate} \leftarrow \text{OldEstimate} + \text{StepSize}(\text{Target} - \text{OldEstimate}) \tag{5.23}$$

其中对式(5.23)中变量说明如下:

➤ Target:表示当前采样值,称其为目标值,通常伴随着噪声,即存在偏差。

➤ OldEstimate,NewEstimate:表示真实值的估计值,可理解为 V 或 Q,其目的是逼近真实目标值 v 或 q。

➤ Target－OldEstimate:表示评估误差,通常记为 δ。在递增公式中,通过向 Target 趋近而使得 δ 逐步减少。

➤ StepSize:表示步长(学习率),通常记为 α。在这里用一个较小值 α 来替代 $1/k$,使公式更具一般性。

需要说明的是,之所以将 Target 称为目标值,是因为从单次更新过程来看,OldEstimate 是朝着 Target 移动的。而从全部更新结果来看,OldEstimate 是朝着真实目标值移动的。在自举方法中,Target 也常被称为**自举估计值**(bootstrapping estimate)。

由此可见,增量式计算方法是一种基于样本 Target 的随机近似过程,拆分了均值求解过程,减少了存储消耗,简化了计算过程。

2. MC 的增量式

对于 MC 预测问题,在采集情节的基础上也可以使用增量式的实现方法。其增量式的实现可以分为同策略和异策略两种模式。

同策略 MC：使用传统增量式计算公式,不涉及重要性采样,t 时刻状态 S_t 的状态值函数更新递归式如下所示：

$$V(S_t) \leftarrow V(S_t) + \alpha\left[G_t - V(S_t)\right] \tag{5.24}$$

➤ 公式右侧的 $V(S_t)$ 为历史状态值函数的均值,表示估计值,即 OldEstimate。

➤ G_t 为 t 时刻的回报,表示目标值,即 Target。

➤ α 为步长,当 α 是固定步长时,该式称为恒定-α MC。

异策略 MC：假设已经获得了状态 s 的回报序列 $G_1, G_2, \cdots, G_{n-1}$,每个回报都对应一个随机重要性权重 W_i($W_i = \rho_{t:T(t)-1}$)。当获得新的回报值 G_n 时,我们希望以增量式的方式,在状态值函数估计值 V_n 的基础上估计 V_{n+1}。

在普通重要性采样中,仅需要对回报赋予权重 W_i,其增量式与经典增量式方程基本一致：

$$V(s) \leftarrow V(s) + \alpha\left[WG - V(s)\right] \tag{5.25}$$

在加权重要性采样中,需要为每一个状态计算前 n 个回报的累积权重 C_n：

$$C_n = \sum_{k=1}^{n} W_k \quad \Rightarrow \quad C_n = C_{n-1} + W_n \quad (C_0 = 0) \tag{5.26}$$

其中,C_n 表示前 n 个回报的重要性权重之和,右式是其增量形式。由此得到 V_n 的更新递归式为

$$V_{n+1} = V_n + \frac{W_n}{C_n}(G_n - V_n) \quad (n \geqslant 1) \tag{5.27}$$

推导过程为

$$
\begin{aligned}
V_{n+1} &= \sum_{k=1}^{n} \frac{W_k G_k}{C_n} = \frac{\sum\limits_{k=1}^{n-1} W_k G_k + W_n G_n}{C_n} \\
&= \frac{\sum\limits_{k=1}^{n-1} W_k G_k}{C_n} + \frac{W_n G_n}{C_n} = \frac{\sum\limits_{k=1}^{n-1} W_k G_k}{\sum\limits_{k=1}^{n-1} W_k} \cdot \frac{\sum\limits_{k=1}^{n-1} W_k}{C_n} + \frac{W_n G_n}{C_n} \\
&= V_n \cdot \frac{C_n - W_n}{C_n} + \frac{W_n G_n}{C_n} \\
&= V_n + \frac{W_n}{C_n}(G_n - V_n) \quad (n \geqslant 1)
\end{aligned}
$$

3. 随机近似条件

由于 MC 是基于采样方法进行更新的,当状态和动作空间是离散且有穷时,只要满

足如下两个条件,动作值函数估计值 $Q_\pi(s,a)$ 就能收敛于真实动作值函数 $q_\pi(s,a)$。

(1) 满足 $\displaystyle\sum_{t=1}^{\infty}\alpha_t=\infty$, $\displaystyle\sum_{t=1}^{\infty}\alpha_t^2<\infty$　　　　　　　　　　　　　(5.28)

(2) 所有的状态-动作对都能够渐近地被无限次访问到。

若 α 根据随机近似条件逐渐变小,则它能以概率 1 收敛。以上收敛条件均适用于其他采样模型。所以只要所有 (s,a) 都能被无限多次地访问到,且贪心策略在极限情况下能够收敛(ε 衰减为 0),那么采样模型就能以 1 的概率收敛到最优动作值函数和最优策略。

5.4.5　异策略蒙特卡洛控制

异策略 MC 控制算法与异策略 MC 预测算法的原理一致,动作值函数更新递归式为

$$Q(S_t,A_t) \leftarrow Q(S_t,A_t)+\frac{W}{C(S_t,A_t)}[G-Q(S_t,A_t)]\qquad(5.29)$$

算法 5.4 给出了用于估算最优策略的异策略 MC 控制算法。

算法 5.4　异策略 MC 控制算法

初始化:

1.　对所有 $s\in\mathcal{S}^+$,$a\in\mathcal{A}(s)$,初始化 $Q(s,a)\in\mathbf{R}$,$Q(s^T,a)=0$,$C(s,a)=0$

2.　$\varepsilon\leftarrow(0,1)$ 为一个逐步递减的较小的实数

3.　$\pi(s)\leftarrow\arg\max\limits_a Q(s,a)$

4.　**repeat** 对每一个情节 $k=0,1,2,\cdots$

5.　　　$b\leftarrow$ 任意软性策略

6.　　　根据策略 $b(s)$,从初始状态-动作对 (S_0,A_0) 开始,生成一个情节序列 $S_0,A_0,R_1,\cdots,S_{T-1}$, A_{T-1},R_T,S_T

7.　　　$G\leftarrow0$

8.　　　$W\leftarrow1$

9.　　　**for** 本情节中的每一步 $t=T-1$ **downto** 0 **do**

10.　　　　$G\leftarrow\gamma G+R_{t+1}$

11.　　　　$C(S_t,A_t)\leftarrow C(S_t,A_t)+W$

12.　　　　$Q(S_t,A_t)\leftarrow Q(S_t,A_t)+\dfrac{W}{C(S_t,A_t)}[G-Q(S_t,A_t)]$

13.　　　　$\pi(S_t)\leftarrow\arg\max\limits_a Q(S_t,a)$

14.　　　　**if** $A_t=\pi(S_t)$ **then** $W\leftarrow W\dfrac{1}{b(A_t\mid S_t)}$

　　　　　　　　　　else break

15.　　　**end for**

输　出:$\pi_*=\pi$

在算法 5.4 第 14 行,如果行为策略 b 采样的动作与目标策略 π 采取的动作不同,则 $\pi(A_t\mid S_t)=0$,重要性权重为 0,无法更新值函数,退出本次情节的迭代。从这一步可以看出,每一次迭代都会很快停止,效率不会很高,这一点也是异策略 MC 应用性不强的原因

之一；第 14 行：当 $A_t = \pi(S_t)$ 时，$\pi(A_t|S_t)=1$，重要性权重更新递归式就简写为 $W \leftarrow W \dfrac{1}{b(A_t|S_t)}$。

阅读代码

例 5.4 对于扫地机器人问题，通过行为策略来生成情节，然后利用每次访问和重要性采样比率计算动作值函数 $Q(S_t, A_t)$，如果行为策略采样的动作不是目标策略采取的动作，则会结束该循环开始新一轮循环。这样也就产生很多无用的数据，使得学习效率不高。表 5.3 为异策略每次访问 MC 控制算法的 Q 值更新表。

在线表格

表 5.3　异策略每次访问 MC 控制算法的 Q 值更新过程

	S_5	...	S_{10}	...	S_{18}	...	S_{20}	...	S_{24}
Q_0	0.000;0.000; *.***;0.000	...	0.000;0.000; *.***;0.000	...	0.000;0.000; 0.000;0.000	...	*.***;0.000; *.***;0.000	...	*.***;0.000; 0.000;*.***
b_1	0.333;0.333; 0.000;0.333	...	0.333;0.333; 0.000;0.333	...	0.250;0.250; 0.250;0.250	...	0.000;0.500; 0.000;0.500	...	0.000;0.500; 0.500;0.000
π_0	1.000;0.000; 0.000;0.000	...	1.000;0.000; 0.000;0.000	...	1.000;0.000; 0.000;0.000	...	0.000;1.000; 0.000;0.000	...	0.000;1.000; 0.000;0.000
Q_1	0.000;0.000; *.***;0.000	...	0.000;0.000; *.***;0.000	...	1.920;0.000; 0.000;0.000	...	*.***;0.000; *.***;0.000	...	*.***;3.000; 0.000;*.***
b_1	0.333;0.333; 0.000;0.333	...	0.333;0.333; 0.000;0.333	...	0.250;0.250; 0.250;0.250	...	0.000;0.500; 0.000;0.500	...	0.000;0.500; 0.500;0.000
π_1	1.000;0.000; 0.000;0.000	...	1.000;0.000; 0.000;0.000	...	1.000;0.000; 0.000;0.000	...	0.000;1.000; 0.000;0.000	...	0.000;1.000; 0.000;0.000
⋮	⋮	...	⋮	...	⋮	...	⋮	...	⋮
Q_{7500}	0.960;1.000; *.***;0.977	...	1.215;0.799; *.***;1.208	...	1.917;1.889; 1.894;3.000	...	*.***;1.181; *.***;1.229	...	*.***;3.000; 1.916;*.***
b_{7500}	0.333;0.333; 0.000;0.333	...	0.333;0.333; 0.000;0.333	...	0.250;0.250; 0.250;0.250	...	0.000;0.500; 0.000;0.500	...	0.000;0.500; 0.500;0.000
π_{7500}	0.000;1.000; 0.000;0.000	...	1.000;0.000; 0.000;0.000	...	0.000;0.000; 0.000;1.000	...	0.000;0.000; 0.000;1.000	...	0.000;1.000; 0.000;0.000
⋮	⋮	...	⋮	...	⋮	...	⋮	...	⋮
Q_{12500}	0.975;1.000; *.***;0.979	...	1.220;0.800; *.***;1.215	...	1.918;1.899; 1.904;3.000	...	*.***;1.200; *.***;1.229	...	*.***;3.000; 1.914;*.***
b_{12500}	0.333;0.333; 0.000;0.333	...	0.333;0.333; 0.000;0.333	...	0.250;0.250; 0.250;0.250	...	0.000;0.500; 0.000;0.500	...	0.000;0.500; 0.500;0.000
π_{12500}	0.000;1.000; 0.000;0.000	...	1.000;0.000; 0.000;0.000	...	0.000;0.000; 0.000;1.000	...	0.000;0.000; 0.000;1.000	...	0.000;1.000; 0.000;0.000
⋮	⋮	...	⋮	...	⋮	...	⋮	...	⋮
Q_{19999}	0.978;1.000; *.***;0.977	...	1.223;0.800; *.***;1.221	...	1.917;1.906; 1.906;3.000	...	*.***;1.209; *.***;1.228	...	*.***;3.000; 1.916;*.***
b_{19999}	0.333;0.333; 0.000;0.333	...	0.333;0.333; 0.000;0.333	...	0.250;0.250; 0.250;0.250	...	0.000;0.500; 0.000;0.500	...	0.000;0.500; 0.500;0.000

续表

	S_5	...	S_{10}	...	S_{18}	...	S_{20}	...	S_{24}
π_{19999}	0.000；1.000； 0.000；0.000	...	1.000；0.000； 0.000；0.000	...	0.000；0.000； 0.000；1.000	...	0.000；0.000； 0.000；1.000	...	0.000；1.000； 0.000；0.000
Q_{20000}	0.978；1.000； *.***；0.977	...	1.223；0.800； *.***；1.221	...	1.917；1.906； 1.906；3.000	...	*.***；1.209； *.***；1.228	...	*.***；3.000； 1.916；*.***
b_{20000}	0.333；0.333； 0.000；0.333	...	0.333；0.333； 0.000；0.333	...	0.250；0.250； 0.250；0.250	...	0.000；0.500； 0.000；0.500	...	0.000；0.500； 0.500；0.000
π_{20000}	0.000；1.000； 0.000；0.000	...	1.000；0.000； 0.000；0.000	...	0.000；0.000； 0.000；1.000	...	0.000；0.000； 0.000；1.000	...	0.000；1.000； 0.000；0.000
π_*	0.000；1.000； 0.000；0.000	...	1.000；0.000； 0.000；0.000	...	0.000；0.000； 0.000；1.000	...	0.000；0.000； 0.000；1.000	...	0.000；1.000； 0.000；0.000

5.5 小结

本章介绍了从经验中学习价值函数和最优策略的蒙特卡洛方法，这些"经验"主要体现在从多个情节采样数据。与DP方法相比，其优势主要在以下3个方面：①MC方法不需要完整的环境动态模型，而可以直接通过与环境的交互来学习最优的决策行为。②MC方法可以使用数据仿真或采样模型。在很多应用中，构建DP方法所需的显式状态概率转移模型通常很困难，但是通过仿真采样得到多情节序列数据却很简单。③MC方法可以简单、高效地聚焦于状态的一个小的子集，它可以只评估关注的区域而不评估其他的状态。

5.6 习题

1. 举例说明蒙特卡洛首次访问和每次访问的异同点。
2. 蒙特卡洛方法可以解决哪些强化学习问题？
3. 给出蒙特卡洛估计 $q_\pi(s,a)$ 值的更新图。
4. 修改异策略蒙特卡洛控制算法，使之可以递增计算加权的平均值，并给出伪代码。
5. (编程)通过蒙特卡洛法计算：第3章习题2(图3.12)扫地机器人在等概率策略的情况下，分别给出实验次数为5000和50000时，每个状态的价值 $v_\pi(s)$。

第 **6** 章

时序差分法

在未知环境模型下,虽然蒙特卡洛法能够求解 MDP 问题,但需要等到一个情节结束后才能更新值函数。而在实际场景中,有些任务可能没有终止状态或者难以到达终止状态。针对该问题,本章介绍一种新的强化学习方法——**时序差分法**(Temporal-Difference,TD)。TD 方法将 DP 的自举性和 MC 的采样性相结合,学习时间间隔产生的差分数据,并通过迭代更新来求解未知环境模型的 MDP 问题。

6.1 时序差分预测

利用 MC 解决预测问题,状态值函数增量式更新递归式为

$$V(S_t) \leftarrow V(S_t) + \alpha[G_t - V(S_t)] \qquad (6.1)$$

在时序差分预测中,每前进 1 步或 n 步,就可以直接计算状态值函数。本章仅讨论单步情况下的时序差分法算法,即 TD(0)(单步 TD)。n-步 TD(n-step TD)算法将在第 7 章详细阐述。

TD(0)算法是 n-步 TD 算法的特例,适用于小批量状态的更新方法,其中"0"表示向前行动 1 步。严格来说,这里的"0"是指资格迹 $\lambda = 0$ 的情况,这一点将在后续章节中详细说明。TD(0)算法的核心思想是向前行动 1 步后,使用得到的立即奖赏 R_{t+1} 和下一状态的状态值函数的估计值 $V(S_{t+1})$ 来进行更新,这也是 TD(0)被称为单步 TD 算法的原因。具体更新递归式为

$$V(S_t) \leftarrow V(S_t) + \alpha[R_{t+1} + \gamma V(S_{t+1}) - V(S_t)] \qquad (6.2)$$

对式(6.2)说明如下:

(1) $R_{t+1} + \gamma V(S_{t+1})$ 表示根据样本得到的时序差分目标值,$V(S_{t+1})$ 表示 $t+1$ 时刻状态值函数的估计值。

（2）右侧的 $V(S_t)$ 表示 t 时刻状态值函数 $v_\pi(s)$ 的估计值，通过迭代收敛来逼近真实状态值函数。

（3）$R_{t+1} + \gamma V(S_{t+1}) - V(S_t)$ 为时序差分误差（TD error），记为 δ_t，表示 t 时刻的估计误差。由于 TD 误差取决于获得的奖赏和下一状态，所以 δ_t 在 $t+1$ 时刻才能获得。

对于 DP、MC、TD 状态值函数更新方法的异同点，从以下几个方面进行阐述。

1）MC、TD 与 DP 的更新图比较

MC 和 TD 算法对值函数的更新方法称为采样更新或样本更新。所谓的采样更新是通过采样得到一个即时后继状态（或状态-动作对），并使用即时后继状态（或状态-动作对）的价值和迁移得到的奖赏来计算目标值，然后更新值函数估计值。

MC 和 TD 算法的采样更新与 DP 法的期望更新思想不同，采样更新利用下一时刻单一的样本转换，而期望更新利用所有可能的下一状态的分布。

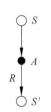

图 6.1　TD(0) 更新图

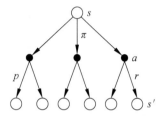

图 6.2　DP 更新图

2）误差分析

对 DP、MC、TD 的误差来源进行分析。根据值函数计算公式与贝尔曼方程可知：

$$v_\pi(s) = \mathbb{E}_\pi(G_t \mid S_t = s) \qquad \text{——MC 法}$$
$$= \mathbb{E}_\pi(R_{t+1} + \gamma G_{t+1} \mid S_t = s)$$
$$= \mathbb{E}_\pi(R_{t+1} + \gamma v_\pi(S_{t+1}) \mid S_t = s) \text{——DP 法}$$

DP 算法具有自举性。其中的 $v_\pi(S_{t+1})$ 是状态 S_{t+1} 的真实值函数，在计算过程中是不可知的，通常使用估计值 $V(S_{t+1})$ 来代替真实值函数。

在 MC 算法中，由于回报 G_t 的期望是不可知的，所以通过采样回报的期望来代替真实回报的期望。

在 TD 算法中，$R_{t+1} + \gamma v_\pi(S_{t+1})$ 是由采样获得的，另外由于自举特性，$v_\pi(S_{t+1})$ 也是未知的。

3）无偏估计和有偏估计

无偏估计是指估计量 $\hat{\theta}$ 的数学期望等于被估计参数 θ 的真实值，则称此估计量 $\hat{\theta}$ 为被估计参数 θ 的无偏估计，即 $\mathbb{E}(\hat{\theta}) = \theta$，样本均值的期望等于总体均值，所以样本均值为无偏估计。

有偏估计是指由样本值求得的估计参数不等于待估计参数的真实值，即 $\mathbb{E}(\hat{\theta}) \neq \theta$。

MC 算法是高方差的无偏估计。因为它是以真实回报作为目标值的，所以 MC 算法是 v_π 的无偏估计。但由于 MC 算法的目标值依赖的是一系列随机的 s,a,r 序列，所以

它的方差比较高。

TD 算法是低方差的有偏估计。因为 TD 算法的目标值使用了自举思想，即利用了下一状态(或状态-动作对)的值函数估计值，所以 TD 算法是对 v_π 的有偏估计。但由于 TD 算法的目标值只依赖于一组随机的 s,a,r 序列，所以它的方差低于 MC 的方差。

4) MC 误差与 TD 误差

在一个情节中，当状态值函数估计值 V 没有发生变化时，MC 误差可写为 TD 误差之和：

$$\begin{aligned}
G_t - V(S_t) &= R_{t+1} + \gamma G_{t+1} - V(S_t) + \gamma V(S_{t+1}) - \gamma V(S_{t+1}) \\
&= [R_{t+1} + \gamma V(S_{t+1}) - V(S_t)] + \gamma G_{t+1} - \gamma V(S_{t+1}) \\
&= \delta_t + \gamma [G_{t+1} - V(S_{t+1})] \\
&= \delta_t + \gamma \delta_{t+1} + \gamma^2 [G_{t+2} - V(S_{t+2})] \\
&= \delta_t + \gamma \delta_{t+1} + \gamma^2 \delta_{t+2} + \cdots + \gamma^{T-t-1} \delta_{T-1} + \gamma^{T-t}(G_T - V(S_T)) \\
&= \delta_t + \gamma \delta_{t+1} + \gamma^2 \delta_{t+2} + \cdots + \gamma^{T-t-1} \delta_{T-1} + \gamma^{T-t}(0-0) \\
&\qquad \text{终止状态没有奖赏}, G_T = 0; V(S_T) = 0 \\
&= \sum_{k=t}^{T-1} \gamma^{k-t} \delta_k
\end{aligned}$$

算法 6.1 给出了用于估计 v_π 的表格型 TD(0)算法。

算法 6.1 　用于估计 v_π 的表格型 TD(0)算法

输　入：
　　待评估的策略 π,折扣系数 γ,学习率 $\{\alpha_k\}_{k=0}^{\infty} \in [0,1]$

初始化：
1. 对任意 $s \in \mathcal{S}^+$,初始化状态值函数,如 $V(s) \leftarrow \mathbf{R}, V(s^T) \leftarrow 0$
2. **repeat** 对每个情节 $k = 0,1,2,\cdots$
3. 　　初始状态 S
4. 　　**while**
5. 　　　　根据策略 π,选择动作 A
6. 　　　　在状态 S 下执行动作 A,到达下一状态 S',并得到奖赏 R
7. 　　　　$V(S) \leftarrow V(S) + \alpha_k [R + \gamma V(S') - V(S)]$
8. 　　　　$S \leftarrow S'$
9. 　　**until** $S = S^T$

输　出：
　　$v_\pi = V$

6.2　时序差分控制

TD 控制算法和 MC 控制算法一样，都遵循 GPI，且评估的目标都是状态-动作对 (s,a) 的最优动作值函数 $q_*(s,a)$。为了平衡探索与利用，TD 控制算法分为基于策略迭代的同策略 Sarsa 算法和基于值迭代的异策略 Q-Learning 算法。Sarsa 算法与 Q-Learning

在线视频

算法都属于 TD(0)算法,它们的收敛性同样遵循 MC 增量式中的随机近似条件。

6.2.1 Sarsa 算法

Sarsa 算法的动作值函数更新迭代式为

$$Q(S_t,A_t) \leftarrow Q(S_t,A_t) + \alpha \left[R_{t+1} + \gamma Q(S_{t+1},A_{t+1}) - Q(S_t,A_t)\right] \qquad (6.3)$$

其中,目标值为 $R_{t+1} + \gamma Q(S_{t+1},A_{t+1})$;TD 误差为 $\delta_t = R_{t+1} + \gamma Q(S_{t+1},A_{t+1}) - Q(S_t,A_t)$。

从上式可以看出,Sarsa 算法每次更新都需要获取五元组 $(S_t,A_t,R_{t+1},S_{t+1},A_{t+1})$,也可用 (S,A,R,S',A') 表示,这也是将该算法称为 Sarsa 的原因。每当从非终止状态 S_t 进行一次转移后,就进行一次更新,但需要注意的是,动作 A 是情节中实际发生的动作,在更新 (S,A) 的动作值函数 $Q(S,A)$ 时,Agent 并不实际执行状态 S' 下的动作 A',而是将 A' 留到下一个循环中执行。另外在更新终止状态 S_T 的前一个状态 S_{T-1} 时,需要用到 (S_T,A_T),但在终止状态采取任何动作都原地不动,不会获得奖赏。所以为了保证 Sarsa 算法能够完整地更新整个情节,当 S_{t+1} 为终止状态时,$Q(S_{t+1},A_{t+1})$ 定义为 0。

由于采用了贪心策略,Sarsa 算法在各时间步都隐式地进行了策略改进。像这种在每个样本更新后都进行策略改进的策略迭代算法,也称为完全乐观策略迭代算法。

算法 6.2 给出了用于估算最优策略 π_* 的 Sarsa 算法。

算法 6.2   估算最优策略 π_* 的 Sarsa 算法

输 入:

    折扣系数 γ,学习率 $\{\alpha_k\}_{k=0}^{\infty} \in [0,1]$,探索因子 $\{\varepsilon_k\}_{k=0}^{\infty} \in [0,1]$

初始化:

  1.   对任意 $s \in \mathcal{S}^+, a \in \mathcal{A}(s)$,初始化动作值函数,如 $Q(s,a) \leftarrow \mathbf{R}, Q(s^T,a) = 0$

  2.   对 $s \in \mathcal{S}^+, \pi(a|s) \leftarrow$ 基于动作值函数 $Q(s,a)$ 的 ε_0-贪心策略

  3.   **repeat** 对每个情节 $k = 0,1,2,\cdots$

  4.   初始化状态 S

  5.   根据策略 $\pi(a|s)$,在状态 S 下选择动作 A:

$$A \leftarrow \begin{cases} \text{以概率 } 1-\varepsilon_k,\text{选择动作 } a \in \arg\max_{a'} Q(S,a') \\[2mm] \text{以概率 } \dfrac{\varepsilon_k}{|\mathcal{A}(S)|},\text{在 } \mathcal{A}(S) \text{ 中均匀随机地选择动作} \end{cases}$$

  6.   **repeat**

  7.   执行动作 A,到达状态 S',并得到奖赏 R

  8.   根据策略 $\pi(a|s)$,在状态 S' 下选择动作 A':

$$A' \leftarrow \begin{cases} \text{以概率 } 1-\varepsilon_k,\text{选择动作 } a \in \arg\max_{a'} (S',a') \\[2mm] \text{以概率 } \dfrac{\varepsilon_k}{|\mathcal{A}(S')|},\text{在 } \mathcal{A}(S') \text{ 中均匀随机地选择动作} \end{cases}$$

  9. $Q(S,A) \leftarrow Q(S,A) + \alpha_k \left[R + \gamma Q(S',A') - Q(S,A)\right]$

  10. $A^* \leftarrow \arg\max_a Q(S,a)$

  11.   **for** $a \in \mathcal{A}(S)$

12.	$\pi(a\mid S)\leftarrow\begin{cases}1-\varepsilon_k+\dfrac{\varepsilon_k}{\mid\mathcal{A}(S)\mid} & a=A^* \\ \dfrac{\varepsilon_k}{\mid\mathcal{A}(S)\mid} & a\neq A^* \end{cases}$
13.	**end for**
14.	$S\leftarrow S',A\leftarrow A'$
15.	**until** $S=S^T$

输　出：

$q_*=Q,\pi_*=\pi$

为了能收敛到最优 Q 值函数 Q^* 和最优策略 π^*，Sarsa 算法要求以一定的概率进行探索的同时，探索策略必须逐渐变得贪心。例如在使用 ε-贪心策略时，其探索概率 ε 逐渐衰减到 0(算法 6.2 中用 $\{\varepsilon_k\}_{k=0}^{\infty}$ 表示衰减过程)。如果使用 Boltzmann 探索，其探索温度参数 τ_k 逐渐衰减到 0。这样当 Sarsa 算法使用具有贪心性质的策略时也会逐渐变得贪心。

阅读代码

例 6.1　使用 Sarsa 算法解决例 4.1 确定环境扫地机器人问题。将动作值函数设置为 24×4 的二维数组，且初值都为 0。初始学习率参数 α_0 为 0.05，γ 为 0.8，使用 ε-贪心策略($\varepsilon_0=0.5$)。

当运行到第 3001 个情节最后一次到达状态 S_{21} 时，根据 ε-贪心策略，下一个动作为向右($A=$ Right)，此时 $Q(S_{21},$ Right$)=1.086$。执行动作 A 得到的奖赏为 $R=0$，到达的下一个状态为 S_{22}，根据 ε-贪心策略，下一个状态要采取的动作为向右($A'=$ Right)，此时 $Q(S_{22},$ Right$)=1.483$，$\alpha_{3001}=0.0425$。这样更新动作值函数 $Q(S_{21},$ Right$)$ 的计算过程为：

$$Q(S_{21},\text{Right})=Q(S_{21},\text{Right})+\alpha_{3001}\times(R+\gamma\times Q(S_{22},\text{Right})-Q(S_{21},\text{Right}))$$
$$=1.086+0.0425\times(0+0.8\times 1.483-1.086)$$
$$\approx 1.091$$

表 6.1 给出了几个具有代表性的使用 Sarsa 算法解决确定环境扫地机器人问题的 Q 值迭代过程。从表 6.1 中可以看出，当迭代到第 20000 个情节时，迭代已经收敛。在表中 Up,Down,Left,Right 等 4 个动作值函数或策略之间用";"分开，"*.***"表示此动作值不存在。

在线表格

表 6.1　基于 Sarsa 算法的确定环境扫地机器人问题的 Q 值迭代过程

	ε	α	⋯	S_{20}	S_{21}	S_{22}	⋯
Q_0	0.500	0.050	⋯	*.***;0.000; *.***;0.000	*.***;0.000; 0.000;0.000	*.***;0.000; 0.000;0.000	⋯
π_0			⋯	0.000;0.250; 0.000;0.750	0.000;0.167; 0.667;0.167	0.000;0.167; 0.667;0.167	⋯
Q_1	0.500	0.050	⋯	*.***;0.000; 0.000;0.000	*.***;0.000; 0.000;0.000	*.***;0.000; 0.000;0.000	⋯
π_1			⋯	0.000;0.250; 0.000;0.750	0.000;0.167; 0.667;0.167	0.000;0.167; 0.667;0.167	⋯
⋮	⋮	⋮	⋮	⋮	⋮	⋮	⋮

续表

	ε	α	...	S_{20}	S_{21}	S_{22}	...
Q_{3000}	0.425	0.0425		*.***;0.565; *.***;0.787	*.***;0.872; 0.557;1.086	*.***;1.365; 0.704;1.483	
π_{3000}				0.000;0.212; 0.000;0.787	0.000;0.142; 0.142;0.717	0.000;0.142; 0.142;0.717	
Q_{3001}	0.425	0.0425		*.***;0.565; *.***;0.777	*.***;0.872; 0.559;1.091	*.***;1.365; 0.704;1.486	
π_{3001}				0.000;0.212; 0.000;0.788	0.000;0.142; 0.142;0.717	0.000;0.142; 0.142;0.717	
⋮	⋮	⋮	⋮	⋮	⋮	⋮	
Q_{19999}	0.000	0.000	...	*.***;1.019; *.***;1.205	*.***;1.352; 0.897;1.518	*.***;1.734; 1.127;1.907	...
π_{19999}			...	0.000;0.000; 0.000;1.000	0.000;0.000; 0.000;1.000	0.000;0.000; 0.000;1.000	...
Q_{20000}	0.000	0.000	...	*.***;1.019; *.***;1.205	*.***;1.352; 0.897;1.518	*.***;1.734; 1.127;1.907	...
π_{20000}			...	0.000;0.000; 0.000;1.000	0.000;0.000; 0.000;1.000	0.000;0.000; 0.000;1.000	...
π_*	0.000	0.000	...	0.000;0.000; 0.000;1.000	0.000;0.000; 0.000;1.000	0.000;0.000; 0.000;1.000	...

例 6.2 风险投资问题。在进行投资时,预期收益是一个非常重要的参考指标。现在越来越多的人接受概率的观点,但是收益为正的投资一定是理性的吗? 假设一种风险投资,当前资产(本金)为 S,下一个单位时间有 0.5 的概率变为原有资产的 0.9 倍,0.5 的概率变为原有资产的 1.11 倍。经过一个时间单位后预期收益率为 $\dfrac{0.5\times(1.11S-S)+0.5\times(0.9S-S)}{S}\times100\%=$

0.5% 。但是在实际情况中,进行 $2n$ 个时间步后连续投资预期收益为 $S\times0.9^n\times1.11^n=S\times0.999^n$,也就是说,当 n 趋于无穷的情况下,该投资会血本无归。为了使投资更加理性,利用 Sarsa 算法给出在给定本金情况下的投资方案。

该问题的 MDP 模型如下。

(1) 状态空间:该问题的状态为当前资产的数目,因此状态空间为连续的实数空间。这样在不影响问题完整性的情况下,采取了两个措施来减小状态空间。第一个措施是将资产进行离散化,即对资产进行四舍五入。第二个措施是设定最高的资产,即将最大资产设置为本金的 5 倍。假设本金为 10,最大资产低于 50。状态空间为 $S=\{0,1,2,\cdots,49\}$ 。

(2) 动作空间:在该问题中一共有两个动作,分别为投资和不投资。用 0 来表示不投资,用 1 表示投资。这个问题的动作空间为 $A(s)=\{0,1\}$ 。

(3) 立即奖赏:在这个问题中,如果不投资,则立即奖赏为零。如果进行投资,则分 4 种情况:如果资产增长且投资结果大于等于本金,给予 +1 的奖赏;如果资产减少,且投资结果小于等于本金,给予 −1 的奖赏;如果资产增加,且投资结果小于本金,给予 +0.5 的奖赏;如果资产减少,且投资结果大于本金,给予 −0.5 的奖赏。本金表示为 s_{origin},奖赏函数如下：

$$r(s,a,s') = \begin{cases} 0, & \text{if } a=0 \\ +0.5, & \text{if } a=1 \text{ and } s' > s \text{ and } s' < s_{\text{origin}} \\ +1.0, & \text{if } a=1 \text{ and } s' > s \text{ and } s' > s_{\text{origin}} \\ -0.5, & \text{if } a=1 \text{ and } s' < s \text{ and } s' > s_{\text{origin}} \\ -1.0, & \text{if } a=1 \text{ and } s' < s \text{ and } s' < s_{\text{origin}} \end{cases}$$

使用 Sarsa 算法解决风险投资问题，首先设置本金为 $s_{\text{origin}}=10$，将动作值函数设置为 50×2 的二维数组，且初值都为 0。初始学习率参数 α_0 为 0.05，γ 为 0.8，使用 ε-贪心策略($\varepsilon_0=0.5$)。

实验进行了 20000 个情节的学习，每个情节都固定 1000 个时间步的投资。当运行到第 10000 个情节的第 t 时刻，更新状态 S_6 时(实际资产为 5.903)，根据 ε-贪心策略，下一个动作为投资($A=1$，这里设不投资为第 0 个动作，投资为第 1 个动作)，此时 $Q(S_6,1)=-0.487$。执行投资动作，投资获得失败，资产减少。而且减少后的资产比初始资产值小，所以得到奖赏为 $R=-1.0$，到达下一个状态 S_5(实际资产为 5.313)，根据 $\varepsilon-$贪心策略，下一个状态要采取的动作为投资(即第 1 个动作)，此时 $Q(S_5,1)=-0.441$，$\alpha_{10000}=0.025$。更新动作值函数 $Q(S_6,1)$ 的计算过程为

$$Q(S_6,1) = Q(S_6,1) + \alpha_{10000} \times (R + \gamma \times Q(S_5,1) - Q(S_6,1))$$
$$= (-0.487) + 0.025 \times (-1.0 + 0.8 \times (-0.441) - (-0.487))$$
$$\approx -0.508$$

表 6.2 给出了几个具有代表性的使用 Sarsa 算法解决风险投资问题的 Q 值迭代过程。从表 6.2 中可以看出当迭代到第 20000 个情节时，迭代已经收敛。

在线表格

表 6.2　基于 Sarsa 算法的风险投资问题的 Q 值迭代过程

	ε	α	S_4	S_5	S_6	S_{25}	S_{49}
Q_0	0.500	0.050	0.000;0.000	0.000;0.000	0.000;0.000	0.000;0.000	0.000;0.000
π_0			0.750;0.250	0.750;0.250	0.750;0.250	0.750;0.250	0.750;0.250
Q_1	0.500	0.050	0.006;0.026	−0.031;−0.057	−0.133,−0.275	0.000;0.000	0.000;0.000
π_1			0.250;0.750	0.750;0.250	0.750;0.250	0.750;0.250	0.750;0.250
⋮	⋮	⋮	⋮	⋮	⋮	⋮	⋮
$Q_{10000}^{(t-1)}$	0.250	0.025	−0.161;−0.538	−0.161;−0.441	−0.112;−0.487	0.865;1.18	0.419;0.661
Q_{10000}	0.250	0.025	−0.161;−0.538	−0.157;−0.523	−0.119;−0.508	0.865;1.18	0.419;0.661
π_{10000}			0.875;0.125	0.875;0.125	0.875;0.125	0.125;0.875	0.125;0.875
⋮	⋮	⋮	⋮	⋮	⋮	⋮	⋮
Q_{19999}	0.000	0.000	−0.011;−0.280	−0.008;−0.277	−0.004;−0.261	0.906;1.249	0.434;0.602
π_{19999}			1.000;0.000	1.000;0.000	1.000;0.000	0.000;1.000	0.000;1.000
Q_{20000}	0.000	0.000	−0.011;−0.280	−0.008;−0.277	−0.004;−0.261	0.906;1.249	0.434;0.602
π_{20000}			1.000;0.000	1.000;0.000	1.000;0.000	0.000;1.000	0.000;1.000
π_*	0.000	0.000	1.000;0.000	1.000;0.000	1.000;0.000	0.000;1.000	0.000;1.000

在线视频

通过表 6.2 可以看出,对于风险投资问题,根据最优策略 π_*,得出如下结论:当资金小于本金(10)时,不进行投资;当现有资金大于等于本金(10)时,可以进行投资。

6.2.2 *Q*-Learning 算法

Q-Learning 算法的动作值函数更新迭代式为

$$Q(S_t,A_t) \leftarrow Q(S_t,A_t) + \alpha \left[R_{t+1} + \gamma \max_a Q(S_{t+1},a) - Q(S_t,A_t) \right] \qquad (6.4)$$

从式(6.4)中可以看出,动作值函数 Q 的更新方向是最优动作值函数 q_*,而与 Agent 所遵循的行为策略 b 无关。在评估动作值函数 Q 时,更新目标为最优动作值函数 q_* 的直接近似,故需要遍历当前状态的所有动作。在所有 (s,a) 都能被无限次访问的前提下,*Q*-Learning 能以 1 的概率收敛到最优动作值函数和最优策略。

算法 6.3 给出了估算最优策略的 *Q*-Learning 算法。

算法 6.3 估算最优策略的 *Q*-Learning 算法

输 入:

折扣系数 γ,学习率 $\{\alpha_k\}_{k=0}^{\infty} \in [0,1]$,探索因子 $\{\varepsilon_k\}_{k=0}^{\infty} \in [0,1]$

初始化:

1. 对任意 $s \in \mathcal{S}^+$,$a \in \mathcal{A}(s)$,初始化动作值函数,如 $Q(s,a) \leftarrow \mathbb{R}$,$Q(s^T,a)=0$

2. 对 $s \in \mathcal{S}^+$,$b(a|s) \leftarrow$ 基于动作值函数 $Q(s,a)$ 构建 ε_0-贪心策略

---

3. **repeat** 对每个情节 $k=0,1,2,\cdots$

4.   初始化状态 S

5.   **repeat**

6.   根据策略 $b(a|s)$,在状态 S 下选择动作 A:

$$A \leftarrow \begin{cases} \text{以概率 } 1-\varepsilon_k,\text{选择动作 } a \in \underset{a'}{\arg\max} Q(S,a') \\ \text{以概率 } \dfrac{\varepsilon_k}{|A(S)|},\text{在 } A(S) \text{中均匀随机地选择动作} \end{cases}$$

7.   执行动作 A,到达状态 S',并得到奖赏 R

8. $Q(S,A) \leftarrow Q(S,A) + \alpha_k \left[R + \gamma \max_a Q(S',a) - Q(S,A) \right]$

9. $A^* \leftarrow \underset{a}{\arg \max} Q(S,a)$

10.   **for** $a \in \mathcal{A}(S)$

11. $b(a|S) \begin{cases} 1 - \varepsilon_k + \dfrac{\varepsilon_k}{|\mathcal{A}(S)|} & a = A^* \\ \dfrac{\varepsilon_k}{|\mathcal{A}(S)|} & a \neq A^* \end{cases}$

12.   **end for**

13. $S \leftarrow S'$

14.   **until** $S = S^T$

输 出:

$q_* = Q$,$\pi_* = b$

Q-Leaning 虽然是异策略,但从值函数更新迭代式中可以看出,它并没有使用到重要性采样,在此我们结合 n-步 TD 更新,对其进行说明(由于涉及第 7 章的内容,在此仅作简要说明)。

1) 1-步 TD 更新法

1-步 Q-Learning 更新递归式为

$$Q(S_t,A_t) \leftarrow Q(S_t,A_t) + \alpha\rho\left[R_{t+1} + \gamma\max_a Q(S_{t+1},a) - Q(S_t,A_t)\right] \quad (\rho=1)$$

对 (S_t,A_t) 进行单步更新时，Q 值的更新只与最优动作值函数 q_* 相关，与策略无关（即与下一步动作无关），因此无论是目标策略还是行为策略，中括号中的 $\max_a Q(S_{t+1},a)$ 值都相同。另外，虽然 A_t 是由行为策略 b 产生的，但由于我们所要评估的是 (S_t,A_t) 下的 Q 值，因此目标策略和行为策略始终一致，重要性采样比例始终为 1，因此在中括号中的 $Q(S_t,A_t)$ 也相当于乘以一个 $\rho=1$ 的重要性采样比例。

2) n-步 TD 更新法

为了说明问题，以简单的 2-步 TD 为例，2-步 Q-Learning 更新递归式为

$$Q(S_t,A_t) \leftarrow Q(S_t,A_t) + \alpha\rho\left[R_{t+1} + \gamma R_{t+2} + \gamma^2\max_{a'} Q(S_{t+2},a') - Q(S_t,A_t)\right]$$

这里 R_{t+2} 的获取与动作 A_{t+1} 相关，而 A_{t+1} 是由行为策略 b 获得的，即当使用到 R_{t+1} 以后的信息时，就需要使用重要性采样来处理后序动作产生的奖赏。这一思想在异策略 n-步 Sarsa 算法的公式中也有体现，即 $\rho_{t+1:t+n-1}$ 的起始下标为 $t+1$。

例 6.3 使用 Q-Learning 算法解决例 4.1 的确定环境扫地机器人问题。这里参数的设置与例 6.1 相同，即将动作值函数设置为 24×4 的二维数组，且初值都为 0。初始学习率参数 α_0 为 0.05，γ 为 0.8，使用 ε-贪心策略（$\varepsilon_0=0.5$）。

当运行到第 11000 个情节最后一次到达状态 S_{15} 时，下一个动作为向下（$A=$ Down），此时 $Q(S_{15},\text{Down})=0.983$。执行动作 A 到达下一个状态 S_{10}，得到奖赏 $R=0$，S_{10} 对应的 4 个动作的 Q 值函数为：$Q(S_{10},a)=[1.229,0.800,*.***,1.228]$。因为在 $Q(S_{10},a)$ 中，最大的动作值函数值为 $Q(S_{10},Up)=1.229$，此时 $\alpha_{11000}=0.028$，所以更新动作值函数 $Q(S_{15},\text{Down})$ 的公式为

$$Q(S_{15},\text{Down}) = Q(S_{15},\text{Down}) + \alpha_{11000}\times\left[R + \gamma\times\max(Q(S_{10},*)) - Q(S_{15},\text{Down})\right]$$
$$= Q(S_{15},\text{Down}) + \alpha_{11000}\times\left[R + \gamma\times Q(S_{10},Up) - Q(S_{15},\text{Down})\right]$$
$$= 0.983 + 0.028\times(0 + 0.8\times1.229 - 0.983)$$
$$\approx 0.983$$

表 6.3 给出了使用 Q-Learning 算法解决确定环境扫地机器人问题的 Q 值迭代过程。从表 6.3 中可以看出当迭代到第 25000 个情节时，迭代已经收敛。

表 6.3　基于 Q-Learning 算法的确定环境扫地机器人问题的 Q 值迭代过程

	ε	α	S_{10}	S_{14}	S_{15}	S_{16}	S_{20}
Q_0	0.500	0.050	0.000;0.000; *.***;0.000	0.000;0.000; 0.000;*.***	0.000;0.000; *.***;0.000	0.000;0.000; 0.000;0.000	*.***;0.000; *.***;0.000
b_0			0.167;0.167; 0.000;0.667	0.167;0.167; 0.667;0.000	0.167;0.167; 0.000;0.667	0.125;0.125; 0.625;0.125	0.000;0.250; 0.000;0.750
Q_1	0.500	0.050	0.000;0.000; *.***;0.000	0.000;0.000; 0.000;*.***	0.000;0.000; *.***;0.000	0.000;0.000; 0.000;0.000	*.***;0.000; *.***;0.000
b_1			0.167;0.167; 0.000;0.667	0.167;0.167; 0.667;0.000	0.167;0.167; 0.000;0.667	0.125;0.125; 0.625;0.125	0.000;0.250; 0.000;0.750

续表

	ε	α	S_{10}	S_{14}	S_{15}	S_{16}	S_{20}
	$\vdots$	$\vdots$	$\vdots$	$\vdots$	$\vdots$	$\vdots$	$\vdots$
Q_{10999}	0.280	0.028	1.229;0.800; *.***;1.228	2.869;0.062; 1.133;*.***	0.983;0.983; *.***;1.536	1.229;1.229; 1.229;1.920	*.***;1.229; *.***;1.229
b_{10999}			0.813;0.093; 0.000;0.093	0.813;0.093; 0.093;0.000	0.093;0.093; 0.000;0.813	0.070;0.070; 0.070;0.790	0.000;0.860; 0.000;0.140
Q_{11000}	0.280	0.028	1.229;0.800; *.***;1.228	2.869;0.062; 1.133;*.***	0.983;0.983; *.***;1.530	1.229;1.229; 1.229;1.920	*.***;1.229; *.***;1.229
b_{11000}			0.813;0.093; 0.000;0.093	0.813;0.093; 0.093;0.000	0.093;0.093; 0.000;0.813	0.070;0.070; 0.070;0.790	0.000;0.860; 0.000;0.140
	$\vdots$	$\vdots$	$\vdots$	$\vdots$	$\vdots$	$\vdots$	$\vdots$
Q_{24999}	0.000	0.000	1.229;0.800; *.***;1.228	2.922;0.085; 1.190;*.***	0.983;0.983; *.***;1.536	1.229;1.229; 1.229;1.92	*.***;1.229; *.***;1.229
b_{24999}			1.000;0.000; 0.000;0.000	1.000;0.000; 0.000;0.000	0.000;0.000; 0.000;1.000	0.000;0.000; 0.000;1.000	0.000;1.000; 0.000;0.000
Q_{25000}	0.000	0.000	1.229;0.800; *.***;1.228	2.922;0.085; 1.190;*.***	0.983;0.983; *.***;1.536	1.229;1.229; 1.229;1.92	*.***;1.229; *.***;1.229
b_{25000}			1.000;0.000; 0.000;0.000	1.000;0.000; 0.000;0.000	0.000;0.000; 0.000;1.000	0.000;0.000; 0.000;1.000	0.000;1.000; 0.000;0.000
π_*	0.000	0.000	1.000;0.000; 0.000;0.000	1.000;0.000; 0.000;0.000	0.000;0.000; 0.000;1.000	0.000;0.000; 0.000;1.000	0.000;1.000; 0.000;0.000

6.2.3 期望 Sarsa 算法

在线视频

从式(6.3)和式(6.4)中可以看出,Sarsa 算法和 Q-Learning 算法都存在随机选择动作而产生方差的问题。通过对 Sarsa 算法进行改进,得到一种异策略 TD 算法。该算法考虑当前策略 π 下所有动作的可能性(概率值),利用动作值函数的期望值取代某一特定动作值函数来更新估计值。该算法称为期望 Sarsa(Expected Sarsa)算法。

期望 Sarsa 算法的目标值为

$$
\begin{aligned}
G_t &= R_{t+1} + \gamma\, \mathbb{E}\left[Q(S_{t+1}, A_{t+1}) \mid S_{t+1}\right] \\
&= R_{t+1} + \gamma \sum_a \pi(a \mid S_{t+1}) Q(S_{t+1}, a)
\end{aligned}
\tag{6.5}
$$

其中,$\mathbb{E}\left[Q(S_{t+1}, A_{t+1}) \mid S_{t+1}\right]$ 表示下一状态 S_{t+1} 的动作值函数期望值。期望 Sarsa 算法动作值函数的更新递归式为:

$$
Q(S_t, A_t) \leftarrow Q(S_t, A_t) + \alpha\left[R_{t+1} + \gamma \sum_a \pi(a \mid S_{t+1}) Q(S_{t+1}, a) - Q(S_t, A_t)\right]
\tag{6.6}
$$

相比于 Sarsa 算法,期望 Sarsa 算法计算更为复杂。但通过计算期望能够有效地消除因随机选择 A_{t+1} 而产生的方差。因此通常情况下,期望 Sarsa 算法明显优于 Sarsa 算法。另外期望 Sarsa 算法还可以使用异策略方法,将 Q-Learning 进行推广,并提升性能。

综上所述,得到 Sarsa 算法、Q-Learning 算法、期望 Sarsa 算法的更新图,如图 6.3～图 6.5 所示。

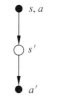　　

图 6.3　Sarsa 算法更新图　　图 6.4　Q-Learning 算法更新图　　图 6.5　期望 Sarsa 算法更新图

阅读代码

例 6.4　使用期望 Sarsa 算法解决例 4.1 确定环境扫地机器人问题。这里参数的设置与例 6.1 相同。

当运行到第 6001 个情节最后一次到达状态 S_{15} 时,下一个动作为向下($A=$Down),此时 $Q(S_{15},\text{Down})=0.506$。执行动作 A 得到奖赏为 $R=0$,下一个状态为 S_{10},该状态对应 3 个动作的 Q 值函数为：$Q(S_{10},a)=[0.533,0.699,*.***,0.440]$。此时,状态 S_{10} 采取各个动作的概率为 $\text{prob}[a]=[0.117,0.767,*.***,0.117]$,$\alpha_{6001}=0.035$。更新动作值函数 $Q(S_{15},\text{Down})$ 的公式为

$$Q(S_{15},\text{Down})=Q(S_{15},\text{Down})+\alpha_{6001}\times$$

$$\left(R+\gamma\times\sum_{a\in A(10)}(\text{prob}[a]\times(Q(S_{10},a)))-Q(S_{15},\text{Down})\right)$$

$$=Q(S_{15},\text{Down})+\alpha_{6000}\times(R+\gamma\times(\text{prob}[Up]\times Q(S_{10},Up)+\text{prob}[\text{Down}]\times$$

$$Q(S_{10},\text{Down})+\text{prob}[\text{Right}]\times Q(S_{10},\text{Right}))-Q(S_{15},\text{Down}))$$

$$=0.506+0.035\times(0+0.8\times(0.117\times0.533+0.767\times0.699+$$

$$0.117\times0.440)-0.506)$$

$$\approx0.507$$

表 6.4 给出了使用期望 Sarsa 算法解决扫地机器人问题的 Q 值迭代过程。从表 6.4 中可以看出当迭代到第 20000 个情节时,迭代已经收敛。

在线表格

表 6.4　基于期望 Sarsa 算法的确定环境扫地机器人问题的 Q 值迭代过程

	ε	α	S_{10}	S_{14}	S_{15}	S_{16}	S_{20}
Q_0	0.500	0.050	0.000;0.000; *.***;0.000	0.000;0.000; 0.000;*.***	0.000;0.000; *.***;0.000	0.000;0.000; 0.000;0.000	*.***;0.000; *.***;0.000
π_0			0.167;0.167; 0.000;0.667	0.167;0.167; 0.667;0.000	0.167;0.167; 0.000;0.667	0.125;0.125; 0.625;0.125	0.000;0.250; 0.000;0.750
Q_1	0.500	0.050	0.000;0.000; *.***;0.000	0.000;0.000; 0.000;*.***	0.000;0.000; *.***;0.000	0.000;0.000; 0.000;0.000	*.***;0.000; *.***;0.000
π_1			0.167;0.167; 0.000;0.667	0.167;0.167; 0.667;0.000	0.167;0.167; 0.000;0.667	0.125;0.125; 0.625;0.125	0.000;0.250; 0.000;0.750
⋮	⋮	⋮	⋮		⋮	⋮	⋮

续表

	ε	α	S_{10}	S_{14}	S_{15}	S_{16}	S_{20}
Q_{6001}	0.350	0.035	0.533;0.699; *.***;0.440	0.213;0.001; 0.400; *.***	0.644;0.507; *.***;1.013	0.879;0.606; 0.683;1.471	*.***;0.723; *.***;0.919
π_{6001}			0.117;0.767; 0.000;0.117	0.117;0.117; 0.767;0.000	0.117;0.117; 0.000;0.767	0.087;0.087; 0.087;0.738	0.000;0.175; 0.000;0.825
⋮	⋮	⋮	⋮	⋮	⋮	⋮	⋮
Q_{19999}	0.000	0.000	0.533;0.699; *.***;0.440	0.213;0.001; 0.400; *.***	0.644;0.507; *.***;1.013	0.879;0.606; 0.683;1.471	*.***;0.723; *.***;0.919
π_{19999}	0.000	0.000	0.117;0.767; 0.000;0.117	0.117;0.117; 0.767;0.000	0.117;0.117; 0.000;0.767	0.087;0.087; 0.087;0.738	0.000;0.175; 0.000;0.825
Q_{20000}	0.000	0.000	1.229;0.800; *.***;1.228	2.922;0.085; 1.190; *.***	0.983;0.983; *.***;1.536	1.229;1.229; 1.229;1.92	*.***;1.229; *.***;1.229
π_{20000}	0.000	0.000	1.000;0.000; 0.000;0.000	1.000;0.000; 0.000;0.000	0.000;0.000; 0.000;1.000	0.000;0.000; 0.000;1.000	0.000;1.000; 0.000;0.000
π_*	0.000	0.000	1.000;0.000; 0.000;0.000	1.000;0.000; 0.000;0.000	0.000;0.000; 0.000;1.000	0.000;0.000; 0.000;1.000	0.000;1.000; 0.000;0.000

6.3 最大化偏差与 Double Q-Learning

6.3.1 最大化偏差

Sarsa 算法和 Q-Learning 算法都是采用目标策略最大化的思想,即采用基于 ε-贪心策略(Sarsa)或贪心策略(Q-Learning)的目标策略,将值函数估计值中的最大值作为真实值的估计。这样会造成动作值函数估计值相对于真实值存在一个正向偏差,把这个偏差叫作最大化偏差。也就是说,状态值 s 被**过度估计**(overestimation)。假设状态 s 存在多个动作 a,它们的真实状态值函数 $q(s,a)$ 均为 0,但它们的动作值函数估计 $Q(s,a)$ 有正有负,那么此时最大值函数估计值就会出现正值的情况。最大化偏差不会导致算法失败,但是会让收敛速度变慢。

下面通过以下实例对最大化偏差进行说明。

例 6.5 考虑最大化偏差问题。Agent 从 A 点出发,只能向左或者向右,不可转变方向。从 A 向右到达终点,奖赏为 0;向左到达 B,奖赏为 0;从 B 往左有很多动作可以选择,执行不同的动作都会到达终点,所获奖赏均服从均值为 -0.1,方差为 1 的正态分布。

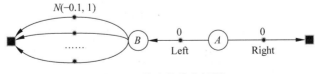

图 6.6 最大化偏差问题

从 A 往右走是固定奖赏，没有方差，所以其动作值函数 $Q(A, \text{Right})$ 始终为 0；向左走时存在大于 0 的奖赏，函数估计值大于 0。由贪心策略改进得到的最优动作是向左的，但这显然不是最优策略。

6.3.2　Double Learning

最大化偏差产生的根本原因在于：在每个情节中，相同的样本既用来确定价值最大的动作又用来估计它的价值。通常采用 Double Learning 思想来解决这一问题。

Double Learning 主要包括以下 4 个步骤。

(1) 对于真实的动作值函数 $q(a)$，构建两个独立的动作值函数估计 $Q_1(a)$ 和 $Q_2(a)$ 对其进行估计；

(2) 根据 $Q_1(a)$ 获取最优动作 $A^* = \arg\max\limits_a Q_1(a)$；

(3) 利用 $Q_2(a)$ 来评估 A^* 的动作值函数 $Q_2(A^*) = Q_2[\arg\max\limits_a Q_1(a)]$。在某种意义上对 $\mathbb{E}[Q_2(A^*)] = q(A^*)$ 来说，$Q_2(A^*)$ 是无偏估计。

(4) 通过反转两个估计的角色来获得第 2 个无偏估计 $Q_1[\arg\max\limits_a Q_2(a)]$，以此交替更新 $Q_1(a)$ 和 $Q_2(a)$。

虽然 Double Learning 同时学习两个值函数估计值，但每次只更新了一个值函数，所以与 Q-Learning 相比，每步的计算量没有增加，只是存储空间增加了一倍。

6.3.3　Double Q-Learning

Double Learning 算法可以推广到**全马尔可夫决策过程**（full MDPs）问题中，将 Double Learning 思想与 Q-Learning 相结合得到 Double Q-Learning 算法。在 Double Q-Learning 算法中，以 50% 的概率利用 Q_1 产生最优动作，然后更新 Q_2 估计值；而另外 50% 的概率利用 Q_2 产生最优动作，然后更新 Q_1 估计值。

Double Q-Learning 算法的动作值函数递归式为

$$Q_1(S_t, A_t) \leftarrow Q_1(S_t, A_t) + \alpha\left[R_{t+1} + \gamma Q_2(S_{t+1}, \arg\max\limits_a Q_1(S_{t+1}, a)) - Q_1(S_t, A_t)\right]$$

$$(6.7)$$

算法 6.4 给出了估算最优策略的 Double Q-Learning 算法。

算法 6.4　估算最优策略的 Double Q-Learning 算法
输　入：
折扣系数 γ，学习率 $\{\alpha_k\}_{k=0}^{\infty} \in [0,1]$，探索因子 $\{\varepsilon_k\}_{k=0}^{\infty} \in [0,1]$
初始化：
1.　　对任意 $s \in \mathcal{S}^+, a \in \mathcal{A}(s)$，初始化动作值函数，如 $Q_1(s,a)$、$Q_2(s,a) \leftarrow \mathbb{R}$，$Q_1(s^T,a)$、$Q_2(s^T,a) \leftarrow 0$
2.　　对 $s \in \mathcal{S}^+, b(a \mid s) \leftarrow$ 基于动作值函数 $Q_1(s,a) + Q_2(s,a)$ 构建 ε_0-贪心策略
3.　　设定一个 $(0,1)$ 的随机数生成器
4.　　**repeat** 对每个情节 $k = 0,1,2,\cdots$
5.　　　初始化状态 S
6.　　　**while**

7.   根据策略 $b(a|s)$，在状态 S 下选择动作 A：

$$A \begin{cases} \text{以概率 } 1-\varepsilon_k, & \text{选择动作 } a \in \arg\max_{a'}[Q_1(S,a')+Q_1(S,a')] \\ \text{以概率 } \dfrac{\varepsilon_k}{|\mathcal{A}(S)|}, & \text{在 } \mathcal{A}(S) \text{ 中均匀随机地选择动作} \end{cases}$$

8.   执行动作 A，到达状态 S'，并得到奖赏 R

9.   prob←随机数生成器

10.   **if** prob < 0.5 **then**

11. $Q_1(S,A) \leftarrow Q_1(S,A) + \alpha_k [R + \gamma Q_2(S', \arg\max_a Q_1(S',a)) - Q_1(S,A)]$

12.   **else**

13. $Q_2(S,A) \leftarrow Q_2(S,A) + \alpha_k [R + \gamma Q_1(S', \arg\max_a Q_2(S',a)) - Q_2(S,A)]$

14.   **end if**

15. $A^* \leftarrow \arg\max_a(Q_1(S,a)+Q_2(S,a))$

16.   **for** $a \in \mathcal{A}(S)$

17. $b(a|S) \begin{cases} 1-\varepsilon_k + \dfrac{\varepsilon_k}{|\mathcal{A}(S)|} & a = A^* \\ \dfrac{\varepsilon_k}{|\mathcal{A}(S)|} & a \neq A^* \end{cases}$

18.   **end for**

19. $S \leftarrow S'$

20.   **until** $S = S^T$

输 出：

$q_* = Q, \pi_* = b$

在算法 6.4 中，行为策略 b 由 $Q_1(s,a)+Q_2(s,a)$ 共同影响产生，可以在 ε-贪心策略的基础上，使用两个值函数估计的平均值作为最优动作选择方式。

Double Q-Learning 采用不同的样本来学习两个独立的动作值函数。在算法中该思想具体表现在以 50% 的概率对更新递归式进行随机选择。在经过一段时间后，两个动作值函数估计都将收敛于真实值。

例 6.6 使用 Double Q-Learning 算法解决例 4.1 确定环境扫地机器人问题。将两个动作值函数 Q_1 和 Q_2 都设置为 24×4 的二维数组，且初值都为 0。初始学习率参数 α_0 为 0.05，γ 为 0.8，使用 ε-贪心策略（$\varepsilon_0 = 0.5$）。

阅读代码

当运行到第 8640 个情节最后一次到达状态 S_{15} 时，下一个动作为向下（$A=\text{Down}$），此时随机值小于 0.5，更新 Q_1 值，$Q_1(S_{15},\text{Down})=0.981$。执行动作 A 得到奖赏为 $R=0$，到达的下一个状态为 S_{10}，$Q_1(S_{10},a)=[1.228, 0.800, *.***, 0.973]$，$Q_2(S_{10},a)=[1.229, 0.800, *.***, 1.100]$。$Q_1(S_{10},a)$ 最大的动作为 Up，所以使用 $Q_2(S_{10},a)$ 的 Up 动作值更新动作值函数 $Q_1(S_{15},\text{Down})$，此时 $\alpha_{8640}=0.0392$。更新迭代式为：

$$Q_1(S_{15},\text{Down}) = Q_1(S_{15},\text{Down}) + \alpha_{8640} \times [R + \gamma \times$$
$$Q_2(S_{10}, \arg\max_a Q_1(S_{10},a)) - Q_1(S_{15},\text{Down})]$$
$$= Q_1(S_{15},\text{Down}) + \alpha_{8640} \times [R + \gamma \times Q_2(S_{10},\text{Up}) - Q_1(S_{15},\text{Down})]$$

$$= 0.981 + 0.0392 \times (0 + 0.8 \times 1.229 - 0.981)$$
$$\approx 0.981$$

表 6.5 给出了使用 Double Q-Learning 算法解决扫地机器人问题的 Q 值迭代过程。从表 6.5 中可以看出当迭代到第 40000 个情节时，迭代已经收敛。这里 Q_i^j 下标 i 表示迭代的情节数，上标 j $(j=1,2)$ 表示第 j 个 Q 值。

在线表格

表 6.5　基于 Double Q-Learning 算法的确定环境扫地机器人问题的 Q 值迭代过程

	ε	α	S_{10}	S_{14}	S_{15}	S_{16}	S_{20}
Q_0^1			0.000;0.000; *.***;0.000	0.000;0.000; 0.000;*.***	0.000;0.000; *.***;0.000	0.000;0.000; 0.000;0.000	*.***;0.000; *.***;0.000
Q_0^2	0.500	0.050	0.000;0.000; *.***;0.000	0.000;0.000; 0.000;*.***	0.000;0.000; *.***;0.000	0.000;0.000; 0.000;0.000	*.***;0.000; *.***;0.000
π_0			0.167;0.167; 0.000;0.667	0.167;0.167; 0.667;0.000	0.167;0.167; 0.000;0.667	0.125;0.125; 0.625;0.125	0.000;0.250; 0.000;0.750
Q_1^1			0.000;0.000; *.***;0.000	0.000;0.000; 0.000;*.***	0.000;0.000; *.***;0.000	0.000;0.000; 0.000;0.000	*.***;0.000; *.***;0.000
Q_1^1	0.500	0.050	0.000;0.000; *.***;0.000	0.000;0.000; 0.000;*.***	0.000;0.000; *.***;0.000	0.000;0.000; 0.000;0.000	*.***;0.000; *.***;0.000
π_1			0.167;0.167; 0.000;0.667	0.167;0.167; 0.667;0.000	0.167;0.167; 0.000;0.667	0.125;0.125; 0.625;0.125	0.000;0.250; 0.000;0.750
⋮	⋮	⋮	⋮	⋮	⋮	⋮	⋮
Q_{8640}^1			1.228;0.800; *.***;0.973	1.746;0.009; 0.150;*.***	0.983;<u>0.981</u>; *.***;1.536	1.228;1.227; 1.229;1.920	*.***;1.229; *.***;1.229
Q_{8640}^2	0.392	<u>0.0392</u>	<u>1.229</u>;0.800; *.***;1.100	1.589;0.004; 0.075;*.***	0.983;0.981; *.***;1.536	1.229;1.225; 1.229;1.920	*.***;1.229; *.***;1.229
π_{8640}			0.739;0.131; 0.000;0.131	0.739;0.131; 0.131;0.000	0.131;0.131; 0.000;0.739	0.098;0.098; 0.098;0.706	0.000;0.804; 0.000;0.196
⋮	⋮	⋮	⋮	⋮	⋮	⋮	⋮
Q_{39999}^1			1.229;0.800; *.***;1.221	2.874;0.021; 0.500;*.***	0.983;0.983; *.***;1.536	1.229;1.229; 1.229;1.920	*.***;1.229; *.***;1.229
Q_{39999}^2	0.000	0.000	1.229;0.800; *.***;1.224	2.782;0.035; 0.458;*.***	0.983;0.983; *.***;1.536	1.229;1.229; 1.229;1.920	*.***;1.229; *.***;1.229
π_{39999}			1.000;0.000; 0.000;0.000	1.000;0.000; 0.000;0.000	0.000;0.000; 0.000;1.000	0.000;0.000; 0.000;1.000	0.000;1.000; 0.000;0.000
Q_{40000}^1			1.229;0.800; *.***;1.221	2.874;0.021; 0.500;*.***	0.983;0.983; *.***;1.536	1.229;1.229; 1.229;1.920	*.***;1.229; *.***;1.229
Q_{40000}^2	0.000	0.000	1.229;0.800; *.***;1.224	2.782;0.035; 0.458;*.***	0.983;0.983; *.***;1.536	1.229;1.229; 1.229;1.920	*.***;1.229; *.***;1.229
π_{40000}			1.000;0.000; 0.000;0.000	1.000;0.000; 0.000;0.000	0.000;0.000; 0.000;1.000	0.000;0.000; 0.000;1.000	0.000;1.000; 0.000;0.000
π_*	0.000	0.000	1.000;0.000; 0.000;0.000	1.000;0.000; 0.000;0.000	0.000;0.000; 0.000;1.000	0.000;0.000; 0.000;1.000	0.000;1.000; 0.000;0.000

6.4　DP、MC 和 TD 算法的关系

到目前为止,共介绍了 3 种用于求解 MDP 问题的方法。下面对这 3 种方法进行归纳和对比,如表 6.6 所示。

表 6.6　MDP 问题常用算法归纳对比表

类型	算法	特　　点
基于模型	DP	(1) 环境模型,即状态转移概率 p 已知,通过多次迭代来计算真实的值函数; (2) 每次更新值函数时,需要考虑所有可能的状态转移情况; (3) 利用了自举思想。
免模型	MC	(1) 不需要环境模型,可以从经验中学习,通过经验来估计真实的值函数; (2) 只能用于完整的情节任务,任务结束后对所有的回报求平均; (3) 值函数的估计是相互独立的; (4) 可以采取增量式的实现方式,但是只能采取离线学习方法; (5) 高收敛性,对起始状态较为敏感。
免模型	TD	(1) 不需要环境模型,可以从经验中学习,通过经验来估计真实的值函数; (2) 可用于不完整的情节任务,能够单步更新,且可用于持续性任务; (3) 利用了自举思想; (4) 可以采取在线的、完全增量式的实现方式,能够加快迭代收敛速度; (5) 高效,对起始状态更为敏感。
相同点		(1) 都是以最大回报或是最优值函数为目标; (2) 所有方法都是对未来事件的预测,计算更新值,然后将其作为近似值函数的目标值。

6.4.1　穷举式遍历与轨迹采样

DP、MC、TD 的学习方式可以分为以下两种类型。

1) 穷举式遍历(exhaustive sweep)

通常 DP 方法需要遍历整个状态(或状态-动作对)空间,每次遍历对所有状态(或状态-动作对)的值函数进行一次期望更新。当状态过多时,穷举式遍历存在计算资源不足,时间消耗过大等问题,因此 DP 方法难以运用于在大规模任务中。由于大量状态只有在非常糟糕的策略或非常低的可能性时才会被访问,而它们往往不会对结果产生影响。因此产生了异步 DP 方法,不再需要遍历整个状态(或状态-动作对)空间。

穷举式遍历对每个状态的计算成本都是相同的,但这并非 DP 的必要属性。原则上,在确保每个状态(或状态-动作对)都能够被访问到的情况下,更新过程的计算成本能够以任意方式进行分配。

2) 轨迹采样(trajectory sampling)

根据某种分布从状态(或状态-动作对)空间中进行采样,依赖采样得到的数据对相应的状态(或状态-动作对)的值函数进行一次采样更新,但这也会产生穷举式遍历的计算资源困境。另一种更常用的方法是根据同策略分布对计算资源进行分配,即根据当前策略产生的状态-动作序列的概率分布来分配资源,能够有效处理情节式任务和连续式任务。

在任意情况下,样本状态转移和奖赏都由模拟模型提供,样本动作由当前策略产生。换句话说,通过模拟仿真得到完整轨迹,对轨迹中的状态(或状态-动作对)进行更新。这种生成采样数据的方式称为轨迹采样。

在轨迹采样方法中,采用同策略分布更新往往要优于随机分布更新。正如在学习下棋时,通过真实棋局对弈的效果总是要比随机落子学习方法更好。此外,同策略分布更能够专注于当前策略很有可能遇到的状态(或状态-动作对),这使得不用对那些无关的状态(或状态-动作对)进行值函数的更新,大大提高了更新的效率;反之,这也可能造成某一部分状态(或状态-动作对)空间不必要的重复更新。

6.4.2 期望更新与采样更新

穷举式遍历使用期望更新方法(如 DP),轨迹采样使用采样更新方法(如 MC、TD)。不论是期望更新还是采样更新,主要区别是值函数更新方法的不同,这也是大部分强化学习方法的差异。以单步更新为例,从 3 个角度综合分析不同值函数更新方法的差异。

(1) 更新状态值函数,还是更新动作值函数;

(2) 更新任意给定策略下的值函数,还是更新最优策略下的值函数;

(3) 采用期望更新(考虑所有可能发生的转移),还是采样更新(仅考虑采样后产生的单个转移样本)。

(1)(2)两个角度用于 4 种近似值函数:v_π, q_π, v_*, q_*,3 个角度共产生 8 种情况,其中 7 种都对应着具体的算法,如图 6.7 所示。

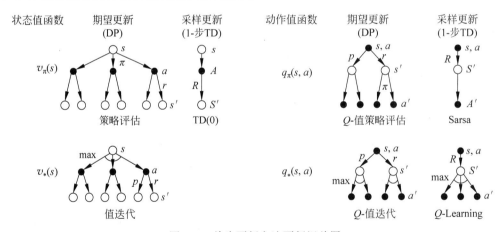

图 6.7　单步更新方法更新汇总图

不同的更新方式应用于不同的场景,如第 8 章将要介绍的 Dyna-Q 可以使用基于 q_* 的采样更新或基于 q_π 的期望更新。在随机环境问题中,优先遍历使用期望更新方法。在单步采样更新中,由于缺少分布模型,所以只能使用采样更新方法。

考虑确定环境和随机环境下不同更新方法的差异性。假设状态和动作都是离散的,动作值函数 Q 采用表格法来表示,当基于 q_* 对动作值函数进行评估时,期望更新和采样更新的更新递归式分别如式(6.8)和式(6.9)所示。

$$Q(s,a) \leftarrow \sum_{s',r} \hat{p}(s',r|s,a)[r + \gamma \max_{a'} Q(S',a')] \qquad (6.8)$$

$$Q(s,a) \leftarrow Q(s,a) + \alpha[R + \gamma \max_{a'} Q(S',a') - Q(s,a)] \qquad (6.9)$$

1）确定环境

在确定环境下,由于任意当前状态-动作对都只有唯一的下一状态,所以期望更新和采样更新本质上相同,此时 $\alpha = 1$。

2）随机环境

在随机环境下,由于存在多个可能的下一状态,采样更新和期望更新之间差距较大。从式(6.8)可以看出,期望更新建立在分布模型之上,根据所有可能发生的状态转移对值函数 Q 进行更新。这是一种精确计算方法,新 $Q(s,a)$ 的正确性仅与即时后继 $Q(s',a')$ 的正确性相关;而采样更新不仅受限于此,还存在采样误差。通常来说,期望更新比同情况下的采样更新效果好。但在随机环境中,期望更新通常会在低概率的状态转移上浪费大量的时间和计算量,而采样更新只考虑其中一种可能发生的状态转移。某种意义上讲,采样更新能更多地关注于大概率的状态转移,减少更新时间,降低计算难度,且随着采样次数的增加,其误差也会逐渐减小。

实际上,更新操作所需的计算量通常由待评估的状态-动作对的数量决定。对于一组初始状态-动作对 (s,a),定义分支因子 b(branching factor),用以表示所有可能的下一状态 s' 中,$\hat{p}(s'|s,a) > 0$ 的数目,则该 (s,a) 的期望更新计算量大约是采样更新的 b 倍。

在计算量足够的情况下,由于期望更新不存在采样误差,所以它的估计结果通常比 b 次采样更新的估计结果更好;但如果计算量不足,尤其是在处理大规模状态-动作对的问题时,通常采取采样更新方法。

6.5　小结

本章介绍了一种新的强化学习方法——时序差分法,并将该算法应用到实际的强化学习问题中。与蒙特卡洛法一样,将问题分为预测问题和控制问题。无论是对于蒙特卡洛控制算法来说,还是对于时序差分控制算法来说,都使用了从动态规划算法中抽象出的广义策略迭代的思想,是通过不断迭代去更新值函数,使其逐渐收敛到真实值。

广义策略迭代可以分为策略评估和策略改进两个部分组成。策略评估是使用价值函数去准确预测当前策略的回报,而策略改进是根据当前的价值函数对当前的策略进行局部改善。用另外一个角度去看待这两个过程,策略评估实际就是"预测",策略改进实际就是"控制"。在控制问题中可以将 TD 控制方法分为同策略方法和异策略方法。本章中 Sarsa 算法属于同策略方法,而期望 Sarsa 算法、Q-Learning 算法和 Double Q-Learning 算法属于异策略算法。

时序差分法是目前应用最广泛的强化学习方法。因为时序差分可以**在线**(on-line)学习,仅仅需要少量的计算就可以从环境交互中产生经验。而且实际问题中,通常不存在完备的环境。而时序差分法恰恰可以从不完备环境中学习经验。本章介绍的 TD 方法实际是 TD 方法的一种特例,在第 7 章中,将扩展本章的几个算法,使它们变得更为复杂,同时学习效果会更好。

6.6 习题

1. 在 TD 控制算法中，Sarsa 和 Q-Learning 分别是同策略算法还是异策略算法？为什么？

2. 举例说明在什么情况下使用 TD 算法通常优于 MC 算法和 DP 算法。

3. 在 TD 算法中，步长 α 会影响收敛速度和收敛效果吗？请简述理由。

4. 从估计值、自举和采样等方面，对 DP、MC 和 TD 三种方法进行对比，并说明其中哪些方法是有偏估计，哪些是无偏估计。

5. (编程)通过 TD 算法计算：第 3 章习题 2(图 3.12)扫地机器人在折扣系数 $\gamma=0.8$、初始策略为等概率策略的情况下，分别利用 Sarsa 算法和 Q-Learning 算法，计算每个状态的最优策略。

第7章

n-步时序差分法

在 TD(0)算法中,每一时间步都更新值函数,因而相比 MC 方法,TD(0)可以更充分地考虑环境的变化。然而通常情况下,实际环境不会频繁地发生变化,而是在一段时间间隔后才会发生显著的变化。例如在机器人任务中,机器人所采取动作之间存在着一定的连贯性,因而应用单步更新效果不佳。

为了解决上述问题,本章对 TD(0)和 MC 方法进行推广,介绍一种介于 TD(0)和 MC 之间的 n-步 TD 方法,或者称 n-步自举方法。

7.1 n-步 TD 预测及资格迹

在线视频

n-步 TD 算法在 TD(0)和 MC 之间架起了一座桥梁,而 TD(λ)算法则能进一步实现两者之间的无缝衔接。我们先介绍 n-步 TD 预测问题,而后再引入资格迹概念介绍 TD(λ)算法。

7.1.1 n-步 TD 预测

回顾 MC 和 TD(0)预测算法,假设 Agent 通过与环境交互,采样获得情节 $S_0, A_0,$ $R_1, S_1, \cdots, S_{T-1}, A_{T-1}, R_T, S_T$。考虑状态 S_t 的状态值函数更新,则 MC 和 TD(0)的状态值函数更新递归式,分别如式(7.1)和式(7.2)所示。

$$V(S_t) \leftarrow V(S_t) + \alpha \left[G_t - V(S_t) \right] \tag{7.1}$$

$$V(S_t) \leftarrow V(S_t) + \alpha \left[R_{t+1} + \gamma V(S_{t+1}) - V(S_t) \right] \tag{7.2}$$

其目标值的计算公式,分别如式(7.3)和式(7.4)所示。

$$G_t = R_{t+1} + \gamma R_{t+2} + \gamma^2 R_{t+3} + \cdots + \gamma^{T-t-1} R_T \tag{7.3}$$

$$G_{t:t+1} = R_{t+1} + \gamma V_t(S_{t+1}) \tag{7.4}$$

其中，$G_{t:t+1}$ 表示从 t 时刻到 $t+1$ 时刻的截断回报(truncated return)，即为 1-步回报；V_t 表示 t 时刻状态值函数 v_π 的估计值(简记为 t 时刻状态值)；带折扣评估值 $\gamma V_t(S_{t+1})$ 用于替代全额回报 G_t 中的 $\gamma R_{t+2}+\gamma^2 R_{t+3}+\cdots+\gamma^{T-t-1}R_T$。

n-步 TD 算法更新方式介于 TD(0) 和 MC 之间，该类算法利用未来多步奖赏和多步之后的值函数估计求得目标值。例如 2-步更新，利用未来 2 步奖赏和 2 步之后的值函数估计得到 2-步回报：

$$G_{t:t+2}=R_{t+1}+\gamma R_{t+2}+\gamma^2 V_{t+1}(S_{t+2})$$

其中，$\gamma^2 V_{t+1}(S_{t+2})$ 替代全额回报 G_t 中的 $\gamma^2 R_{t+3}+\gamma^3 R_{t+4}+\cdots+\gamma^{T-t-1}R_T$。

类似地，将式(7.4)拓展到 n-步，得到 n-步回报(n-step return)，如式(7.5)所示。

$$G_{t:t+n}=R_{t+1}+\gamma R_{t+2}+\cdots+\gamma^{n-1}R_{t+n}+\gamma^n V_{t+n-1}(S_{t+n}), \quad n\geqslant 1, 0\leqslant t<T-n$$
$$(7.5)$$

其中，$G_{t:t+n}$ 表示的 n-步回报是从 t 时刻到 $t+n$ 时刻的截断回报，其在 $t+n$ 时刻进行截断，以 $\gamma^n V_{t+n-1}(S_{t+n})$ 替代 G_t 中的 $\gamma^n R_{t+n+1}+\cdots+\gamma^{T-t-1}R_T$。此处，$V_{t+n-1}(S_{t+n})$ 表示状态 S_{t+n} 在 $t+n-1$ 时刻的状态值函数估计。通过 $G_{t:t+n}$ 构建的截断回报，可实现对全额回报 G_t 的近似。若 $t\geqslant T-n$，即 n 步以内 Agent 到达终止状态，则不再存有截断操作，n-步回报直接等于全额回报 G_t，$G_{t:t+n}=G_t$。

n-步 TD 属于 TD 方法，当前状态的更新目标是当前 Agent 采集到的后续 n 步奖赏与后继第 n 个状态的带权价值估计之和。与 TD(0) 不同的是：这里的后继状态是 n 步后的状态，而不是当前状态的下一状态。

综上分析，n-步 TD 预测算法的状态值函数更新递归式为：

$$V_{t+n}(S_t)=V_{t+n-1}(S_t)+\alpha\left[G_{t:t+n}-V_{t+n-1}(S_t)\right], \quad 0\leqslant t<T \quad (7.6)$$

在 $t+n$ 时刻，除状态 S_t 的状态值通过式(7.6)得到更新外，其他状态的状态值均保持不变，即对于所有满足 $s\neq S_t$ 的 s 来说，有 $V_{t+n}(s)=V_{t+n-1}(s)$。

考虑 n-步 TD 算法的更新过程，由式(7.5)和式(7.6)可知，其不完全同步于 Agent 与环境的交互，总是会延迟 n 个时刻：在起始的 $0\sim n-1$ 时刻，所有状态的状态值均不会更新，即 $V_0\rightarrow V_{n-1}$ 均不变，这一阶段可以理解为离线过程。而从 n 时刻观察到状态 S_n 开始，状态值函数才会得到更新，这一阶段可以理解为在线过程。为了补偿离线过程中状态值函数更新滞后现象，在 Agent 到达终止状态且开始下一个情节采样之前，即从 T 到 $T+n-1$ 时刻，值函数还会进行 n 次更新。该段更新中，目标值 $G_{t:t+n}=G_t$。

利用如图 7.1 所示的更新图，可以更直观地表现出 1-步 TD、n-步 TD、MC 之间的关系：

在图 7.1 中，最左侧的序列为 TD(0) 算法，最右侧的序列为 MC 算法，n-步 TD 算法则介于这两个算法之间。具体而言，当在一系列采样数据中每次选用 n 个时间步的数据来更新值函数时，采用的算法称为 n-步 TD 算法。

基于状态值函数 v_π 的 n-步 TD 预测算法，如算法 7.1 所示。

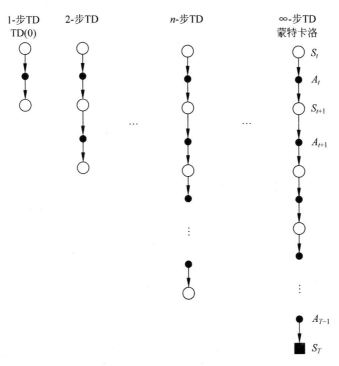

图 7.1　n-步 TD 更新图

算法7.1　基于状态值函数 v_π 的 n-步 TD 预测算法

输　入：

　　初始策略 $\pi(a|s)$,折扣系数 γ,学习率 $\{\alpha_k\}_{k=0}^\infty \in [0,1]$,$n \leftarrow$ 正整数

初始化：

1.　对任意 $s \in \mathcal{S}^+$,初始化状态值函数,如 $V(s) \leftarrow \mathbf{R}$；$V(s^T) \leftarrow 0$

2.　**repeat** 对每个情节 $k = 0,1,2,\cdots$

3.　　初始状态 $S_0 \neq S^T$

4.　　$T \leftarrow \infty$

5.　　**repeat** 对每个时间步 $t = 0,1,2,\cdots$

6.　　　**if** $t < T$ **then**

7.　　　　遵循策略 $\pi(\cdot|S_t)$,选择动作 A_t

8.　　　　执行动作 A_t,到达下一时刻的状态 S_{t+1},并获得奖赏 R_{t+1}

9.　　　　**if** S_{t+1} 为终止状态 **then**

10.　　　　　$T \leftarrow t+1$

11.　　　　**end if**

12.　　　**end if**

13.　　　$\tau \leftarrow t-n+1$

14.　　　**if** $\tau \geqslant 0$ **then**

15.　　　　$G \leftarrow \sum_{i=\tau+1}^{\min(\tau+n,T)} \gamma^{i-\tau-1} R_i = \begin{cases} R_{\tau+1} + \gamma R_{\tau+2} + \cdots + \gamma^{n-1} R_{\tau+n}, & \tau+n < T \\ R_{\tau+1} + \gamma R_{\tau+2} + \cdots + \gamma^{T-\tau-1} R_T, & \tau+n \geqslant T \end{cases}$

16.	**if** $\tau+n<T$ **then**
17.	$\quad G \leftarrow G+\gamma^n V(S_{\tau+n})$
18.	**end if**
19.	$V(S_\tau) \leftarrow V(S_\tau)+\alpha_k\left[G-V(S_\tau)\right]$
20.	**end if**
21.	**until** $\tau=T-1$

输　出：

$v_\pi = V$

在线视频

阅读代码

例 7.1　n-步 TD 预测算法在随机漫步实例中的应用。

随机漫步环境如图 7.2 所示。其中，Agent 起始位置为 E 点，在 A 点左侧和 I 点右侧有两个终止位置，即左终点和右终点。Agent 从 A 点向左走到左终点，获得 -1 的奖赏，从 I 点向右走到右终点，获得 $+1$ 的奖赏，其他情况奖赏均为 0。除了终点以外，在每个点，Agent 都可以等概率地采取向左或者向右两个动作，即 $\pi(a\mid s)=0.5$。为方便起见固定学习率 $\alpha=0.5$，设定折扣系数 $\gamma=1$，初始化所有状态值 $V(s)=0$。

图 7.2　随机漫步示例图

首先对 n 选取不同的数值来说明 n-步 TD 算法的流程。然后讨论 n 以及学习率 α 对于 n-步 TD 算法性能的影响，如图 7.3 所示。

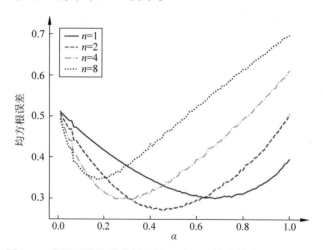

图 7.3　应用于随机漫步任务的 n-步 TD 算法性能图(见彩插)

(1) 当 $n=3$ 时，假设 Agent 直接从 E 一直向右走到右终点，轨迹为

$E,\text{Right},0,F,\text{Right},0,G,\text{Right},0,H,\text{Right},0,I,\text{Right},+1$，右终止，即：

$S_0=E,S_1=F,S_2=G,S_3=H,S_4=I,S_5=$ 右终止，具体分析如下：

不更新阶段 ── 离线过程

$t=0,1$ 时，$\tau=-2,-1$，V 不更新；

正常更新阶段 ── 在线过程，边采样边更新状态值函数

$t=2$ 时，$\tau=0$，开始更新 $V(E)$：

$$G_{0,3} = R_1 + \gamma R_2 + \gamma^2 R_3 + \gamma^3 V_2(H)$$
$$= 0 + 1 \times 0 + 1^2 \times 0 + 1^3 \times 0$$
$$= 0$$
$$V_3(E) = V_2(E) + \alpha \left[G_{0,3} - V_2(E) \right]$$
$$= 0 + 0.5 \times (0-0)$$
$$= 0$$

$t=3$ 时，$\tau=1$，开始更新 $V(F)$：

$$G_{1,4} = R_2 + \gamma R_3 + \gamma^2 R_4 + \gamma^3 V_3(I)$$
$$= 0 + 1 \times 0 + 1^2 \times 0 + 1^3 \times 0$$
$$= 0$$
$$V_4(F) = V_3(F) + \alpha \left[G_{1,4} - V_3(F) \right]$$
$$= 0 + 0.5 \times (0-0)$$
$$= 0$$

补偿阶段 ── 当前情节采样结束，此后只更新状态值函数

$t=4$ 时，$\tau=2$，下一状态为终止状态 S_5，当前情节采样结束，开始更新 $V(G)$：

$$G_{2,5} = R_3 + \gamma R_4 + \gamma^2 R_5$$
$$= 0 + 1 \times 0 + 1^2 \times 1$$
$$= 1$$
$$V_5(G) = V_4(G) + \alpha \left[G_{2,5} - V_4(G) \right]$$
$$= 0 + 0.5 \times (1-0)$$
$$= 0.5$$

$t=5$ 时，$\tau=3$，开始更新 $V(H)$：

$$G_{3,6} = R_4 + \gamma R_5$$
$$= 0 + 1 \times 1$$
$$= 1$$
$$V_6(H) = V_5(H) + \alpha \left[G_{3,6} - V_5(H) \right]$$
$$= 0 + 0.5 \times (1-0)$$
$$= 0.5$$

$t=6$ 时，$\tau=4$，到达迭代终止条件，开始更新 $V(I)$：

$$G_{4,7} = R_5 = 1$$
$$V_7(I) = V_6(I) + \alpha \left[G_{4,7} - V_6(I) \right]$$
$$= 0 + 0.5 \times (1-0)$$
$$= 0.5$$

结束。

(2) 当 $n=7$ 时，假设 Agent 直接从 E 一直向右走到右终点，轨迹为

E，Right，0，F，Right，0，G，Right，0，H，Right，0，I，Right，$+1$，右终止，即：$S_0 = E$，

$S_1 = F, S_2 = G, S_3 = H, S_4 = I, S_5 = $ 右终止，具体分析如下：

不更新阶段 —— 离线过程

$t = 0,1,2,3$ 时，$\tau = -6, -5, -4, -3$，V 不更新

$t = 4$ 时，$\tau = -2$，到达终止状态 S_5，当前情节采样结束

$t = 5$ 时，$\tau = -1$，既不采样，V 也不更新

补偿阶段 —— 步长过长，类似 MC 算法

$t = 6$ 时，$\tau = 0$，V 开始更新，开始更新 $V(E)$：

$$
\begin{aligned}
G_{0,7} &= R_1 + \gamma R_2 + \cdots + \gamma^4 R_5 \\
&= 0 + 1 \times 0 + \cdots + 1^4 \times 1 \\
&= 1 \\
V_7(E) &= V_6(E) + \alpha \left[G_{0,7} - V_6(E) \right] \\
&= 0 + 0.5 \times (1 - 0) \\
&= 0.5
\end{aligned}
$$

$t = 7$ 时，$\tau = 1$，V 开始更新，开始更新 $V(F)$：

$$
\begin{aligned}
G_{1,8} &= R_2 + \gamma R_3 + \cdots + \gamma^3 R_5 \\
&= 0 + 1 \times 0 + \cdots + 1^3 \times 1 \\
&= 1 \\
V_8(F) &= V_7(F) + \alpha \left[G_{1,8} - V_7(F) \right] \\
&= 0 + 0.5 \times (1 - 0) \\
&= 0.5
\end{aligned}
$$

$$\vdots$$

$t = 10$ 时，$\tau = 4$，到达迭代终止条件，开始更新 $V(I)$：

$$
\begin{aligned}
G_{4,11} &= R_5 = 1 \\
V_{11}(I) &= V_{10}(I) + \alpha \left[G_{4,11} - V_{10}(I) \right] \\
&= 0 + 0.5 \times (1 - 0) \\
&= 0.5
\end{aligned}
$$

结束

图 7.3 表示不同 n 以及 α 下的性能测试指标，给出了除去两个终点外的 9 个状态，在每个情节结束时价值函数的估计值与真实值的均方根误差。图中展示的是最开始的 6 个情节，重复 1000 次，得到的平均结果。不难看出，在 11 个状态的随机漫步问题中，n 取值略大于 1 时，效果会更好。实例表明，选取介于 TD(0) 和 MC 之间的 n-步 TD 算法可能会得到更好的结果。

考虑算法的收敛问题。即使在最坏的情况下，采用 n-步回报期望作为对真实值函数 v_π 的估计也比 V_{t+n-1} 更好。具体而言，n-步回报的期望的最大误差能够保证不大于 V_{t+n-1} 最大误差的 γ^n 倍：

$$
\max_s \left| \mathbb{E}_\pi \left[G_{t:t+n} \mid S_t = s \right] - v_\pi(s) \right| \leqslant \gamma^n \max_s \left| V_{t+n-1}(s) - v_\pi(s) \right|, \quad n \geqslant 1 \qquad (7.7)
$$

上式表示 n-步回报的误差缩减性。根据该性质，可以证明所有的 n-步 TD 算法在合适的条件下都能收敛至正确的预测。同时，随着 n 的增加，n-步回报相对真实值函数 v_π 偏差会越来越小，但是其计算时需要更多时间步的数据，方差相对也会增加。因而，选取

在线视频

合适的 n，能够实现偏差和方差之间较好的权衡。

7.1.2 前向 TD(λ) 算法

目标值更新时不仅可以使用单一 n-步回报，还可以使用平均 n-步回报，例如回报可以由半个 2-步回报和半个 4-步回报组成：

$$G_t^{\text{ave}} = \frac{1}{2}G_{t:t+2} + \frac{1}{2}G_{t:t+4} \tag{7.8}$$

只要保证权重之和为 1，任意目标值都可以通过以上方式来处理。这种通过平均单一轨迹回报作为目标值对值函数更新的方法称为**复杂更新**（complex backup）。

复杂更新的通用目标值 $G_t^{(w)}$，计算公式为

$$G_t^{(w)} = \sum_i w_i G_{t:t+i}, \qquad \sum_i w_i = 1 \tag{7.9}$$

利用该回报进行更新，与 n-步方法一样具有误差缩减性。若用 U 表示上一轮状态值估计，则该性质可用不等式表示为

$$\max_s \left| \mathbb{E}_\pi \left[G_t^{(w)} \mid S_t = s \right] - v_\pi(s) \right| \leqslant \sum_i \gamma^i \left| w_i \right| \max_s \left| U(s) - v_\pi(s) \right| \tag{7.10}$$

TD(λ) 算法是一种特殊形式的平均 n-步方法，通过引入参数 λ，对所有的 n-步回报加权求和，得到目标值，该目标值称为 λ-回报 G_t^λ：

$$G_t^\lambda = (1-\lambda) \sum_{n=1}^\infty \lambda^{n-1} G_{t:t+n}, \quad \lambda \in [0,1] \tag{7.11}$$

其中，1-步回报的权重 $w_1 = 1-\lambda$，2-步回报的权重 $w_2 = (1-\lambda)\lambda$，以此类推，每步权重以 λ 进行衰减。

在情节式任务中，Agent 到达终止状态以后，所有 n-步回报都等于 G_t。基于此可以对 λ-回报进一步分离，得到 G_t^λ 的更一般化形式：

$$G_t^\lambda = (1-\lambda) \sum_{n=1}^{T-t-1} \lambda^{n-1} G_{t:t+n} + \lambda^{T-t-1} G_t \tag{7.12}$$

可以证明，所有权重和为 1。即：

$$(1-\lambda) \sum_{n=1}^{T-t-1} \lambda^{n-1} + \lambda^{T-t-1} = (1-\lambda) \times (1 + \lambda + \cdots + \lambda^{T-t-2}) + \lambda^{T-t-1}$$

$$= (1-\lambda) \times \frac{1 \times (1 - \lambda^{T-t-1})}{1-\lambda} + \lambda^{T-t-1}$$

$$= 1$$

同时可以看出，当 $\lambda = 1$ 时，上式与 MC 目标值 G_t 一致；当 $\lambda = 0$ 时，上式与 TD(0)（1-步 TD）目标值 $G_{t:t+1}$ 一致，这也是 TD(0) 的由来。所以说，TD(λ) 算法介于 MC 和 1-步 TD 算法之间，其更新图如图 7.4 所示。

基于 λ-回报的前向 TD(λ) 算法递归式为

$$V(S_t) \leftarrow V(S_t) + \alpha \left[G_t^\lambda - V(S_t) \right] \tag{7.13}$$

相比 n-步 TD 预测方法，λ-回报方法不再需要人为设定参数 n，而是使用参数 λ 实现偏差和方差之间的权衡。通过对 λ 的合理选取，可以使得状态值函数的收敛速度更快，误

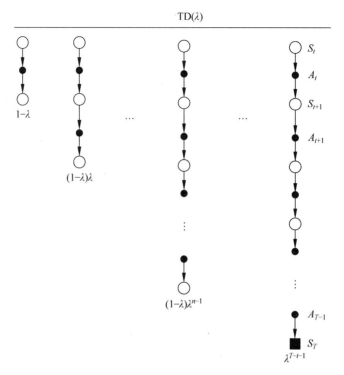

图 7.4 TD(λ)更新图

差更小。

上述方法是关于 TD(λ)算法的**前向观点**(forward view)：基于未来的奖赏和状态值函数估计值，对当前状态的状态值进行更新。这种更新方法虽然相对容易理解，但是从存储空间角度考虑，该方法需要对未来若干步奖赏和状态等信息进行存储，存储代价较大；从逻辑角度考虑，该方法每次更新所需信息都需要在未来很多步后才能获取，不符合因果关系。基于以上原因，该方法通常不能直接实现，更多是停留在理论层面。

7.1.3 后向 TD(λ)算法

为解决上述问题，引入关于 TD(λ)算法的**后向观点**(backward view)，构建后向TD(λ)算法。在后向 TD(λ)算法中，每个状态都有一个称为**资格迹**(eligibility trace)的附加内存变量。该资格迹能够利用当前状态、已访问过的状态和先前已获得的奖赏，在线、增量式地对状态值函数进行更新，而不需要对各时刻状态、奖赏进行存储。

资格迹的基本思想包含频率启发思想和就近启发思想，即将某种现象的结果归结于出现频率最高的状态或出现时间最近的状态。通俗来说，资格迹就是用"**迹**"(trace)来表达每个状态进行学习变化的"**资格**"(eligible)，这里"资格"由状态出现频率的高低以及状态出现时间距离当前状态时间的远近来反映。基于以上思想，资格迹可分为如下两种类型。

1）累积资格迹(accumulating trace)

资格迹在状态 s 被访问时进行累积，然后在该状态未被访问时逐渐衰减。每走一步所有已访问过的状态的资格迹都会衰减 $\gamma\lambda$，另外当前状态 S_t 的资格迹还需再加 1。累积

资格迹的定义为

$$E_t(s) = \begin{cases} \gamma\lambda E_{t-1}(s), & s \neq S_t \\ \gamma\lambda E_{t-1}(s)+1, & s = S_t \end{cases} \qquad (7.14)$$

其中，$E_t(s)$表示t时刻状态s的资格迹，γ表示折扣系数，λ表示迹衰减系数。大多应用资格迹的算法都使用累积资格迹。

2）替代资格迹（alternative trace）

资格迹在状态s被访问时直接被替换为1，然后在该状态未被访问时逐渐衰减。每走一步先前所有访问过的状态的资格迹都会衰减$\gamma\lambda$，当前状态S_t的资格迹则用1直接替代。替代资格迹的定义为

$$E_t(s) = \begin{cases} \gamma\lambda E_{t-1}(s), & s \neq S_t \\ 1, & s = S_t \end{cases} \qquad (7.15)$$

TD(λ)使用的误差为1-步TD误差：

$$\delta_t = R_{t+1} + \gamma V_t(S_{t+1}) - V_t(S_t) \qquad (7.16)$$

利用这样的TD误差，结合资格迹，全局式成比例更新状态值函数，得到后向TD(λ)算法的状态值函数更新递归式：

$$V(s) \leftarrow V(s) + \alpha\delta_t E_t(s), \quad s \in \mathcal{S} \qquad (7.17)$$

在式(7.13)中，每次更新只考虑当前状态S_t；在式(7.17)中，每次更新通过引入资格迹$E_t(s)$，考虑所有访问过的状态，这样数据得到充分利用。此外，式(7.13)的目标值为λ-回报，式(7.17)的目标值则为1-步TD误差，因而更新所需目标值的计算量大幅减少。因为资格迹的存在，状态s上一次出现时刻与当前时刻越远，出现频率越低，对应值函数更新幅度也就越小。

在后向TD(λ)算法中，值函数既可以通过增量式计算来实现在线式更新，也可以先存储更新误差，累积到情节结束后离线式更新。但是，前向观点和后向观点分别累积每个状态的值函数更新量直至情节结束，得到的两个量是相等的。

用于估计状态值函数v_π的后向在线表格式TD(λ)算法如算法7.2所示。

算法 7.2　用于估计状态值函数 v_π 的后向在线表格式 TD(λ)算法

输　入：

　　策略$\pi(a|s)$，折扣系数γ，学习率$\{\alpha_k\}_{k=0}^{\infty} \in [0,1]$，迹衰减系数$\lambda$

初始化：

1.　　对任意$s \in \mathcal{S}^+$，初始化状态值函数，如$V(s) \leftarrow \mathbf{R}$；$V(s^T) \leftarrow 0$

2.　　**repeat** 对每个情节$k = 0,1,2,\cdots$

3.　　　　对$s \in \mathcal{S}$，初始化$E(s) = 0$

4.　　　　初始状态$S_0 \neq S^T$

5.　　　　$T \leftarrow \infty$

6.　　　　**repeat** 对每个时间步$t = 0,1,2,\cdots$

7.　　　　　　根据策略$\pi(\cdot|S)$，选择动作A

8.　　　　　　执行动作A，到达下一时刻的状态S'，并获得奖赏R

9.	$\delta \leftarrow R - V(S)$
10.	**if** $S' = S^T$ **then**
11.	$T \leftarrow t+1$
12.	**else**
13.	$\delta \leftarrow \delta + \gamma V(S')$
14.	**end if**
15.	$E(S) \leftarrow E(S)+1$（累积资格迹）或 $E(S) \leftarrow 1$（替代资格迹）
16.	**for** $s \in \mathcal{S}$ **do**
17.	$V(s) \leftarrow V(s) + \alpha_k \delta E(s)$
18.	$E(s) \leftarrow \gamma \lambda E(s)$
19.	**end for**
20.	$S \leftarrow S'$
21.	**until** $t = T-1$

输　出：
$v_\pi = V$

阅读代码

例 7.2　将 TD(λ)算法应用于例 7.1 的随机漫步任务,参数设置与例 7.1 相同。实验结果如图 7.5 所示。

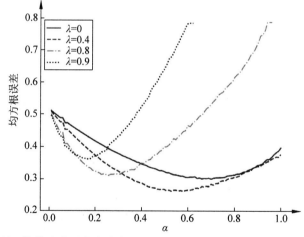

图 7.5　基于资格迹的后向在线表格式 TD(λ)算法的随机漫步性能图(见彩插)

从图 7.5 基于资格迹的后向在线表格式 TD(λ)算法的随机漫步性能图中可以看出,在 11 个状态的随机漫步问题中,λ 取 0 与 1 之间的中间值,效果会更好。该实例也说明,选取介于 TD(0)和 MC 之间的 TD(λ)算法可能会得到更好的结果。

虽然使用资格迹能够在线、增量式地对状态值函数进行更新,但是本节所讨论的依然是针对表格式问题的 TD(λ)算法,每一步都需要遍历整个状态空间,对每个状态的资格迹和状态值进行更新。与 n-步 TD 方法相比较,该算法的计算复杂度更高。7.2 节中的 Sarsa(λ)算法除了遍历状态空间外,还要遍历整个动作空间,计算成本和内存开销更大。但是在需要使用函数近似方法的大规模问题中,资格迹起着重要的作用。在应用这些算法时,只需要在表格式方法基础上进行微小调整即可,整体流程与表格式方法类似。

例 7.3　n-步 TD 预测、TD(0)以及 TD(λ)算法应用于确定环境扫地机器人问题中的对比分析。

考虑例 3.1 的扫地机器人问题。设 Agent 所有状态值函数的初始值均为零,为方便算法比较,固定 $\alpha = 0.2$,令折扣系数 $\gamma = 0.8$,并假定 Agent 采取确定性策略,如图 7.6 所示。分别运用 TD(0)、n-步 TD 预测($n=3$)以及 TD(λ)算法($\lambda = 0.8$),观察各个情节结束后状态值的变化,如表 7.1、表 7.2 以及表 7.3 所示。

在线视频

阅读代码

图 7.6　Agent 策略示意图

表 7.1　TD(0)更新过程

	S_{20}	S_{21}	S_{22}	S_{23}	S_{24}
V_0	0.000	0.000	0.000	0.000	0.000
V_1	0.000	0.000	0.000	0.000	0.600
V_2	0.000	0.000	0.000	0.096	1.080
V_3	0.000	0.000	0.015	0.250	1.464
V_4	0.000	0.002	0.052	0.434	1.771
⋮	⋮	⋮	⋮	⋮	⋮
V_{20}	0.455	0.904	1.524	2.234	2.965
V_{21}	0.509	0.967	1.577	2.262	2.972
⋮	⋮	⋮	⋮	⋮	⋮
V_{88}	1.229	1.536	1.920	2.400	3.000
V_{89}	1.229	1.536	1.920	2.400	3.000

表 7.2　n-步 TD 预测($n=3$)更新过程

	S_{20}	S_{21}	S_{22}	S_{23}	S_{24}
V_0	0.000	0.000	0.000	0.000	0.000
V_1	0.000	0.000	0.384	0.480	0.600
V_2	0.049	0.061	0.691	0.864	1.080
V_3	0.128	0.160	0.937	1.171	1.464
V_4	0.222	0.278	1.134	1.417	1.771
⋮	⋮	⋮	⋮	⋮	⋮
V_{20}	1.144	1.430	1.898	2.372	2.965
V_{21}	1.158	1.447	1.902	2.378	2.972
⋮	⋮	⋮	⋮	⋮	⋮
V_{53}	1.229	1.536	1.920	2.400	3.000
V_{54}	1.229	1.536	1.920	2.400	3.000

表 7.3　TD(λ)($\lambda = 0.8$)更新过程

	S_{20}	S_{21}	S_{22}	S_{23}	S_{24}
V_0	0.000	0.000	0.000	0.000	0.000
V_1	0.100	0.157	0.246	0.384	0.600
V_2	0.201	0.307	0.467	0.710	1.080
V_3	0.299	0.446	0.664	0.987	1.464
V_4	0.393	0.575	0.839	1.220	1.771
⋮	⋮	⋮	⋮	⋮	⋮

续表

	S_{20}	S_{21}	S_{22}	S_{23}	S_{24}
V_{20}	1.135	1.451	1.848	2.345	2.965
V_{21}	1.149	1.464	1.860	2.355	2.972
$\vdots$	$\vdots$	$\vdots$	$\vdots$	$\vdots$	$\vdots$
V_{58}	1.229	1.536	1.920	2.400	3.000
V_{59}	1.229	1.536	1.920	2.400	3.000

对比以上 3 张表,可以看出,第 1 个情节结束以后,TD(0)算法只更新 1 个状态的状态值,n-步 TD 预测算法($n=3$)更新 3 个状态的状态值,效率相对有所提升。TD(λ)算法($\lambda=0.8$)则对 Agent 所走轨迹上所有点对应状态的状态值进行了更新。

第 2 个情节结束后,由于给定轨迹从起点到终点仅需 5 步,3-步 TD 预测算法对 Agent 所走轨迹上所有点对应状态的状态值都实现了更新,而 TD(0)算法累计只更新了 2 个状态的状态值。TD(λ)算法继续对 Agent 所走轨迹上所有点对应的状态值进行更新,但在同等步长情况下,由于参数 λ 的存在,接近垃圾处对应的状态值更新速度,相较 3-步 TD 预测有所下滑。

进一步比较上述 3 种算法的收敛情况,可以看出,n-步 TD 预测算法($n=3$)与 TD(λ)算法($\lambda=0.8$)收敛需迭代轮次几乎相同,收敛速度均较 TD(0)算法有明显提升。

综上分析,在小规模问题中,若选取合适的 n 值和 λ 值,n-步 TD 预测算法与 TD(λ)算法性能相近,且均较 TD(0)预测算法有明显更高的表现水平;而在大规模问题中,TD(λ)算法第 1 轮更新便能覆盖 Agent 所走轨迹上的所有点,而 n-步 TD 预测可能需要很多轮,此时相比较而言,TD(λ)算法效率会有显著提升。

在线视频

7.2　n-步 TD 控制及其资格迹实现

n-步 TD 控制算法与预测算法一样,分为同策略方法(如 n-步 Sarsa)和异策略方法,其中异策略方法包括重要性采样方法、非重要性采样方法(如 Tree Backup 算法)。通过引入资格迹还可以构建 Sarsa(λ)算法。

7.2.1　同策略 n-步 Sarsa 算法

严格来说,第 5 章的 MC 控制算法是 ∞-步 Sarsa 算法,第 6 章的 Sarsa 算法是 1-步 Sarsa 算法。图 7.7 展示了 n-步 Sarsa 算法的更新图。

n-步 Sarsa 与 n-步 TD 的更新图类似,但需要注意的是,n-步 Sarsa 更新图的首末端都是动作而不是状态。

n-步 Sarsa 的目标值(n-步回报)为

$$G_{t:t+n} = \begin{cases} R_{t+1} + \gamma R_{t+2} + \cdots + \gamma^{n-1} R_{t+n} + \gamma^n Q_{t+n-1}(S_{t+n}, A_{t+n}), & n \geqslant 1; 0 \leqslant t < T-n \\ G_t, & t+n \geqslant T \end{cases}$$

$$(7.18)$$

n-步 Sarsa 的动作值函数更新迭代式为

$$Q_{t+n}(S_t, A_t) = Q_{t+n-1}(S_t, A_t) + \alpha \left[G_{t:t+n} - Q_{t+n-1}(S_t, A_t) \right], \quad 0 \leqslant t < T \quad (7.19)$$

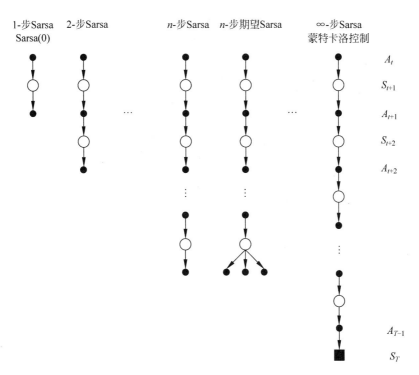

图 7.7 *n*-步 Sarsa 更新图

除了当前状态-动作对之外,所有其他状态-动作对的值函数估计值都保持不变,即对于所有满足 $s \neq S_t$ 或 $a \neq A_t$ 的 (s,a) 来说,有 $Q_{t+n}(s,a) = Q_{t+n-1}(s,a)$。

用于估计最优策略或固定策略的 *n*-步 Sarsa 算法,如算法 7.3 所示。

算法 7.3 用于估算最优策略或固定策略的 *n*-步 Sarsa 算法

输入:

　　折扣系数 γ,学习率 $\{\alpha_k\}_{k=0}^{\infty} \in [0,1]$,$\{\varepsilon_k\}_{k=0}^{\infty} \in [0,1]$,$n \leftarrow$ 正整数

初始化:

1.　　对 $s \in \mathcal{S}, a \in \mathcal{A}(s)$,初始化动作值函数,如 $Q(s,a) \in \mathbb{R}$;$Q(s^T,a) \leftarrow 0$

2.　　$\pi \leftarrow$ 基于 Q 的 ε-贪心策略(或固定策略)

3.　　**repeat** 对每个情节 $k = 0,1,2,\cdots$

4.　　　　初始状态 $S_0 \neq S^T$

5.　　　　根据策略 $\pi(\cdot|S_0)$,选择动作 A_0

6.　　　　$T \leftarrow \infty$

7.　　　　**repeat** 对每个时间步 $t = 0,1,2,\cdots$

8.　　　　　　**if** $t < T$ **then**

9.　　　　　　　　执行动作 A_t,到达下一时刻的状态 S_{t+1},并获得奖赏 R_{t+1}

10.　　　　　　　**if** $S_{t+1} = S^T$ **then**

11.　　　　　　　　　$T \leftarrow t+1$

12.　　　　　　　**else**

13.　　　　　　　　　根据策略 $\pi(\cdot|S_{t+1})$,选择动作 A_{t+1}

14.　　　　　　　**end if**

15.	**end if**
16.	$\tau \leftarrow t-n+1$
17.	**if** $\tau \geqslant 0$ **then**

18. $$G \leftarrow \sum_{i=\tau+1}^{\min(\tau+n,T)} \gamma^{i-\tau-1} R_i \begin{cases} R_{\tau+1}+\gamma R_{\tau+2}+\cdots+\gamma^{n-1}R_{\tau+n}, & \tau+n<T \\ R_{\tau+1}+\gamma R_{\tau+2}+\cdots+\gamma^{T-\tau-1}R_T, & \tau+n\geqslant T \end{cases}$$

19.	**if** $\tau+n<T$ **then**
20.	$G \leftarrow G+\gamma^n Q(S_{\tau+n},A_{\tau+n})$
21.	**end if**
22.	$Q(S_\tau,A_\tau) \leftarrow Q(S_\tau,A_\tau)+\alpha\left[G-Q(S_\tau,A_\tau)\right]$
23.	$A^* \leftarrow \arg\max_a Q(S_\tau,a)$
24.	**for** $a \in \mathcal{A}(S_\tau)$ **do**

25. $$\pi(a\mid S_\tau) \leftarrow \begin{cases} 1-\varepsilon_k+\dfrac{\varepsilon_k}{\mid\mathcal{A}(S_\tau)\mid}, & a=A^* \\[2mm] \dfrac{\varepsilon_k}{\mid\mathcal{A}(S_\tau)\mid}, & a\neq A^* \end{cases}$$

26.	**end for**
27.	**end if**
28.	**until** $\tau=T-1$

输　出:

$q_* = Q, \pi_* = \pi$

对于 n-步 Sarsa 算法,可以进行适当改进,得到 n-步期望 Sarsa 算法。该算法与 n-步 Sarsa 算法的更新图基本一致,区别仅在于 n-步期望 Sarsa 算法更新图最后只有一个分支,如图 7.7 所示,计算 n-步回报时最后一步需要考虑所有可能的动作,并对其动作值采用策略 π 下的概率加权求和。综上所述, n-步期望 Sarsa 的目标值为

$$G_{t:t+n}=\begin{cases} R_{t+1}+\gamma R_{t+2}+\cdots+\gamma^{n-1}R_{t+n}+\gamma^n \bar{V}_{t+n-1}(S_{t+n}), & n\geqslant 1;0\leqslant t<T-n \\ G_t, & t+n\geqslant T \end{cases}$$

$$(7.20)$$

其中, $\bar{V}_t(s)$ 是状态 s 的期望近似价值,满足式(7.21):

$$\bar{V}_t(s)=\sum_a \pi(a\mid s)Q_t(s,a), \quad s\in\mathcal{S} \tag{7.21}$$

当 s 为终止状态时,它的期望近似价值为 0。

7.2.2　Sarsa(λ)算法

在使用 λ-回报时,前向 Sarsa(λ)算法是基于当前状态-动作对 (S_t,A_t) 向前看,同样属于同策略方法。基于 λ-回报的 Sarsa(λ)动作值函数更新递归式为

$$Q(S_t,A_t) \leftarrow Q(S_t,A_t)+\alpha[G_t^\lambda-Q(S_t,A_t)] \tag{7.22}$$

Sarsa(λ)算法的更新图如图 7.8 所示。其中第 1 条轨迹向前走完整的一步,到达下一个状态-动作对,第 2 条轨迹向前走了两步,以此类推,最后一条轨迹对应于完整的情节。每一条轨迹的权重与 TD(λ)算法中的权重一样。

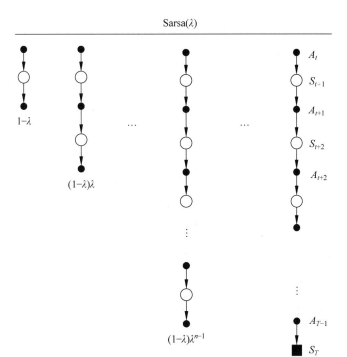

图 7.8 Sarsa(λ)算法更新图

后向 Sarsa(λ)算法是利用资格迹,基于当前状态-动作对(S_t,A_t)向后看。该方法考虑已经访问过的,从当前状态-动作对(S_t,A_t)到初始状态-动作对(S_0,A_0)的所有状态-动作对。后向 Sarsa(λ)体现的是各个状态-动作对与当前 Agent 获得回报变化的因果关系,考虑的是当前状态-动作对以及在此之前发生的状态-动作对,受到该结果的影响程度。

与后向 TD(λ)算法一样,其资格迹也分为累积资格迹和替代资格迹。

1)累积资格迹

在状态-动作对(s,a)被访问时,资格迹进行累积,然后在该状态-动作对(s,a)未被访问时逐渐衰减。每走一步先前访问过的所有状态-动作对的资格迹都会衰减 $\gamma\lambda$,当前状态-动作对(S_t,A_t)的资格迹则需再加 1。累积资格迹的定义为

$$E_t(s,a) = \begin{cases} \gamma\lambda E_{t-1}(s,a)+1, & s=S_t \text{ 且 } a=A_t \\ \gamma\lambda E_{t-1}(s,a), & \text{其他} \end{cases} \tag{7.23}$$

其中,$E_t(s,a)$表示 t 时刻状态-动作对(s,a)的资格迹。

2)替代资格迹

在状态-动作对(s,a)被访问时,资格迹直接替换为"1"值,然后在该状态-动作对未被访问时逐渐衰减。每走一步先前访问过的所有状态-动作对的资格迹都会衰减 $\gamma\lambda$,当前状态-动作对(S_t,A_t)的资格迹则用"1"直接替代。替代资格迹的定义为

$$E_t(s,a) = \begin{cases} 1, & s=S_t \text{ 且 } a=A_t \\ \gamma\lambda E_{t-1}(s,a), & \text{其他} \end{cases} \tag{7.24}$$

后向 Sarsa(λ)算法的动作值函数更新递归式为

$$Q(s,a) \leftarrow Q(s,a) + \alpha \delta_t E_t(s,a) \tag{7.25}$$

其中，δ_t 同样为 1-步 TD 误差：

$$\delta_t = R_{t+1} + \gamma Q_t(S_{t+1}, A_{t+1}) - Q_t(S_t, A_t) \tag{7.26}$$

后向 Sarsa(λ) 算法可以在线、增量式地学习，不需要 Agent 采集完整的情节，数据用毕即可丢弃。其算法流程可参考后向 TD(λ) 算法。用于估计最优策略或固定策略的后向在线表格式 Sarsa(λ) 算法，如算法 7.4 所示。

算法 7.4 用于估计最优策略或固定策略的后向在线表格式 Sarsa(λ) 算法

输 入：

折扣系数 γ，学习率 $\{\alpha_k\}_{k=0}^{\infty} \in [0,1]$，$\{\varepsilon_k\}_{k=0}^{\infty} \in [0,1]$，迹衰减系数 $\lambda \in [0,1]$

初始化：

1.　对 $s \in \mathcal{S}, a \in \mathcal{A}(s)$，初始化动作值函数，如 $Q(s,a) \in \mathbb{R}$；$Q(s^T, a) \leftarrow 0$
2.　$\pi \leftarrow$ 基于 Q 的 ε-greedy 策略(或固定策略)

3.　　**repeat** 对每个情节 $k = 0, 1, 2, \cdots$
4.　　　　对 $s \in \mathcal{S}, a \in \mathcal{A}(s)$ 初始化 $E(s,a) = 0$
5.　　　　初始状态 $S_0 \neq S^T$
6.　　　　根据策略 $\pi(\cdot | S)$，选择动作 A
7.　　　　$T \leftarrow \infty$
8.　　　　**repeat** 对每个时间步 $t = 0, 1, 2, \cdots$
9.　　　　　　执行动作 A
10.　　　　　到达下一时刻的状态 S' 并获得奖赏 R
11.　　　　　$\delta \leftarrow R - Q(S, A)$
12.　　　　　**if** $S' = S^T$　**then**
13.　　　　　　$T \leftarrow t + 1$
14.　　　　　**else**
15.　　　　　　根据策略 $\pi(\cdot | S')$ 选择动作 A'
16.　　　　　　$\delta \leftarrow \delta + \gamma Q(S', A')$
17.　　　　　**end if**
18.　　　　　$E(S,A) \leftarrow E(S,A) + 1$ (累积资格迹) 或 $E(S,A) \leftarrow 1$ (替代资格迹)
19.　　　　　**for** $s \in \mathcal{S}, a \in \mathcal{A}(s)$ **do**
20.　　　　　　$Q(s,a) \leftarrow Q(s,a) + \alpha_k \delta E(s,a)$
21.　　　　　　$E(s,a) \leftarrow \gamma \lambda E(s,a)$
22.　　　　　**end for**
23.　　　　　$S \leftarrow S', A \leftarrow A'$
24.　　　　　**for** $s \in \mathcal{S}$ **do**
25.　　　　　　$A^* \leftarrow \arg\max_a Q(s,a)$
26.　　　　　　**for** $a \in \mathcal{A}(s)$ **do**
27.　　　　　　　$\pi(a|s) \leftarrow \begin{cases} 1 - \varepsilon_k + \dfrac{\varepsilon_k}{|\mathcal{A}(s)|} & a = A^* \\[2mm] \dfrac{\varepsilon_k}{|\mathcal{A}(s)|} & a \neq A^* \end{cases}$
28.　　　　　　**end for**

| 29. | **end for** |
| 30. | **until** $t = T-1$ |

输　出：
$q_* = Q, \pi_* = \pi$

阅读代码

例 7.4 将 Sarsa(0)算法、n-步 Sarsa 算法以及 Sarsa(λ)算法应用于确定环境扫地机器人任务中的对比分析。

继续考虑确定环境扫地机器人任务。设 Agent 所有动作值函数的初始值均为 0，初始 $\alpha_0 = 0.05$，折扣系数 $\gamma = 0.8$，并采用 ε-greedy 策略($\varepsilon_0 = 0.5$)。分别运用 Sarsa(0)算法、n-步 Sarsa($n=3$)算法以及 Sarsa(λ)($\lambda = 0.8$)算法，观察各个情节结束后更新的动作值以及策略，如表 7.4、表 7.5 以及表 7.6 所示。

在线表格

表 7.4　Sarsa(0)算法更新过程

	S_5	S_{10}	S_{18}	S_{20}	S_{24}
Q_0	0.000;0.000; *.***;0.000	0.000;0.000; *.***;0.000	0.000;0.000; 0.000;0.000	*.***;0.000; *.***;0.000	*.***;0.000; 0.000;*.***
π_0	0.667;0.167; 0.000;0.167	0.667;0.167; 0.000;0.167	0.625;0.125; 0.125;0.125	0.000;0.750; 0.000;0.250	0.000;0.750; 0.250;0.000
Q_1	0.000;0.000; *.***;0.000	0.000;0.000; *.***;0.000	0.000;0.000; 0.000;0.150	*.***;0.000; *.***;0.000	*.***;0.000; 0.000;*.***
π_1	0.667;0.167; 0.000;0.167	0.667;0.167; 0.000;0.167	0.125;0.125; 0.125;0.625	0.000;0.750; 0.000;0.250	0.000;0.750; 0.250;0.000
⋮	⋮	⋮	⋮	⋮	⋮
Q_{7500}	0.351;1.000; *.***;0.404	0.381;0.688; *.***;−0.222	1.654;0.864; 1.093;3.000	*.***;0.478; *.***;0.826	*.***;3.000; 1.723;*.***
π_{7500}	0.104;0.792; 0.000;0.104	0.104;0.792; 0.000;0.104	0.078;0.078; 0.078;0.766	0.000;0.156; 0.000;0.844	0.000;0.844; 0.156;0.000
⋮	⋮	⋮	⋮	⋮	⋮
Q_{12500}	0.404;1.000; *.***;0.402	0.436;0.705; *.***;−0.578	1.723;0.793; 1.357;3.000	*.***;0.569; *.***;1.037	*.***;3.000; 1.711;*.***
π_{12500}	0.062;0.875; 0.000;0.062	0.062;0.875; 0.000;0.062	0.047;0.047; 0.047;0.859	0.000;0.094; 0.000;0.906	0.000;0.906; 0.094;0.000
⋮	⋮	⋮	⋮	⋮	⋮
Q_{19999}	0.404;1.000; *.***;0.404	0.438;0.734; *.***;−0.549	1.752;0.881; 1.466;3.000	*.***;0.658; *.***;1.202	*.***;3.000; 1.850;*.***
π_{19999}	0.000;1.000; 0.000;0.000	0.000;1.000; 0.000;0.000	0.000;0.000; 0.000;1.000	0.000;0.000; 0.000;1.000	0.000;1.000; 0.000;0.000
Q_{20000}	0.404;1.000; *.***;0.404	0.438;0.734; *.***;−0.549	1.752;0.881; 1.466;3.000	*.***;0.658; *.***;1.202	*.***;3.000; 1.850;*.***
π_{20000}	0.000;1.000; 0.000;0.000	0.000;1.000; 0.000;0.000	0.000;0.000; 0.000;1.000	0.000;0.000; 0.000;1.000	0.000;1.000; 0.000;0.000
π_*	0.000;1.000; 0.000;0.000	0.000;1.000; 0.000;0.000	0.000;0.000; 0.000;1.000	0.000;0.000; 0.000;1.000	0.000;1.000; 0.000;0.000

表 7.5　*n*-步 Sarsa($n=3$)算法更新过程

	S_5	S_{10}	S_{18}	S_{20}	S_{24}
Q_0	0.000;0.000; *.***;0.000	0.000;0.000; *.***;0.000	0.000;0.000; 0.000;0.000	*.***;0.000; *.***;0.000	*.***;0.000; 0.000;*.***
π_0	0.667;0.167; 0.000;0.167	0.667;0.167; 0.000;0.167	0.625;0.125; 0.125;0.125	0.000;0.750; 0.000;0.250	0.000;0.750; 0.250;0.000
Q_1	0.000;0.000; *.***;0.000	0.000;0.000; *.***;0.000	0.000;0.000; 0.000;0.15	*.***;0.000; *.***;0.000	*.***;0.000; 0.000;*.***
π_1	0.667;0.167; 0.000;0.167	0.667;0.167; 0.000;0.167	0.125;0.125; 0.125;0.625	0.000;0.750; 0.000;0.250	0.000;0.750; 0.250;0.000
⋮	⋮	⋮	⋮	⋮	⋮
Q_{7500}	0.169;1.000; *.***;0.317	0.367;0.697; *.***;−0.513	1.719;0.460; 1.096;3.000	*.***;0.488; *.***;0.951	*.***;3.000; 1.759;*.***
π_{7500}	0.104;0.792; 0.000;0.104	0.104;0.792; 0.000;0.104	0.078;0.078; 0.078;0.766	0.000;0.156; 0.000;0.844	0.000;0.844; 0.156;0.000
⋮	⋮	⋮	⋮	⋮	⋮
Q_{12500}	0.301;1.000; *.***;0.214	0.404;0.716; *.***;−0.491	1.719;1.028; 0.997;3.000	*.***;0.613; *.***;1.066	*.***;3.000; 1.743;*.***
π_{12500}	0.062;0.875; 0.000;0.062	0.062;0.875; 0.000;0.062	0.047;0.047; 0.047;0.859	0.000;0.094; 0.000;0.906	0.000;0.906; 0.094;0.000
⋮	⋮	⋮	⋮	⋮	⋮
Q_{19999}	0.307;1.000; *.***;0.218	0.404;0.738; *.***;−0.474	1.733;1.073; 1.207;3.000	*.***;0.706; *.***;1.213	*.***;3.000; 1.858;*.***
π_{19999}	0.000;1.000; 0.000;0.000	0.000;1.000; 0.000;0.000	0.000;0.000; 0.000;1.000	0.000;0.000; 0.000;1.000	0.000;1.000; 0.000;0.000
Q_{20000}	0.307;1.000; *.***;0.218	0.404;0.738; *.***;−0.474	1.733;1.073; 1.207;3.000	*.***;0.706; *.***;1.213	*.***;3.000; 1.858;*.***
π_{20000}	0.000;1.000; 0.000;0.000	0.000;1.000; 0.000;0.000	0.000;0.000; 0.000;1.000	0.000;0.000; 0.000;1.000	0.000;1.000; 0.000;0.000
π_*	0.000;1.000; 0.000;0.000	0.000;1.000; 0.000;0.000	0.000;0.000; 0.000;1.000	0.000;0.000; 0.000;1.000	0.000;1.000; 0.000;0.000

表 7.6　Sarsa(λ)($\lambda=0.8$)算法更新过程

	S_5	S_{10}	S_{18}	S_{20}	S_{24}
Q_0	0.000;0.000; *.***;0.000	0.000;0.000; *.***;0.000	0.000;0.000; 0.000;0.000	*.***;0.000; *.***;0.000	*.***;0.000; 0.000;*.***
π_0	0.667;0.167; 0.000;0.167	0.667;0.167; 0.000;0.167	0.625;0.125; 0.125;0.125	0.000;0.750; 0.000;0.250	0.000;0.750; 0.250;0.000
Q_1	0.000;0.000; *.***;0.000	−0.003;0.000; *.***;0.000	0.000;0.000; 0.000;0.150	*.***;−0.069; *.***;−0.115	*.***;0.000; 0.000;*.***
E_1	0.000;0.000; *.***;0.000	0.002;0.000; *.***;0.000	0.000;0.000; 0.000;0.640	*.***;0.041; *.***;0.069	*.***;0.000; 0.000;*.***

续表

	S_5	S_{10}	S_{18}	S_{20}	S_{24}
π_1	0.667;0.167; 0.000;0.167	0.167;0.667; 0.000;0.167	0.125;0.125; 0.12;0.625	0.000;0.750; 0.000;0.250	0.000;0.750; 0.250;0.000
⋮	⋮	⋮	⋮	⋮	⋮
Q_{7500}	0.413;1.000; *.***;0.435	0.402;0.722; *.***;−0.379	1.686;0.549; 1.019;3.000	*.***;0.504; *.***;0.938	*.***;3.000; 1.754;*.***
E_{7500}	0.000;0.000; *.***;0.000	0.000;0.000; *.***;0.000	0.000;0.000; 0.000;0.640	*.***;0.000; *.***;0.062	*.***;0.000; 0.262;*.***
π_{7500}	0.104;0.792; 0.000;0.104	0.104;0.792; 0.000;0.104	0.078;0.078; 0.078;0.766	0.000;0.156; 0.000;0.844	0.000;0.844; 0.156;0.000
⋮	⋮	⋮	⋮	⋮	⋮
Q_{12500}	0.466;1.000; *.***;0.436	0.433;0.734; *.***;−0.407	1.723;1.046; 1.458;3.000	*.***;0.575; *.***;1.073	*.***;3.000; 1.737;*.***
E_{12500}	0.000;0.000; *.***;0.000	0.000;0.000; *.***;0.000	0.000;0.000; 0.000;0.000	*.***;0.044; *.***;0.107	*.***;0.640; 0.000;*.***
π_{12500}	0.062;0.875; 0.000;0.062	0.062;0.875; 0.000;0.062	0.047;0.047; 0.047;0.859	0.000;0.094; 0.000;0.906	0.000;0.906; 0.094;0.000
⋮	⋮	⋮	⋮	⋮	⋮
Q_{19999}	0.469;1.000; *.***;0.438	0.433;0.752; *.***;−0.393	1.734;1.082; 1.525;3.000	*.***;0.705; *.***;1.212	*.***;3.000; 1.847;*.***
E_{19999}	0.000;0.000; *.***;0.000	0.000;0.000; *.***;0.000	0.000;0.000; 0.000;0.000	*.***;0.000; *.***;0.107	*.***;0.640; 0.000;*.***
π_{19999}	0.000;1.000; 0.000;0.000	0.000;1.000; 0.000;0.000	0.000;0.000; 0.000;1.000	0.000;0.000; 0.000;1.000	0.000;1.000; 0.000;0.000
Q_{20000}	0.469;1.000; *.***;0.438	0.433;0.752; *.***;−0.393	1.734;1.082; 1.525;3.000	*.***;0.705; *.***;1.212	*.***;3.000; 1.847;*.***
E_{20000}	0.000;0.000; *.***;0.000	0.000;0.000; *.***;0.000	0.000;0.000; 0.000;0.000	*.***;0.000; *.***;0.107	*.***;0.640; 0.000;*.***
π_{20000}	0.000;1.000; 0.000;0.000	0.000;1.000; 0.000;0.000	0.000;0.000; 0.000;1.000	0.000;0.000; 0.000;1.000	0.000;1.000; 0.000;0.000
π_*	0.000;1.000; 0.000;0.000	0.000;1.000; 0.000;0.000	0.000;0.000; 0.000;1.000	0.000;0.000; 0.000;1.000	0.000;1.000; 0.000;0.000

对以上 3 种算法进行对比分析,可以看出,第 1 个情节后,状态 S_{20} 中向下以及向右的动作,Sarsa(λ)($\lambda=0.8$)算法算得其对应动作值均为负值,说明该情节随机所得轨迹中到达障碍物的信息,在该算法中被反馈给较远的位置,比如左上角处状态上。而同样轨迹下,其他 2 个算法则并未对这些动作值进行更新;状态 S_{10} 处各动作值,Sarsa(λ)($\lambda=0.8$)算法计算结果,同样与其他算法存在差异,虽然因为精度问题并未在表中动作值一栏直接得到体现,但是通过 S_{10} 上策略区别间接体现。除去该状态,其余所列状态中,各动作所对应动作值,3 个算法求解情况基本一致。由此说明,Sarsa(λ)算法在起始阶段,可以更充分地对 Agent 所走轨迹信息进行利用并高效反馈。

此后所列情节中，3 个算法计算所得动作值存在一定差异，而所得策略基本一致，说明策略可以较动作值更快收敛。考虑动作值差异，对比 3 种算法，可以看出，相较 Sarsa (0) 算法、n-步 Sarsa$(n=3)$ 算法与 Sarsa$(\lambda)$$(\lambda=0.8)$ 算法在实际较优轨迹上动作值学习较快。例如，对于状态 S_{18} 中向上的动作，Sarsa(0) 算法算得其在第 7500 个情节对应动作值为 1.65，n-步 Sarsa$(n=3)$ 算法算得其在第 7500 个情节对应动作值为 1.72，Sarsa $(\lambda)$$(\lambda=0.8)$ 算法则算得其在第 7500 个情节对应动作值为 1.69，而 3 个算法算得其在第 12500 个情节动作值均为 1.72，由此说明，对该动作对应动作值的计算，n-步 Sarsa$(n=3)$ 算法学习最快，Sarsa$(\lambda)$$(\lambda=0.8)$ 算法次之，而 Sarsa(0) 算法最慢。此外，以上数据说明，在经历了较多情节后，Sarsa(λ) 算法学习效果并不一定比 n-步 Sarsa 算法更优。

除去上述分析外，从表 7.6 中还可以看出，对于 Sarsa(λ) 算法，还需要进行资格迹的计算，空间和时间成本相较其他算法会有进一步提升。

7.2.3 异策略 n-步 Sarsa 算法

基于重要性采样的异策略 n-步 TD 算法，不但需要考虑 n-步回报，还需要关注 n 步中两个策略采取动作的相对概率。基于重要性采样的异策略 n-步 TD 预测算法的状态值函数更新递归式为

$$V_{t+n}(S_t)=V_{t+n-1}(S_t)+\alpha\rho_{t:t+n-1}\left[G_{t:t+n}-V_{t+n-1}(S_t)\right],\quad 0\leqslant t<T \quad (7.27)$$

其中，$\rho_{t:t+n-1}$ 为重要性权重。该重要性权重为两种策略采取 $A_t\sim A_{t+n}$ 这 n 个动作的相对概率，其计算公式与第 5 章异策略 MC 中的计算公式基本一致，如式(7.28)所示。

$$\rho_{t:h}=\prod_{k=t}^{\min(h,T-1)}\frac{\pi(A_k\mid S_k)}{b(A_k\mid S_k)} \quad (7.28)$$

考虑不同情况下 $\rho_{t:h}$ 的值。

(1) 当遵循目标策略 π，某状态-动作对 (S_k,A_k) 永远不会遇到时，$\pi(A_k\mid S_k)=0$，$\rho_{t:h}=0$，即忽略此次更新。

(2) 在任意状态 S_k 下，当遵循目标策略 π 选择动作 A_k 的概率，远大于遵循行为策略 b 选择动作 A_k 的概率时，$\rho_{t:h}$ 远大于 1。可以理解为，在任意状态 S_k 下，策略 π 更倾向选择动作 A_k，这 n 步对应的轨迹学习价值更高，但策略 b 很少选择该动作 A_k，因此该轨迹很少出现在数据中。为了弥补这个缺陷，需要提高更新权重，使状态 S_t 的状态值更新幅度加大。

(3) 在任意状态 S_k 下，当遵循目标策略 π 选择动作 A_k 的概率远小于遵循行为策略 b 选择动作 A_k 的概率时，情况反之。

(4) 当遵循目标策略与遵循行为策略的效果一样时，$\rho_{t:h}$ 恒为 1。

异策略 n-步 Sarsa 算法的动作值函数更新递归式为

$$Q_{t+n}(S_t,A_t)=Q_{t+n-1}(S_t,A_t)+\alpha\rho_{t+1:t+n-1}\left[G_{t:t+n}-Q_{t+n-1}(S_t,A_t)\right],\quad 0\leqslant t<T \quad (7.29)$$

与预测问题相比，这里 ρ 的起始下标要晚一步。这是因为在异策略 n-步 Sarsa 算法中，t 时刻的动作 A_t 已经确定，重要性采样仅需应用到后续动作即可，即从 $t+1$ 时刻开始应用，所以该算法使用 $\rho_{t+1:t+n-1}$ 作为重要性权重。

用于估算最优策略或固定策略，基于动作值函数的异策略 n-步 Sarsa 算法，如算

法 7.5 所示。

算法 7.5 基于动作值函数的异策略 *n*-步 Sarsa 算法

输　入：
　　对所有 $s \in \mathcal{S}, a \in \mathcal{A}(s)$，行为策略 $b(s,a) > 0$
　　折扣系数 γ，学习率 $\{\alpha_k\}_{k=0}^{\infty} \in [0,1]$，$n \leftarrow$ 正整数

初始化：
　1.　对 $s \in \mathcal{S}, a \in \mathcal{A}(s)$，初始化动作值函数，如 $Q(s,a) \in \mathbf{R}$；$Q(s^T, a) \leftarrow 0$
　2.　$\pi \leftarrow$ 基于 Q 的贪心策略（或固定策略）

　3.　**repeat** 对每个情节 $k = 0, 1, 2, \cdots$
　4.　　　初始状态 $S_0 \neq S^T$
　5.　　　根据策略 $b(\cdot \mid S_0)$，选择动作 A_0
　6.　　　$T \leftarrow \infty$
　7.　　　**repeat** 对每个时间步 $t = 0, 1, 2, \cdots$
　8.　　　　　**if** $t < T$ **then**
　9.　　　　　　　执行动作 A_t
　10.　　　　　　到达下一时刻的状态 S_{t+1} 并获得奖赏 R_{t+1}
　11.　　　　　　**if** S_{t+1} 为终止状态 **then**
　12.　　　　　　　　$T \leftarrow t + 1$
　13.　　　　　　**else**
　14.　　　　　　　　根据策略 $b(\cdot \mid S_{t+1})$，选择动作 A_{t+1}
　15.　　　　　　**end if**
　16.　　　　　**end if**
　17.　　　　　$\tau \leftarrow t - n + 1$
　18.　　　　　**if** $\tau \geqslant 0$ **then**
　19.　　　　　　　$\rho \leftarrow \prod\limits_{i=\tau+1}^{\min(\tau+n-1, T-1)} \dfrac{\pi(A_i \mid S_i)}{b(A_i \mid S_i)}$
　20.　　　　　　　$G \leftarrow \sum\limits_{i=\tau+1}^{\min(\tau+n, T)} \gamma^{i-\tau-1} R_i$
　21.　　　　　　　**if** $\tau + n < T$ **then**
　22.　　　　　　　　　$G \leftarrow G + \gamma^n Q(S_{\tau+n}, A_{\tau+n})$
　23.　　　　　　　**end if**
　24.　　　　　　　$Q(S_\tau, A_\tau) \leftarrow Q(S_\tau, A_\tau) + \alpha_k \rho [G - Q(S_\tau, A_\tau)]$
　25.　　　　　　　$A^* \leftarrow \arg\max\limits_{a} Q(S_\tau, a)$
　26.　　　　　　　**for** $a \in \mathcal{A}(S_\tau)$ **do**
　27.　　　　　　　　　$\pi(a \mid S_\tau) \leftarrow \begin{cases} 1, & a = A^* \\ 0, & a \neq A^* \end{cases}$
　28.　　　　　　　**end for**
　29.　　　　　**end if**
　30.　　　**until** $\tau = T - 1$

输　出：
　　$q_* = Q$，$\pi_* = \pi$

异策略 n-步期望 Sarsa 算法的值函数更新递归式是在异策略 n-步 Sarsa 算法的基础上,将重要性权重 $\rho_{\tau+1:\tau+n-1}$ 转变为 $\rho_{\tau+1:\tau+n-2}$,这是因为异策略 n-步期望 Sarsa 算法的最后一个状态需要考虑所有可能的动作,这样就不需要使用重要性采样了。

7.2.4 n-步 Tree Backup 算法

7.2.3 节介绍了基于重要性采样的异策略 n-步 Sarsa 算法,其中重要性采样在修正行为策略和目标策略差异方面起着重要作用。但是重要性采样比具有高度变化的性质,会引起较高的方差。另外在考虑 n 个时间步的情况下,每次动作值函数更新时,都需要 n 个重要性采样比相乘,这导致计算得到的重要性权重变化更大。因此,该方法存在着较为严重的高方差问题。那么,有没有可以不使用重要性采样的异策略方法呢? 答案是肯定的。例如单步 TD 方法中,Q-Learning 和期望 Sarsa 算法也是异策略方法,但是并未用到重要性采样。本节将探讨不使用重要性采样的 n-步 TD 方法:n-步 Tree Backup 算法。为了方便理解,将 n-步 Tree Backup 算法与 n-步期望 Sarsa 算法的更新图进行对比,如图 7.9 所示。

n-步期望Sarsa算法　　n-步Tree Backup算法

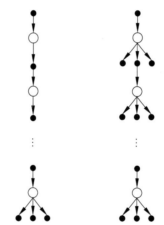

图 7.9　n-步期望 Sarsa 算法与 n-步 Tree Backup 算法的更新图

对图 7.9 中 n-步 Tree Backup 算法更新图进一步说明如下。

(1) 中轴线为采样轨迹,从根节点 (S_t, A_t) 开始。

(2) 主线实心圆点(不包括最后一层)表示已选动作 $A_t, A_{t+1}, \cdots$,侧枝实心圆点(包括最后一层的实心圆点)表示未选动作。

利用图 7.9,说明 n-步 Tree Backup 算法中 n-步回报 $G_{t:t+n}$ 的定义。当 $n=1$ 时,n-步 Tree Backup算法与期望 Sarsa 算法等价。当 $n>1$ 时,总回报由 3 部分组成:①从根节点出发,观察获得的奖赏 R_{t+1};②到达下一状态 S_{t+1} 后,树开始分支,考虑侧枝实心圆点[这里对应为状态-动作对 (S_{t+1}, a)],这些状态-动作对,当前情节采样并没有取到,直接用对应的动作值 $Q(S_{t+1}, a)$ 实现截断操作,并分配权重 $\pi(a \mid S_{t+1})$,求得值 $\sum_{a \neq A_{t+1}} \pi(a \mid S_{t+1}) Q_{t+n-1}(S_{t+1}, a)$;③考虑中轴线上的部分,沿其到达下一节点,此时即面临"根节点为

(S_{t+1},A_{t+1})，求解$(n-1)$-步回报$G_{t+1:t+n}$"这样的子问题，对这样的回报分配权重$\pi(A_{t+1}|S_{t+1})$，即得到第3部分的值$\pi(A_{t+1}|S_{t+1})G_{t+1:t+n}$。综上所述，在考虑折扣系数的情况下，对于$n$-步回报，可以得到式(7.30)的定义：

$$
\begin{cases}
G_{t:t+1} = R_{t+1} + \gamma \sum_a \pi(a|S_{t+1})Q_t(S_{t+1},a), & t < T-1, n=1 \\
G_{t:t+n} = R_{t+1} + \gamma \sum_{a \neq A_{t+1}} \pi(a|S_{t-1})Q_{t+n-1}(S_{t+1},a) + \gamma\pi(A_{t+1}|S_{t+1})G_{t+1:t+n}, & t < T-1, n>1
\end{cases}
$$

$$(7.30)$$

将式(7.30)应用于n-步 Sarsa 算法的动作值函数更新规则，得到n-步 Tree Backup 算法的值函数更新递归式：

$$Q_{t+n}(S_t,A_t) = Q_{t+n-1}(S_t,A_t) + \alpha\left[G_{t:t+n} - Q_{t+n-1}(S_t,A_t)\right], \quad 0 \leqslant t < T$$

除了当前状态-动作对(S_t,A_t)之外，其他所有状态-动作对的值函数估计值都保持不变，即对于所有满足$s \neq S_t$或$a \neq A_t$的(s,a)来说，$Q_{t+n}(s,a) = Q_{t+n-1}(s,a)$。

用于估算最优策略或者固定策略的基于动作值函数的n-步 Tree Backup 算法，如算法 7.6 所示。

算法 7.6 基于动作值函数的n-步 Tree Backup 算法

输　入：
　　对所有$s \in \mathcal{S}, a \in \mathcal{A}(s)$，行为策略$b(s,a) > 0$
　　折扣系数γ，学习率$\{\alpha_k\}_{k=0}^{\infty} \in [0,1]$，$\{\varepsilon_k\}_{k=0}^{\infty} \in [0,1]$，$n \leftarrow$ 正整数

初始化：
1.　　对$s \in \mathcal{S}, a \in \mathcal{A}(s)$，初始化动作值函数，如$Q(s,a) \in \mathbf{R}$；$Q(s^T,a) \leftarrow 0$
2.　　$\pi \leftarrow$ 基于Q的贪心策略(或固定策略)

3.　　**repeat** 对每个情节$k = 0,1,2,\cdots$
4.　　　　初始状态$S_0 \neq S^T$
5.　　　　根据策略$b(\cdot|S_0)$，选择动作A_0
6.　　　　$T \leftarrow \infty$
7.　　　　**repeat** 对每个时间步$t = 0,1,2,\cdots$
8.　　　　　　**if** $t < T$ **then**
9.　　　　　　　　执行动作A_t
10.　　　　　　　到达下一时刻的状态S_{t+1}，并获得奖赏R_{t+1}
11.　　　　　　　**if** $S_{t+1} = S^T$ **then**
12.　　　　　　　　　$T \leftarrow t+1$
13.　　　　　　　**else**
14.　　　　　　　　　根据策略$b(\cdot|S_{t+1})$，选择动作A_{t+1}
15.　　　　　　　**end if**
16.　　　　　　**end if**
17.　　　　　　$\tau \leftarrow t-n+1$
18.　　　　　　**if** $\tau \geqslant 0$ **then**
19.　　　　　　　　**if** $t+1 \geqslant T$ **then**
20.　　　　　　　　　$G \leftarrow R_T$

21.		**else**	
22.		$G \leftarrow R_{t+1} + \gamma \sum\limits_{a} \pi(a \mid S_{t+1}) Q(S_{t+1}, a)$	
23.		**end if**	
24.		**for** $k = \min(t, T-1)$ **downto** $\tau+1$ **do**	
25.		$G \leftarrow R_k + \gamma \sum\limits_{a \neq A_k} \pi(a \mid S_k) Q(S_k, a) + \gamma \pi(A_k \mid S_k) G$	
26.		**end for**	
27.		$Q(S_\tau, A_\tau) \leftarrow Q(S_\tau, A_\tau) + \alpha_k [G - Q(S_\tau, A_\tau)]$	
28.		$A^* \leftarrow \arg\max\limits_{a} Q(S_\tau, a)$	
29.		**for** $a \in \mathcal{A}(S_\tau)$ **do**	
30.		$\pi(a \mid S_\tau) \leftarrow \begin{cases} 1, & a = A^* \\ 0, & a \neq A^* \end{cases}$	
31.		**end for**	
32.		**end if**	
33.	**until** $\tau = T-1$		

输 出：

$q_* = Q, \pi_* = \pi$

n-步 Tree Backup 算法的核心思想在于平衡探索与利用问题。与 n-步 Sarsa 或者 n-步期望 Sarsa 算法相比，n-步 Tree Backup 算法考虑的动作更全面，有效拓展了采样数据，进一步提升了动作值函数的利用率。值得注意的是，与利用行为策略的采样方式不同，n-步 Tree Backup 算法对于动作的选取是随机的，在更新目标值时，算法也仅仅考虑了目标策略。

7.3 小结

本章介绍了几种 n-步 TD 算法，其更新时需要利用未来 n 个奖赏、动作以及状态。相比位于两个"极端"的 TD(0) 算法和 MC 算法，n-步 TD 算法通常表现更好。

本章首先详细阐述了 n-步 TD 算法、同策略 n-步 Sarsa 算法。这两种算法，与单步 TD 算法相比较，虽然总体性能更优，但是 Agent 与环境交互需要延迟 n 个时间步进行更新，需要更多存储空间，每步需要计算量更大。对于这些问题，资格迹可以适当解决，尤其当后续章节面对需要应用函数逼近解决的更大规模问题，或者 Agent 面临连续式任务时，应用资格迹效果明显更好。本章还介绍了应用资格迹之后得到的后向 TD(λ) 算法以及 Sarsa(λ) 算法。关于异策略，介绍了利用重要性采样的异策略 n-步 Sarsa 算法以及不利用重要性采样的 n-步 Tree Backup 算法。前者理解相对简单，但是方差较大，算法学习速度较慢，收敛所需时间较长，尤其当行为策略和目标策略相差较大时，算法低效且不实用。后者没有利用重要性采样，算法效果稍优，但计算量偏大。

本章介绍的这些算法均应用在较小规模、表格式求解的强化学习问题方面。尽管如此，实际情景中更为普遍的大规模强化学习问题，比如深度强化学习领域，在使用神经网络进行值函数逼近时,*n*-步 TD 算法仍然起着重要作用。例如,DQN 算法可以应用多步学习进行改进,从而提升性能;A3C 算法中评论家估计动作值时,也用到多步自举。因此,本章内容为后续研究奠定了非常重要的基础。

7.4 习题

1. 分别给出前向 TD(λ) 和后向 TD(λ) 算法的值函数更新公式。

2. 什么是资格迹? 在强化学习中,有哪几种资格迹?

3. (编程)通过 *n*-步 TD 算法计算: 第 3 章习题 2(图 3.12)扫地机器人在折扣系数为 1、初始策略为等概率策略的情况下,分别在 $n = 1, 2, m$ 时,计算每个状态的最优策略,并比较对于不同的 n,*n*-步 TD 算法的性能。

4. 在例 7.1 随机漫步任务中,使用 *n*-步 TD 算法,如果用 19 个状态取代 9 个状态会产生什么样的训练效果?

第 8 章

规划和蒙特卡洛树搜索

在强化学习领域,根据 MDP 环境中是否包含完备的迁移动态,分为有模型和无模型方法。前面章节中的 DP 方法属于有模型方法,而 MC、TD、n-步 TD 等方法属于无模型方法。在有模型方法中,将**规划**(planning)作为主要组成部分。在无模型方法中,将**学习**(learning)作为主要组成部分。规划和学习的核心思想都是在 MDP 基础上,基于对未来的展望,利用回溯法对值函数估计值进行更新。学习过程和规划过程在一定程度上可以互相利用和转换,如在 Dyna 方法中,可以将学习过程中得到的真实经验用于规划。

本章的重点并非将两种方法进行区分,而是以一定的方法对它们进行有效的结合。

8.1 模型、学习与规划

在线视频

8.1.1 模型

Agent 可以通过模型来预测环境并做出反应。这里所说的模型是指模拟模型,即在给定一个状态和动作时,通过模型,可以对下一状态和奖赏进行预测。如果模型是随机的,则存在多种可能的下一状态和奖赏。

模型通常可以分为分布模型和样本模型两种类型:

(1) **分布模型**(distribution model):该模型可以生成所有可能的结果及其对应的概率分布。可以理解为状态转移概率 p 已知,在状态 s 下执行动作 a 能够给出所有可能的下一状态和相应的转换概率,如 DP 算法。

(2) **样本模型**(sample model):该模型能够从所有可能的情况中产生一个确定的结果。可以理解为状态转移概率 p 未知,通过采样获取轨迹,如 MC 和 TD 方法。

从功能上讲,模型是用于模拟环境和产生模拟经验的。与样本模型相比,分布模型包含更多的信息,只是现实任务中难以获得所有的状态转移概率。

8.1.2　学习

学习过程是从环境产生的真实经验中进行学习。根据经验的使用方法,学习过程可以分为直接强化学习和模型学习两种类型。

(1) 直接强化学习(direct RL):在真实环境中采集真实经验,根据真实经验直接更新值函数或策略,不受模型偏差的影响。DP、MC、TD 都属于直接强化学习。

(2) 模型学习(model learning):在真实环境中采集真实经验,根据真实经验来构建和改进**模拟模型**(simulated model),提高模拟模型精度,使其更接近真实环境。

间接强化学习包含**模型学习**和**模型规划**两个过程。它是一种间接的学习方法,通常能更充分地利用有限的经验,以较少的环境信息得到更好的策略。而直接强化学习是一种直接的学习,它更为简单,容易实现,不受模型构建带来的偏差影响。虽然许多观点将间接方法和直接方法区别看待,但它们之间的相似性远大于差异性,因此通常对这两种方法不做区分。

8.1.3　规划

规划过程是基于模拟环境或经验模型,从模拟经验中更新值函数,实现改进策略的目的。学习和规划的核心都是通过回溯操作(迭代更新)来评估值函数。不同之处在于:在规划过程中,Agent 并没有与真实环境进行交互。

规划通常可分为**状态空间规划**(state-space planning)和**方案空间规划**(plan-space planning)。在强化学习领域,仅讨论状态空间规划。状态空间规划(以下所有状态空间规划都简称为规划)是在状态空间中寻找最优策略,值函数的计算都是基于状态的,通常将该规划方法视为"搜索"方法。其基本思想为:

(1) 所有规划算法都以计算值函数作为策略改进的中间关键步骤;

(2) 所有规划算法都可以通过基于模型产生的模拟经验来计算值函数。

规划的基本链式结构如下所示:

$$\text{环境模型} \xrightarrow{\text{产生}} \text{模拟数据} \xrightarrow{\text{回溯}} \text{值函数} \xrightarrow{\text{改进}} \text{策略}$$

真实经验既可用于改进模拟模型,也可直接更新值函数或策略。值函数、直接强化学习、间接强化学习关系如图 8.1 所示,箭头表示产生影响和改进的方向。

(1) 中轴线粗箭头部分表示 Agent 根据策略生成动作,产生真实经验的过程。

(2) 左侧部分表示间接强化学习过程,即基于模型学习的过程。首先通过真实经验进行模型学习,构建模拟模型。然后基于模拟模型产生模拟经验,并根据模拟经验更新值函数。最后对策略进行改进。

(3) 右侧部分表示直接强化学习过程,通过真实经验直接更新值函数,并改进策略。

不同规划方法的差异仅在于回溯操作、操作顺序以及回溯信息保存时长的不同。下面介绍一种常用的规划算法——随机采样单步表格式 *Q*-Planning 算法。该算法是一种单步表格式 *Q*-Learning 算法(即第 6 章的 *Q*-Learning 算法)与样本模型随机采样方法相结合的算法,它可以收敛到最优策略,其收敛条件与面向真实环境的单步表格式

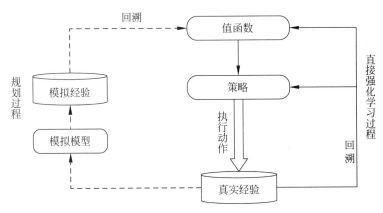

图 8.1 规划 Agent 的角色图

Q-Learning 算法的最优策略收敛条件相同。

随机采样单步表格式 Q-Planning 算法，如算法 8.1 所示。

算法 8.1 随机采样单步表格式 Q-Planning 算法
输　　入：
学习率 $\{\alpha_k\}_{k=0}^{\infty} \in [0,1]$
规　　划：
1.　**repeat** 对每个情节 $k=0,1,2,\cdots$
2.　随机选择状态 $S, S \in \mathcal{S}$ 和动作 $A, A \in \mathcal{A}(S)$
3.　将 S, A 输入样本模型，得到奖赏 R 和到达下一状态 S'
4.　利用 S, A, R, S' 进行单步表格式 Q-Planning 算法：
$$Q(S,A) \leftarrow Q(S,A) + \alpha_k \left[R + \gamma \max_a Q(S',a) - Q(S,A) \right]$$
输　　出：
$Q(S,A)$

算法 8.1 中，通过模拟经验，更新模拟模型。在 Q-Learning 算法值函数更新公式中，α 随着时间递减。采用较小的增量式步长规划方法，能够在任何时候中断或重定向规划，而尽可能地减少计算资源的浪费。

8.2　Dyna-Q 结构及其算法改进

通过采取在线规划方法，利用 Agent 与环境的实时交互信息，可以动态地改变模拟模型，从而影响规划过程。因此我们希望根据当前或未来预期的状态或决策来平衡学习与规划之间的关系。在决策确定的情况下，如果模型学习过程消耗计算资源很大，那么就需要合理分配计算资源。针对此问题，本节介绍一种基于在线规划的 Dyna-Q 架构。

8.2.1　Dyna-Q 架构

在线视频

Dyna-Q 架构包含了在线规划 Agent 所需要的主要功能。该架构将学习和规划有机地结合在一起,是有模型和无模型方法的融合。其数据来源包括基于真实环境采样的真实经验以及基于模拟模型采样的模拟经验,通过直接强化学习或间接强化学习来更新值函数或策略。

在 Dyna-Q 架构中,规划方法为随机采样单步表格式 Q-Planning 算法,直接强化学习方法为单步表格式 Q-Learning 算法,模型学习方法为确定环境下的表格式算法。每一次状态转移后,模型都在它的表格中为 (S_t, A_t) 建立条目,并记录相应的预测值 R_{t+1}, S_{t+1}。在规划过程中,Q-Planning 算法可以随机地从已经访问过的 (s, a) 中进行采样,为学习系统提供 (s, a) 历史信息。

Dyna 是 Dyna-Q 的常用算法,其架构图如图 8.2 所示。

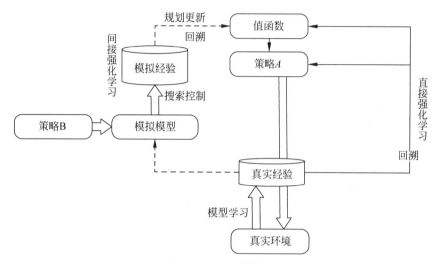

图 8.2 Dyna 架构图

(1) 图中轴线粗箭头部分表示 Agent 与真实环境的交互过程,根据策略 A,Agent 在真实环境中产生真实经验。

(2) 图中左侧部分表示间接强化学习过程,也是模型学习的过程。首先通过真实经验进行模型学习,构建模拟模型。然后利用策略 B 产生的模拟数据,通过模拟模型产生模拟经验,并根据模拟经验规划更新值函数;最后对策略进行改进。其中,搜索控制是为模拟经验选择初始状态-动作对的过程。搜索控制和规划更新都属于规划过程。

(3) 图中右侧部分表示直接强化学习过程,通过真实经验直接改进值函数或策略。

实际上,强化学习算法可以理解为学习和规划过程的"公共通道",在这一阶段应用的算法,其区别仅在于经验的来源不同。

从概念而言,规划、动作、模型学习和直接强化学习是同步进行的。但在实际应用中,动作、模型学习和直接强化学习所占用的计算资源要远小于规划过程。所以在 Dyna-Q 算法中,假设在动作执行、模型学习和直接强化学习之后,都有时间完成 n 次 Q-Planning 算法的迭代。

表格式 Dyna-Q 算法,如算法 8.2 所示。

算法 8.2 　表格式 Dyna-Q 算法

初始化：

  1. 对 $s \in \mathcal{S}, a \in \mathcal{A}(s), Q(s,a) \in \mathbb{R}, \text{Model}(s,a) \in \mathbb{R}$

学习过程：

  2. **repeat** 对每个情节 $k = 0, 1, 2, \cdots$

  3. $S \leftarrow$ 当前状态(非终点状态)

  4. $A \leftarrow$ 基于 Q 的 ε-贪心策略 $\pi(S)$

  5. 执行动作 A，得到下一状态 S' 和奖赏 R

  6. $Q(S,A) \leftarrow Q(S,A) + \alpha \left[R + \gamma \max\limits_a Q(S',a) - Q(S,A) \right]$

  7. $\text{Model}(S,A) \leftarrow R, S'$ (假定这是一个确定性环境)

规划过程：

  8. **repeat** n 次(n 为规划次数)：

  9. $S \leftarrow$ 从访问过的状态中随机抽取一个作为当前状态

  10. $A \leftarrow$ 在状态 S 下随机选取一个之前执行过的动作

  11. $R, S' \leftarrow \text{Model}(S,A)$

  12. $Q(S,A) \leftarrow Q(S,A) + \alpha \left[R + \gamma \max\limits_a Q(S',a) - Q(S,A) \right]$

输 出：

  $Q_*(s,a) \approx Q(s,a)$

在算法 8.2 中，$\text{Model}(s,a) \in \mathbb{R}$ 表示对模型进行初始化，$\text{Model}(s,a)$ 用于存储状态-动作对 (s,a) 的奖赏 r 和下一状态 s'；直接强化学习过程，利用真实经验改进动作值函数。策略由该值函数得到；模型学习过程是利用真实经验构建模拟模型；规划过程是随机获取状态-动作对 (S,A)，通过搜索控制，从模拟模型中获得模拟经验，即得到 (S,A) 对应的 R, S'。利用模拟经验，对 (S,A) 动作值函数进行更新。

可以看出第 6 步和第 12 步使用的是相同的值函数更新公式，即在 Dyna-Q 中，学习和规划是通过完全相同的算法完成的。如果省略第 7~12 步，该算法就是单步表格式 Q-Learning 算法。基于第 8~12 步更新的动作值函数 $Q(S,A)$，可以作为真实环境下动作值函数的指导依据，使 Agent 在真实环境下更快、更好地完成任务。

阅读代码

  例 8.1 将 Dyna-Q 架构用于例 4.1 扫地机器人实例，比较算法中不同规划步数对实验效果的影响。扫地机器人在任何状态下，动作空间都为 $\mathcal{A}(s) = \{\text{Up}, \text{Down}, \text{Left}, \text{Right}\}$。机器人离开边界或撞到障碍物时，保持原地不变，得到 -10 的奖赏；到达充电桩时，得到 $+1$ 的奖赏；捡到垃圾时，得到 $+5$ 的奖赏；其他迁移情况，奖赏均为 0。这里参数 $\gamma = 0.90, \alpha = 0.1, \varepsilon = 0.1$。图 8.3 给出了采用不同规划步数 n 时，在每一个完整情节中扫地机器人所需要执行的步数。

  若每次实验都采用相同的初始种子来控制随机过程，则对于任意 n 值，第 1 个情节的步数都是完全相同的。而从第 2 个情节开始，n 越大，收敛到最优策略的速度越快。当 $n = 0$ 时，采用的是无规划 Agent，仅使用直接强化学习，即单步表格式 Q-Learning，学习速度最慢，大约需要 25 个情节才能得到最优策略。而当 $n = 5$ 时(5 次规划方法)，仅需要 5 个情节；$n = 30$ 时，仅需要 2 个情节，即可得到最优策略。

阅读代码

  例 8.2 将 Dyna-Q 架构应用于图 8.4 扫地机器人任务。在该任务中，Agent 在不同

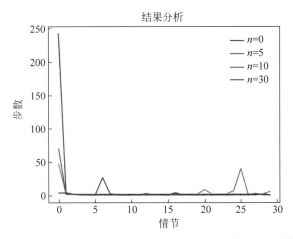

图 8.3 Dyna-Q 架构中不同规划步数的平均学习曲线（见彩插）

的情节中采用 $n=0$ 和 $n=50$ 所获得的策略不同。因为与无规划 Agent 相比，规划 Agent 能更快地找到有效路径，所以当 $n=50$ 时，Dyna-Q 算法值函数更新更快。图 8.4 和图 8.5 分别给出了在第 2 个情节中，当 $n=0$ 和 $n=50$ 时每个状态所采取的策略。

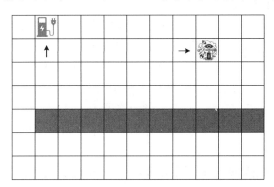

图 8.4 $n=0$ 时，第 2 个情节中每个状态采取的策略

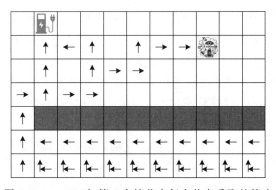

图 8.5 $n=50$ 时，第 2 个情节中每个状态采取的策略

当 $n=0$ 时，每一个情节只能为一个状态增加有效策略，即仅能对直接到达目标的状态-动作对的值函数进行更新（这一思想在 TD 中已经作过说明）。当 $n=50$ 时，在第 1 个

情节结束时,也只学习了一步。但在第2个情节中,通过规划过程,Agent将学习到一个更为广泛的策略,这些策略几乎可以更新到初始状态。也可以理解为,在一定程度上,规划过程弥补了Agent的低探索性。

8.2.2 优先遍历

如算法8.2中第9步和第10步所示,Dyna-Q的模拟迁移是从所有已经访问过的(s,a)中随机采样得到的,这种方法存在以下缺点:

(1) 并非所有(s,a)对值函数的更新都有帮助,可能大量时间都在处理无意义的(s,a);

(2) 随着状态空间数量的增加,随机搜索的效率可能会变得越来越低。

以格子世界为例,对于远离终止状态、值函数长期没有变化的格子来说,早期值函数的更新是无意义的(如值函数保持0值不变)。虽然随着规划的进行,有效更新的范围会不断扩大,但是在大状态空间问题中,随机采样的效率还是很低。如果将模拟迁移和值函数更新集中在某些特定的(s,a)上,规划过程会更高效。通常从终止状态开始做回溯操作,可以使得搜索范围更为集中。但是从实际应用的角度来看,不希望使用依赖于终止状态的方法,而应该采用一种既可以从终止状态进行反向计算,又可以从值函数发生变化的任意状态进行反向计算的方法。

假设在给定的模型下,所有值函数都被正确估计。同时假设在环境中,Agent因一个状态值变化后,而改变了另外某个状态的值函数估计值,那么此时其他状态的值函数估计值也可能随之发生变化,只不过真正有效的单步更新,来自那些可以直接到达价值变化状态的动作。如果这些动作的值函数估计值发生了变化,那么它们前序状态的值函数也会依次改变。根据这一思想,构建计算规划的**反向聚焦**(backward focusing)方法。该方法首先更新相关前序动作值函数,然后改变它们的前序状态值函数,达到对任意发生变化的状态或动作值函数进行回溯的目的。

在随机环境中,值函数变化的大小以及状态-动作对更新的优先级都受迁移概率估计值的影响,可以根据紧急程度对其更新顺序进行优先级排序,这就是**优先遍历**(prioritized sweeping)的基本思想。

优先遍历是一种常用的提高规划效率的分布计算方法。在一定程度上,该方法可以避免随机选择状态和动作所导致的低效率问题。在使用优先遍历法时,用一个优先队列PQueue来存储值函数变化较大的状态-动作对(s,a),并以动作值函数改变的大小(即TD误差)作为优先级P来对其进行排序,然后依据该优先队列依次产生模拟经验。当队列顶端的(S,A)被更新时,它对其前序(s,a)的影响也会被计算。如果这些影响超过某个阈值,就将相应的前序(s,a)也插入优先队列中[如果该(s,a)已经存在于队列中,则保留优先级高的]。通过优先遍历法,值函数变化的影响被有效地反向传播,直到影响消失。

优先级P定义为单步TD误差(即Q-Learning算法的TD误差),其计算迭代式如式(8.1)所示:

$$P \leftarrow \left| R + \gamma \max_a Q(S',a) - Q(S,A) \right| \tag{8.1}$$

确定环境下的优先遍历算法,如算法8.3所示。

算法 8.3 确定环境下的优先遍历算法

输入：

折扣系数 γ，$\theta=0.05$（阈值），ε—大于 0 的较小数，n—正整数

初始化：

1. 对 $s\in\mathcal{S}$，$a\in\mathcal{A}(s)$，$Q(s,a)\in\mathbb{R}$，$\mathrm{Model}(s,a)\in\mathbb{R}$

2. PQueue 队列←Null

环境交互：

3. **repeat** 对每个情节 $k=0,1,2,\cdots$

4. S←当前状态（非终止状态）

5. A←基于 Q 的 ε-贪心策略 $\pi(S)$

6. 执行动作 A，得到下一状态 S' 和奖赏 R

7. $\mathrm{Model}(S,A)$←R,S'

8. $P\leftarrow\left|R+\gamma\max_a Q(S',a)-Q(S,A)\right|$

9. **if** $P>\theta$ **then**

10. 以优先级 P，将 (S,A) 插入 PQueue 队列

11. **end if**

规划更新：

12. **repeat** n 次（PQueue 队列不为空）：R_{t+1}

13. $S,A\leftarrow first$（PQueue 队列）

14. $R,S'\leftarrow\mathrm{Model}(S,A)$

15. $Q(S,A)\leftarrow Q(S,A)+\alpha\left[R+\gamma\max_a Q(S',a)-Q(S,A)\right]$

16. 遍历所有可能到达状态 S 的前序 $\overline{S},\overline{A}$：

17. $\overline{R}\leftarrow\overline{S},\overline{A},S$ 的预期奖赏

18. $P\leftarrow\left|\overline{R}+\gamma\max_a Q(S,a)-Q(\overline{S},\overline{A})\right|$

19. **if** $P>\theta$ **then**

20. 以优先级 P，将 $(\overline{S},\overline{A})$ 插入 PQueue 队列

21. **end if**

输出：

$Q\approx q_*$，$\pi\approx\pi_*$

例 8.3 在图 8.4 的扫地机器人环境中，分别用 $n=10$、$n=30$ 的 Dyna-Q 算法和优先遍历算法进行训练，将到达垃圾状态 $[8,5]$ 和充电状态 $[1,6]$ 的迁移奖赏均设置为 $+1$，其他情况迁移奖赏均设置为 -0.1，参数 $\gamma=0.90$，$\alpha=0.1$，$\varepsilon=0.1$。可以得到如图 8.6 所示的运行结果。 阅读代码

实验结果表明：在除了到达垃圾和充电状态以外，其他奖赏都为负值的情况下，优先遍历算法运行效果好于 Dyna-Q 算法，能更快地找到最优路径。

现在将设置改成：除了到达垃圾和充电状态以外，其他奖赏都为 0。同样采用用 $n=10$、$n=30$ 的 Dyna-Q 算法和优先遍历算法进行训练，运行结果如图 8.7 所示。

由图 8.7 可以看出：当除了到达垃圾状态和充电状态以外，其他奖赏都为 0 时，优先遍历算法运行效果略低于 Dyna-Q 算法，可能的原因如下。

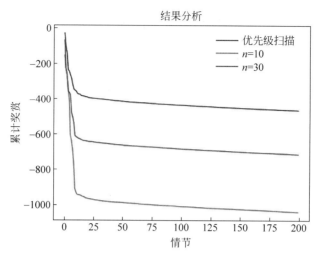

图 8.6 用于扫地机器人任务的 Dyna-Q 算法和优先遍历算法运行结果比较(见彩插)

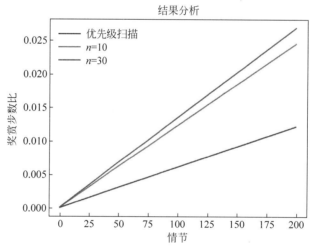

图 8.7 Dyna-Q 算法和优先遍历算法运行结果比较(见彩插)

（1）在算法 8.3 中,利用优先遍历算法的规划过程,对队列中的每个 Q 值只进行了 1 次更新。与 $n=30$ 的 Dyna-Q 算法相比,更新次数太少。特别是在开始阶段,第 1 个情节结束后,进行的规划仅为 1 次。

（2）图 8.4 中扫地机器人环境涉及的状态空间较小(77 个状态)。优先遍历算法在大状态空间中才能表现出其优势。

（3）当除了到达垃圾状态和充电状态以外,其他奖赏都为负时,优先遍历算法每步都会进行规划；而其他转移奖赏为 0 时,优先遍历算法只对靠近终止位置(垃圾和充电桩)的状态进行规划更新。

将优先遍历思想推广到随机性环境时,由于其采用的是期望更新,所以模型保存的是每一组 (s,a) 出现的次数以及它们下一状态 s' 出现的次数(概率)。当解决随机环境任务时,采用期望更新处理低概率的迁移计算,可能需要耗费大量的时间。尤其是在缺乏分布模型的情况下,期望更新更难以实现的。相比较而言,采样更新能将整个回溯计算分解为更小的片段,每一部分对应一个转换,使计算能够聚焦于产生最大影响的片段上。尽管采样更新会引入方差,但通常在训练过程中,只需要耗费较少的计算量,就能使结果快速逼近真实值函数。

除了更新方式不同外,所有规划都可以看作值函数的更新过程。本节介绍的反向聚焦方法只是其中的一种更新思路。而其他方法,如**前向聚焦**(forward focusing)方法,从当前策略下能经常访问到的状态出发,估计容易到达的下一状态,然后聚焦于这些容易到达的状态。

8.2.3　模拟模型的错误性

在实际情况中,模拟模型可能是错误的。其原因可能在于:

(1) 环境是随机的,且 Agent 只能观测到有限的样本;

(2) 用于近似函数学习的函数不准确;

(3) 环境已经改变而新的动态特征未被观测到。

当模型错误时,规划往往会陷入局部最优,只能得到局部最优策略。下面分两种情况对模拟模型的错误性进行讨论。

1. 容易被发现的模型错误——屏障迷宫

在一些情况下,规划过程给出的局部最优策略会引导我们发现模型的错误,并去修正模型错误。该情况通常只发生在乐观模型中,即模型倾向于当状态转移发生变化后,能够得到更大回报的状态。通过例 8.4 来说明容易被发现的模型错误。

例 8.4　继续考虑图 8.4 的包含障碍的扫地机器人问题。目前机器人所在的位置如图 8.4 所示。图中灰色方格表示障碍物,在最左侧有一条通向目标的最佳路径。到达充电位置[8,5]和垃圾位置[1,6]的奖赏设置为 +2,其他转移情况奖赏均为 0,参数 $\gamma = 0.90, \alpha = 0.1, \varepsilon = 0.1$。经过 150 次迭代后,将障碍物改变为图 8.8 的情况。图 8.9 所示折线图反映了 Dyna-Q 算法的回报曲线,Agent 在 300 步内找到了最优路线。可以看出,

阅读代码

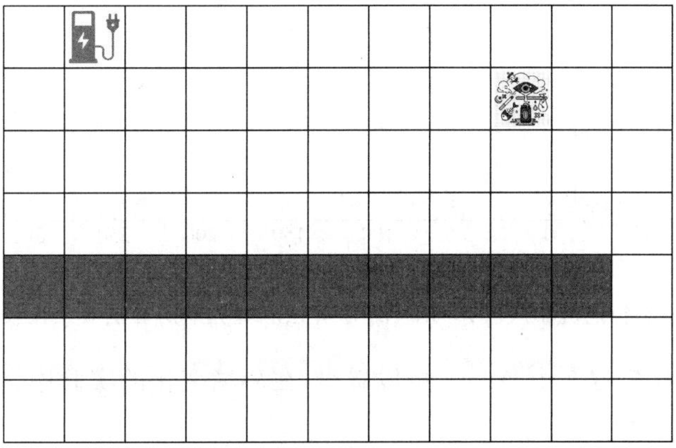

图 8.8　改变后的模型

在 150 步环境发生改变后，一段时间内曲线偏于水平，这是因为 Agent 在障碍物处徘徊而无法获得奖赏而造成的。经过一段时间后，Agent 重新找到一条最佳路径，使得回报增加，曲线继续上升。

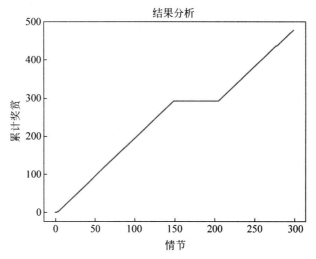

图 8.9　$n=30$ 时，基于 Dyna-Q 的扫地机器人任务的运行结果

分别将 $n=10$、$n=30$ 的 Dyna-Q 算法以及优先遍历算法应用于例 8.4 的带障碍物扫地机器人任务，到达充电位置[8,5]和垃圾位置[1,6]的奖赏设置为+2，其他迁移奖赏均设置为-0.01，初始环境如图 8.4 所示，进行 150 步后，将环境变化为图 8.8 的情况。图 8.10 给出了实验结果对比图。

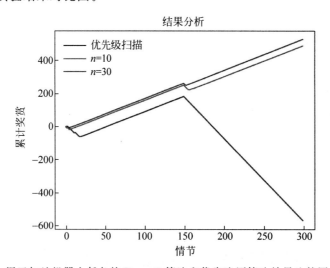

图 8.10　用于扫地机器人任务的 Dyna-Q 算法和优先遍历算法效果比较图(见彩插)

通过图 8.10 比较这 3 个 Agent 可以看出，在环境变化的实验中，优先级遍历算法的表现效果低于 Dyna-Q 算法。

2. 不易被发现的模型错误——捷径迷宫

当环境模型中出现更利于 Agent 获得最大回报的情况时，原先获得的正确策略可能无法得到改进，难以在短时间内发现模型错误。

例 8.5 在图 8.11 的扫地机器人环境中，起始位置为[0,4]，将充电位置[0,0]和垃圾位置[4,3]奖赏设为 1 和 4，其他转移情况奖赏均设置为 0。参数 $\gamma=0.90$，$\alpha=0.1$，$\varepsilon=0.1$。运行 100 个情节后，环境改变为图 8.12 的情况，出现一条可以更快到达垃圾的路径。用 Dyna-Q 算法给出最优策略。 阅读代码

图 8.11 扫地机器人示意图　　图 8.12 基于 Dyna-Q 算法的环境变化扫地机器人示意图

根据环境变化前后算法对值函数 q_π 预测的不同，绘制出了一张动作值函数 q_π 评估过程表，主要用来观察算法是否能检测到环境的变化。

表 8.1 确定环境中扫地机器人任务的动作值函数 q_π 评估过程

	S_1	S_6	S_{18}	...	S_{21}	...	S_{24}
Q_0	0.000; *.***; 0.000; 0.000	0.000; 0.000; 0.000; 0.000	0.000; 0.000; *.***; 0.000	...	*.***; 0.000; 0.000; *.***	...	*.***; 0.000; 0.000; *.***
Q_{20}	1.602; *.***; 1.529; 1.825	1.596; 2.065; 1.555; 2.080	3.150; 0.000; *.***; 0.000	...	*.***; 1.390; 1.006; *.***	...	*.***; 4.000; 3.167; *.***
Q_{99}	2.445; *.***; 2.126; 2.362	2.433; 2.446; 2.452; 2.778	3.240; 3.240; *.***; 4.000	...	*.***; 1.913; 1.551; *.***	...	*.***; 4.000; 3.600; *.***
Q_{100}	2.445; *.***; 2.452; 2.778	2.438; 2.446; 2.452; 2.778	3.240; 3.240; *.***; 4.000	...	*.***; 1.913; 1.551; 0.000	...	*.***; 4.000; 3.600; *.***
Q_{150}	2.452; *.***; 2.452; 2.778	2.445; 2.452; 2.452; 3.138	3.240; 3.240; *.***; 4.000	...	*.***; 1.913; 1.551; 0.000	...	*.***4.000; 3.600; *.***
q_π	2.452; *.***; 2.452; 2.778	2.445; 2.452; 2.452; 3.138	3.240; 3.240; *.***; 4.000	...	*.***; 1.913; 1.551; 0.000	...	*.***; 4.000; 3.600; *.***

通过表 8.1 可以看出：环境变化前后的值函数 q_π 并没有发生变化。图 8.13 的折线图反映了基于 Dyna-Q 算法得到的扫地机器人的最优步数曲线，可以看出，最优步数振荡范围较小。而实际 100 个情节后，模型发生了变化，在最上端出现更快捷的通路，能更快地到达垃圾处。可以得出结论，Dyna-Q 算法无法找到环境变化后的捷径。实验表明，相同的情况下，优先遍历算法也无法解决该类问题。

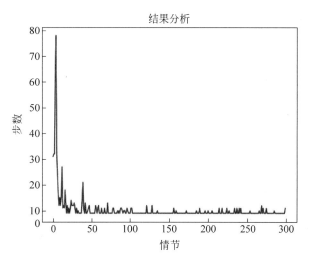

图 8.13   基于 Dyna-Q 算法的扫地机器人最优步数曲线图

规划问题同样存在探索和利用的矛盾。对规划来说，探索表示尝试更多的动作来提高模拟模型的精度；利用表示以当前模拟模型的最优方式来执行动作。Dyna-Q＋是在 Dyna-Q 的基础上，采取了启发式方式，记录 Agent 与环境交互过程中每组状态-动作对相邻两次出现的时间间隔，间隔时间越长，与状态-动作对相关的环境特征越容易发生变化，相应的模拟模型就越可能出错。

为了鼓励算法去探索那些长时间没有出现过的动作，通过定义额外奖赏，在模拟模型中处理这些动作以鼓励 Agent 采取动作，探索那些较长时间未被访问过的状态。如果两个状态单步迁移的奖赏为 r，且该状态迁移距上一次出现的间隔时长为 τ，则可以将该状态迁移的奖赏看作 $r+\kappa\sqrt{\tau}$，其中 κ 为一个较小的系数。

8.3   决策时间规划

规划主要包括后台规划和决策时间规划两种。

1）后台规划（background planning）

后台规划是一种不仅关注当前状态，而且还预先在后台处理其他多个状态的规划方法。典型案例，如 DP 和 Dyna 算法，利用模拟模型产生的模拟经验，通过规划算法来改进值函数，并更新策略。其中，动作的选择有两种方法：一种是表格法，在表格中比较当前状态下的动作值函数；另一种是函数近似法，采用近似方法，利用数学表达式进行评估。在当前状态 S_t 选择动作之前，规划过程都会预先考虑多个状态（包括 S_t）的动作选择，对其所需要的表格条目（表格法）或数学表达式（函数近似法）进行改善。

2）决策时间规划（decision-time planning）

决策时间规划是一种聚焦于特定状态的规划方法。该方法在遇到新状态 S_t 后才开始并完成规划，输出动作 A_t，然后开始下一时刻 S_{t+1}，以此类推。典型案例为：仅知道状态值，对于每个可选动作，都可以通过模拟模型预测出下一状态的值函数，通过比较下一状态的值函数来选择动作。通常情况下,基于决策时间规划的方法是一种关注后续状态的方法,比**单步前瞻**(one-step-ahead)看得更远,能对动作选择后多种不同的预测状态和奖赏轨迹进行评估。

值函数和策略对于当前状态和可选动作是特定的,因此,在当前状态下选择某个动作后,可以丢弃规划过程中创建的值函数和策略。这种丢弃并非数据的损失,因为在实际问题中,通常状态空间都很大,Agent很难在短时间内重回同一个状态。希望在重点关注当前状态规划过程的同时,存储规划过程的结果(即值函数和策略),以便在将来重新回到同一状态时做准备。

在不需要快速响应的情况下,决策时间规划具有重要的实用价值。例如下棋时,在决策时间允许的情况下,可以考虑更多的后继情况。

8.3.1 启发式搜索

在人工智能领域,典型的决策时间规划方法是**启发式搜索**(heuristic search)。在启发式搜索中,对每个遇到的状态都建立一个树结构,该结构包含了后续各种可能的延伸。在叶子节点中,存储值函数估计值(或近似值函数),然后从叶子节点向当前状态所在根节点回溯更新,直到到达当前状态-动作对节点。搜索树的回溯方式与贝尔曼最优方程的回溯方式完全相同,一旦得到了这些节点的更新值,就可以选择最好值所对应的动作作为当前动作,然后舍弃所有更新值。

在传统的启发式搜索中,值函数一般都是人为设计的,不会因为搜索而改变。但我们希望重复使用启发式搜索产生的更新值,或利用其他方法让值函数随着时间的推移得到改进。从某种意义上讲,贪心算法和ε-贪心算法的动作选择方法都属于小规模的启发式搜索,它们计算各种可能动作的更新值,但不保存。所以可以将启发式搜索视为单步贪心策略的扩展形式。

启发式搜索的有效性很大程度上是因为搜索树重点关注当前状态,并且只考虑紧挨着的后续状态和到达该状态的相应动作,保证内存和计算资源对当前决策的高度聚焦。正如跳棋游戏需要考虑当前跳棋位置、所有可能的下一步棋以及下一步棋位置的优劣性。当前状态和可选动作是更新过程的核心要素,通常希望利用有限的计算资源,准确估计它们的价值。在棋局中有太多可能的位置来存储不同的值函数估计值,但是基于启发式搜索的程序可以方便地存储从单个位置开始,进行前瞻搜索,所遇到的数百万个未知估计值。

按照上面的思想,基于启发式搜索构建搜索树,从下到上执行单步回溯,如图8.14所示。在这种情况下,如果对回溯进行排序,并使用表格法进行表示,便能得到与深度优先启发式搜索完全相同的回溯方式。对于任意状态空间搜索,启发式搜索可以由一系列的叶子节点向根节点的单步回溯的组合来实现。从这一点可以看出,深度搜索的高性能并不是因为使用了多步回溯,而是由于回溯重点关注于当前状态紧挨着的后续状态和到达该状态的相应动作。通过大量对候选动作相关的计算,与不依赖重点关注回溯的方法相比,决策时间规划可以产生更好的决策。

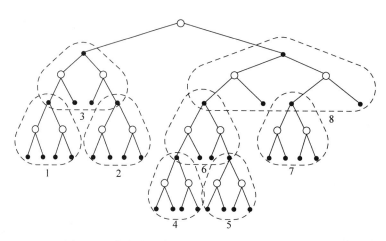

图 8.14　启发式搜索的结构及其深度优先搜索顺序

如果有一个完备的模型和一个不完备的动作值函数，那么与单步搜索相比，深度搜索通常能产生更好的策略。但如果搜索一直持续到情节结束，不完备值函数的影响就会被消除，此时确定的动作一定是最优的。一方面，搜索深度 k 越大，使得 γ^k 足够小，那么动作就越接近最优；另一方面，搜索深度 k 越大，需要的计算越多，响应时间就越慢。

8.3.2　预演算法

预演（rollout）算法是一种基于 MC 控制的决策时间规划算法。该算法以当前环境状态作为初始状态，在给定策略下形成模拟轨迹。利用这些模拟轨迹，通过对该状态中每个动作求平均回报值来估计状态-动作值函数。当状态-动作值函数估计得足够准确时，执行最大值函数对应的动作，并在下一状态中循环以上过程。正如下棋时，利用投骰子随机生成的点数以及某个固定的策略，从当前局面进行推演直到棋局结束，随后利用多次预演产生的完整棋局来估计当前局面(状态)的价值。

预演算法是 MC 控制算法的一个特例。它使用从某一初始状态随机生成的模拟轨迹，通过计算状态-动作的平均回报值来采取策略。预演算法作为具有随机性的决策时间规划算法，只是即时地利用动作值函数估计值，然后舍弃，不存储。与 MC 控制算法不同，预演算法不需要保证样本完整性，即不需要采集到所有的状态-动作对。从这一点看，预演算法的目标不是估计完整情节的最优动作值函数 q_*，或是特定策略 π 下的动作值函数 q_π，而是在给定预演策略下，计算每一个状态及其采用动作的值函数。可以说，预演算法的目的不是找到一个最优策略，而仅仅是改进预演策略。

策略改进理论同样适用于预演算法。在当前状态 s 下执行预演策略 π，通过对回报求均值来估计每个动作 $a' \in A(s)$ 的动作值函数 $q_\pi(s, a')$，然后选择最大动作值函数对应的动作，即对预演策略 π 进行了策略改进。改进预演策略的优劣性取决于预演策略的性质优劣以及基于 MC 价值估计动作的排序策略优劣。

预演策略越好，值函数估计值越精确，但耗费的时间也越多，因此需要平衡值函数估计值的精度和算法的效率。预演算法的计算效率受以下因素影响：

(1) 每次决策时需要评估的动作数 $|A(s)|$；

(2) 预演策略做出决策的时间;

(3) 为了获得有效回报值所需的模拟轨迹步数;

(4) 为了获得较好 MC 动作值估计所需的模拟轨迹数量。

平衡值函数估计精度和算法效率的常用方法主要有两种:

(1) 由于 MC 采样是相互独立的,因此可以同时在多个进程中并行采样;

(2) 使用截断模拟轨迹,利用预存的评估函数来修正截断回报。

通常认为预演算法不属于学习算法,因为它没有对值函数或策略的长期记忆,但它在强化学习中却发挥着重要的作用,其作用体现在:

(1) 通过轨迹采样避免穷举式遍历;

(2) 使用采样更新而不需要概率分布模型;

(3) 基于贪心策略选择动作,有效地利用了策略改进定理。

8.3.3　蒙特卡洛树搜索

蒙特卡洛树搜索(Monte Carlo Tree Search,MCTS)是一种高效的决策时间规划算法,也是一种预演算法,该算法通过累积蒙特卡洛模拟得到的值函数估计值,来不断地将模拟轨迹逼近于高奖赏轨迹。

MCTS 的核心思想是:对从当前状态出发的多条模拟轨迹不断地聚集与选择,基于先前模拟过程得到的评估值,对模拟轨迹中获得高额评估值的初始片段进行拓展。简单而言,当遇到一个新状态时,先利用 MCTS 来选择动作,然后继续利用 MCTS 选择下一状态的动作,以此类推。作为一种预演算法,MCTS 通常模拟多条以当前状态为初始状态的完整情节(或步数足够多,直到折扣奖赏对回报的贡献可以忽略不计),且不需要保存值函数或策略。在实际情况下,有时会保存已选动作的值函数,以便在下一次的执行中发挥作用。

MCTS 与表格式 MC 算法动作值函数的计算方法相同。只不过在计算过程中,MCTS 只维护部分的 MC 估计值,这些估计值是多次预演下,在有限步之内到达终止状态所得到的。所有预演得到的状态形成一棵以当前状态为根节点的树,具体如图 8.15 所示。

MCTS 通过增加可能出现在模拟轨迹中的状态节点,来增量式地对树进行拓展。任意一条模拟轨迹都会沿着树运行,最后从某个叶子节点离开。MCTS 在选择动作时采取两种策略。

(1) 在树的内部节点上,由于存在部分已经计算过的动作值函数,所以可以使用基于这些动作值函数的策略来选择动作。树内部的策略称为**树策略**(tree policy),常用树策略为 ε-贪心策略;

(2) 在树的外部和叶子节点上,通过预演策略选择动作。对于简单的环境模型,采用预演策略可以在短时间内产生大量的模拟轨迹。

MCTS 最初被用于双人游戏。在游戏中,每一个模拟情节都有两个玩家共同完成,根据树策略和预演策略选择动作来完成一局完整的游戏。MCTS 的工作过程如图 8.15 所示,每次循环包含以下四个步骤。

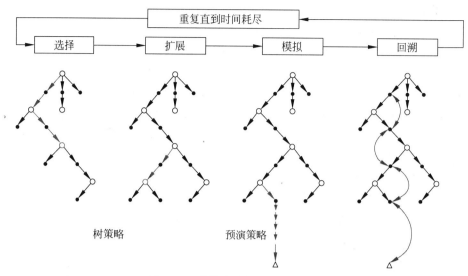

图 8.15　蒙特卡洛树搜索(见彩插)

（1）选择（selection）：从根节点开始,构建基于树边缘的动作值的树策略,使用该树策略通过遍历树来选择一个叶子节点。可以理解为,根据树策略 π,从当前状态 S_t 开始产生模拟轨迹。若只有根节点,则跳过选择过程。

（2）展开（expansion）：在一些迭代中,以一定的概率,从上一步中选取的叶子节点处对树进行展开,选择未执行过的动作来增加一个或多个子节点,以增加探索性。

（3）模拟（simulation）：从所选叶子节点处或新增子节点处,基于预演策略来选择动作,实现完整轨迹的模拟。

（4）回溯（backup）：对完整模拟轨迹产生的回报进行回溯(向上回传),以更新或初始化树策略所遍历的树边缘上的动作值。预演策略在树外访问到的状态和动作的价值都不会被保存下来。图 8.15 显示了从模拟轨迹的终止状态直接回溯到预演策略开始时的树内的状态-动作对节点处(通常情况下,我们都是将完整模拟轨迹的回报直接回溯到这个状态-动作对节点)。

通常 MCTS 方法循环执行这 4 个步骤。每次从树的根节点开始,直到用完所有时间或耗尽计算资源,最后利用树累积的统计信息从根节点选择一个动作,可以选择根状态中最大动作值函数对应的动作,也可以选择访问次数最多的动作。当环境转移到一个新的状态时,MCTS 会在动作被选择前执行尽可能多次的迭代,逐渐构建一个以当前状态为根的树。

MCTS 将基于 MC 控制的决策时间规划算法应用到从根节点开始的模拟中,它具有以下特性。

（1）MCTS 受益于在线的、增量式的、基于采样的值函数估计和策略改进,在实际任务中能高效、并行地处理高难度的强化学习任务；

（2）MCTS 保存了树边缘上的动作值函数估计值,并使用采样更新方法对这些动作值函数进行更新,这使得 MCTS 具有高度选择性,能够重点关注一些特定轨迹,这些特定

轨迹的初始片段与先前模拟的高奖赏轨迹的初始片段是相同的;

（3）通过对树进行扩展,对于在高收益轨迹的初始片段中被访问过的状态-动作对,MCTS可以高效地创建一张查询表,来存储这些状态-动作对的值函数估计值;

（4）MCTS既保留了使用历史经验来指导探索的优点,又避免了全局近似动作值函数的问题。

例8.6　蒙特卡洛搜索树是一类算法的统称,它适用于零和(博弈各方的收益和损失相加总和永远为0)且确定环境的游戏。现在用蒙特卡洛搜索树算法对井字棋进行训练：井字棋,英文名叫Tic-Tac-Toe,是一种在3×3格子上进行的连珠游戏,和五子棋类似,由于棋盘一般不画边框,格线排成井字故得名。游戏需要的工具仅为纸和笔,然后由分别代表"O"和"X"的两个游戏者轮流在格子里留下标记,任意3个相同标记形成一条直线,则为获胜。用MCTS算法给出第1步胜率最高的下法。

训练要求将模拟次数设定为2000次,即每个状态都模拟2000次到达终点。到达胜利叶子节点回溯得1分,失败或平局节点不得分。图8.16给出了通过MCTS算法得出的第1步每种落子的得分情况。

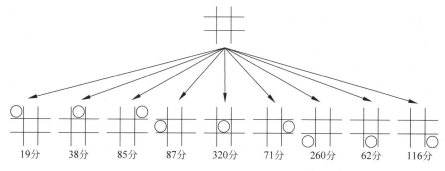

图8.16　基于MCST的井字棋第1步每种落子的得分情况

从图8.16可以看出,当每个状态到达终止状态的蒙特卡洛模拟次数达到2000次时,将棋子落在中间位置是获胜概率最高的下法。在胜率最高的情况下,我们使用预演策略进行对手下法的模拟,假设预演后的状态如图8.17所示。

图8.17　随机预演的状态

使用蒙特卡洛搜索树算法对此时的状态进行模拟,可以得出之后每一个动作的不同的分如图8.18所示。

根据先验知识我们可以看出蒙特卡索搜索树算法在井字棋环境中表现出色,能正确的得出每个状态下胜率最高的动作。

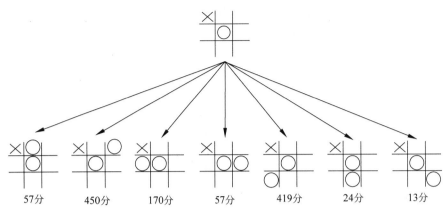

图 8.18　在当前状态下井子棋每种落子的得分情况

8.4　小结

本章重点阐述了规划和学习的联系和区别,在此基础上,给出了 Dyna-Q 框架。规划是建立在模拟经验基础上进行的模型学习。模型学习主要包括两种:一是利用模型给出的概率分布信息直接学习,该学习要求模型必须具有完备的环境迁移动态,如 DP 算法;二是对与环境交互过程中产生的经验进行采样,形成模拟模型,并利用这些采样信息对值函数进行更新。

在模型学习中,学习的模型可以分为**分布模型**和**采样模型**。分布模型包含每一状态-动作对到达下一状态以及获得立即奖赏的概率;采样模型只包含当前状态的一种迁移和立即奖赏的实例。在动态规划中,必须利用分布模型计算状态或状态-动作对的期望值,但这种分布模型通常是很难获得的;而采样模型则更为常见,它只需要存储一些与环境交互过程中的样本。规划和学习也具有共同之处的,二者都是对值函数或策略函数的更新,这引出了二者结合的 Dyna-Q 算法。

在本章中,介绍了状态-空间规划的不同维度,一个维度是更新的规模,规模越小规划往后看的步数越多,Dyna-Q 中用的是 1 步采样更新。另一个维度就是更新的着重点,像 Dyna-Q 算法是随机采样的,这使得很多值函数变化较小的状态更新次数过多,导致学习效率的降低。针对该问题,提出优先遍历算法,该算法根据 TD-error 作为优先级来决定采样的顺序。

同策略轨迹采样重点专注于根据当前策略 Agent 有可能遇到的状态,不需要对那些无关的状态进行值函数的更新,大大提高了更新的效率。

规划也可以关注相关状态的后续状态,本章阐述的决策时间规划就是在对该状态后续可能到达的状态进行值函数更新,选择策略后再丢弃。预演算法和蒙特卡洛搜索树算法都是典型的决策时间规划方法。

8.5　习题

1. 什么是模型学习？简述模型学习与直接强化学习之间的异同点。

2. 简述 Dyna-Q 算法与优先遍历算法的异同点。

3. 在图 8.11 的环境中，比较 n 不同的 Dyna-Q 算法表现的优劣，探讨是否 n 值越大越好。

4. 在图 8.8 环境变化的格子世界中，当每步奖赏为 -0.1 和 0 时，比较优先遍历算法的结果，并探讨产生这种结果的原因。

5. （编程）利用蒙特卡洛搜索树算法实现井字棋游戏。

第三部分：深度强化学习

　　深度学习和强化学习是目前机器学习领域中较热门的两个研究方向。其中深度学习的基本思想是通过堆叠多层的网络结构和非线性变换，组合低层特征，从而实现对输入数据的分级表达。与深度学习不同，强化学习并没有提供直接的监督信号来指导 Agent 的行为。在强化学习中，Agent 是通过试错的机制与环境进行不断的交互，以最大化从环境中获得的累计奖赏。深度强化学习将具有感知能力的深度学习和具有决策能力的强化学习相结合，形成从输入原始数据到输出动作控制的完整的智能系统。

　　深度强化学习是一种端到端的感知与控制方法，在该方法中，Agent能够感知更加复杂的环境状态，并建立相应的策略，进而提高强化学习算法的求解能力和泛化能力。近年来，深度强化学习已经应用于诸多领域，并取得了惊人的成绩。如可与职业玩家对战的星际争霸程序、打败李世石的 AlphaGo 围棋程序都是以深度强化学习作为核心技术的系统。随着对深度强化学习的研究的不断深入，未来深度强化学习技术必将在金融系统、基因工程、医疗诊断、气候预测等领域得到越来越广泛的应用。

　　该部分主要包括第 9 章深度学习；第 10 章 PyTorch 与神经网络；第 11 章深度 Q 网络；第 12 章策略梯度法；第 13 章基于确定策略梯度的深度强化学习；第 14 章基于 AC 框架的深度强化学习共 6 章。

第 **9** 章

深度学习

深度学习是基于人工神经网络发展起来的一项技术。**人工神经网络**（Artificial Neural Network，ANN）的起源可以追溯到 20 世纪 40 年代。神经网络的基本组成单元为神经元，1943 年心理学家 W. S. McCulloch 和数理逻辑学家 W. Pitts 受到人脑神经系统启发后，首次提出神经元计算模型。人脑神经系统的神经元通过突触接收输入信号，然后通过神经激活的方式传输给后续的神经元。与之相似地，人工神经网络通过堆叠神经元来形成一层神经网络，由多层神经网络首尾相连形成网络结构来协同工作。在人工神经网络中，神经元个数、网络层数以及网络层连接方式等都可以存在多种形式。

神经网络包括拓扑结构、激励函数和最优权重算法 3 个核心要素，按照网络深度可以分为浅层神经网络（传统神经网络）和**深度神经网络**（Deep Neural Network，DNN）。下面将从感知器神经元开始，分别介绍传统神经网络和深度神经网络的结构和特点。

在线视频

9.1 传统神经网络

传统神经网络或多层感知器网络由多个感知器神经元组成，网络中的神经元也被称为网络节点。在传统神经网络中，神经元采用**全连接**（fully connected）方式，与下一层所有神经元都有连接，每条连接线都有独立的权重参数。

传统神经网络为多层前向神经网络，其网络结构通常由输入层、隐藏层和输出层 3 部分组成，其结构如图 9.1 所示。

（1）**输入层**（input layer）：输入层直接接收数据，不做任何处理，神经元的数量由需要输入的特征数目决定。

（2）**隐藏层或中间层**（hidden layer）：隐藏层网络层数和层中神经元个数对模型的影响非常大，它们的数量都是可以变化的。

（3）**输出层**(output layer)：输出层是网络的最后一层，根据输出层的输出类型，可将神经网络分为分类神经网络和回归神经网络。

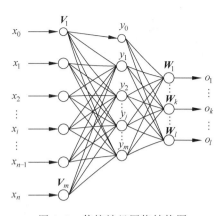

图 9.1　传统神经网络结构图

> 分类神经网络：将数据映射到一个或多个离散的标签，输出值为概率向量或编码向量，输出神经元数量等于类别数。

> 回归神经网络：将数据映射到连续的空间，通常将输出值进行归一化处理。

图 9.1 给出的是一个三层神经网络，最左边为输入层，中间为隐藏层，最右边为输出层。网络的输入向量为 $\boldsymbol{X} = [x_1, x_2, \cdots, x_i, \cdots, x_n]^\mathrm{T}$，其中 $x_0 = -1$ 为隐藏层神经元引入阈值；隐藏层输出向量为 $\boldsymbol{Y} = [y_1, y_2, \cdots, y_j, \cdots, y_m]^\mathrm{T}$，其中 $y_0 = -1$ 为输出层神经元引入阈值；输出层输出向量为 $\boldsymbol{O} = [o_1, o_2, \cdots, o_k, \cdots, o_l]^\mathrm{T}$。输入层到隐藏层之间的权重参数矩阵为 $\boldsymbol{V} = [\boldsymbol{V}_1, \boldsymbol{V}_2, \cdots, \boldsymbol{V}_j, \cdots, \boldsymbol{V}_m]^\mathrm{T}$，其中列向量 $\boldsymbol{V}_j = [v_{1j}, v_{2j}, \cdots, v_{ij}, \cdots, v_{nj}]^\mathrm{T}$ 为隐藏层第 j 个神经元对应的权向量，元素 v_{ij} 为输入层第 i 个神经元与隐藏层第 j 个神经元之间的权重参数；隐藏层到输出层之间的权重参数矩阵为 $\boldsymbol{W} = [\boldsymbol{W}_1, \boldsymbol{W}_2, \cdots, \boldsymbol{W}_k, \cdots, \boldsymbol{W}_l]^\mathrm{T}$，其中列向量 $\boldsymbol{W}_k = [w_{1k}, w_{2k}, \cdots, w_{jk}, \cdots, w_{mk}]^\mathrm{T}$ 为输出层第 k 个神经元对应的权向量，元素 w_{jk} 为隐藏层第 j 个神经元与输出层第 k 个神经元之间的权重参数。期望输出向量为 $\boldsymbol{d} = [d_1, d_2, \cdots, d_k, \cdots, d_l]^\mathrm{T}$。$\boldsymbol{X} = [x_1, x_2, \cdots, x_i, \cdots, x_n]^\mathrm{T}$ 和 $\boldsymbol{O} = [o_1, o_2, \cdots, o_k, \cdots, o_l]^\mathrm{T}$ 的向量维度由输入特征数和输出标签数决定。

9.1.1　感知器神经元

感知器神经元(传统感知器)是神经网络的基础，为二元分类器(输出为 0 或 1)，用于对数据进行线性加权处理。令输入向量为 $\boldsymbol{x} = [x_1, x_2, \cdots, x_i, \cdots, x_n]^\mathrm{T}$，对应的权重参数为 $\boldsymbol{w} = [w_1, w_2, \cdots, w_i, \cdots, w_n]^\mathrm{T}$。权重分量 w_i 表示输入数据 x_i 相对于输出结果 y 的重要程度，对感知器的优化就是对权重 $\boldsymbol{w}$ 和偏置项 b 调整的过程。它的计算方法如下所示。

$$y = \sum_{i=1}^{n} w_i x_i + b, \quad \text{输出} = \begin{cases} 0, & \text{如果 } y \leqslant 0 \\ 1, & \text{如果 } y > 0 \end{cases} \tag{9.1}$$

由于对 $\boldsymbol{w}$ 或 b 进行微调时，输出的结果要么不变，要么翻转，因此模型效果不佳。所以除了对输入数据进行线性加权之外，还需要通过一个非线性的**激活函数**(activate function)对输出结果进行非线性处理，从而增加模型的逼近能力。加入激活函数后的感知器如图 9.2 所示。

加入激活函数后的感知器计算方法为

$$y = f\left(\sum_i w_i x_i + b\right) \tag{9.2}$$

其中，f 表示激活函数。

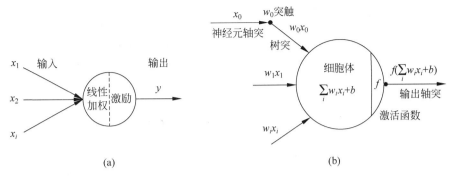

图 9.2 感知器神经元

9.1.2 激活函数

常用的激活函数有以下几种类型。

（1）**Sigmoid 函数**（Logistic 函数）

使用该函数作为激活函数的感知器神经元也被称为 S 型神经元。Sigmoid 函数表达式和导数表达式分别为

$$f(x) = \frac{1}{1 + e^{-x}}$$

$$f'(x) = f(x)[1 - f(x)]$$

Sigmoid 函数图像如图 9.3 所示。

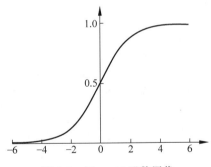

图 9.3 Sigmoid 函数图像

当 x 值趋于正无穷大时，函数值 $f(x)$ 趋于 1；当 x 值趋于负无穷大时，$f(x)$ 趋于 0；当 x 值等于 0 时，$f(x)$ 等于 0.5。Sigmoid 函数使感知器的输出结果趋于平滑，使得 w 或 b 产生微小变化时，感知器的输出变化也趋于平滑。

（2）**Tanh 函数**（双曲正切函数）

Tanh 函数是 Sigmoid 函数的变形，两者都是"S"形的曲线，常被用于循环神经网络。Tanh 的函数表达式和导数表达式分别为

$$f(x) = \frac{e^x - e^{-x}}{e^x + e^{-x}}$$

$$f'(x) = 1 - f^2(x)$$

Tanh 函数图像如图 9.4 所示。

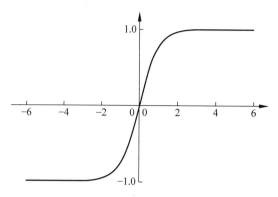

图 9.4 Tanh 函数图像

当 x 值趋于正无穷大时，函数值 $f(x)$ 趋于 1；当 x 值趋于负无穷大时，$f(x)$ 趋于 -1；当 x 值等于 0 时，$f(x)$ 等于 0。Tanh 函数的输出为 0 均值，梯度会有正有负。Tanh 函数仍然存在梯度消失问题，但比 Sigmoid 激活函数要好些。

（3）**ReLU 函数**（the Rectified Linear Unit，修正线性单元）

ReLU 函数及其变种常用于卷积神经网络，ReLU 的函数表达式和导数表达式分别为

$$f(x) = \max(0, x)$$

$$f'(x) = \begin{cases} 1, & x > 0 \\ 0, & x \leqslant 0 \end{cases}$$

函数以 $x = 0$ 为分界线，当 $x \leqslant 0$ 时 $f(x)$ 均为 0；当 $x > 0$ 时 $f(x) = x$。相比于 Sigmoid 函数，ReLU 函数收敛速度快，具有单侧抑制性，有相对宽阔的兴奋边界和稀疏激活性优点。而且 ReLU 函数梯度公式简单，能够避免梯度消失或梯度爆炸。

但是由于 ReLU 函数没有边界，所以通常也会采用其他变种形式，如 $f(x) = \min[\max(0, x), 6]$；此外，ReLU 函数会造成部分神经元的失效，即出现死神经元。

（4）**Leaky ReLU 函数**

LeakyReLU 的函数表达式和导数表达式分别为

$$f(x) = \begin{cases} x, & x > 0 \\ \alpha x, & x \leqslant 0 \end{cases}$$

$$f'(x) = \begin{cases} 1, & x > 0 \\ \alpha, & x \leqslant 0 \end{cases}$$

Leaky ReLU 函数在 ReLU 函数的基础上，对 $x \leqslant 0$ 的部分进行修正，来解决 ReLU 函数中"死神经元"的问题。

（5）**ELU（指数线性激活函数）函数**

ELU 的函数表达式和导数表达式分别为：

$$f(x) = \begin{cases} x, & x > 0 \\ \alpha(e^x - 1), & x \leqslant 0 \end{cases}, \quad f'(x) = \begin{cases} 1, & x > 0 \\ f(x) + \alpha, & x \leqslant 0 \end{cases}$$

在 ReLU 函数的基础上,对 $x \leqslant 0$ 的部分进行指数修正。

ReLU 函数、Leaky ReLU 函数、ELU 函数曲线如图 9.5 所示。

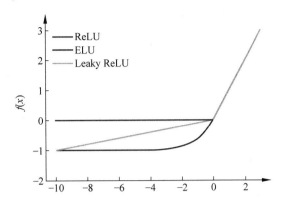

图 9.5　ReLU 函数、Leaky ReLU 函数、ELU 函数曲线对比图(见彩插)

9.2　反向传播算法

传统神经网络的训练通常使用**误差反向传播**(Error Back Propagation)算法。该算法由信号的**前向传播**(Forward Propagation,FP)和误差的**反向传播**(Backward Propagation,BP)两部分构成。正向传播时,输入样本从输入层通过隐藏层最后作用于输出层,由于权重(和偏置项)的初始化是随机的,所以网络的预测值(实际输出值)y 与标签值(目标值)$\hat{y}$ 必然存在误差;反向传播时,网络根据误差调节各个神经元的连接权重。反复学习来调整权重,使误差逐渐减小。

BP 算法先构造损失函数 L,然后基于链式求导法则,采用 SGD 优化损失函数,对权重进行更新:

$$w \leftarrow w - \alpha \nabla L \tag{9.3}$$

当损失函数 L 收敛到一定阈值内,训练过程结束,保存参数。

通常来说,神经元数目越多,网络层次越深,网络的学习能力就越强;但网络参数过多,梯度回传就会变得困难,容易出现**过拟合**(overfitting)问题,这也是传统神经网络无法直接拓展成深度神经网络的原因。所有采用有限训练集进行函数逼近的方法都存在过拟合问题,尽管强化学习的训练集是非静态的,但仍然需要考虑函数逼近的泛化性能。常见的用于解决过拟合问题的方法有以下几种。

(1) **交叉验证法**(cross validation):当模型的性能开始在校验集中下降时,停止训练。

(2) **正则化**(regularization):在目标函数上增加正则项以降低函数逼近的复杂度。

(3) **权重共享**(weight sharing):引入权重之间的依赖关系。

(4) **随机丢弃法**(dropout):在训练过程中随机移除一半左右的隐藏层神经元,并切断它与其他神经元的连接,相当于在每次训练时只使用部分神经元来训练,减少了神经元之间的依赖性。当移除部分隐藏层神经元,网络的逼近性能没有明显变化时,则可以说明

保留下的特征信息为重要信息。随机丢弃法可以减少对低概率事件的关注度,有效提高
网络的泛化能力和准确率,其功能示意图如图9.6所示。

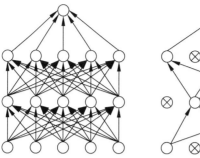

(a) 标准神经网络 (b) 应用随机丢弃法后的神经网络

图 9.6 随机丢弃法示意图

使用均方误差函数(MSE)作为损失函数

$$L = \frac{1}{2}\sum_{i=1}^{m}(y_i - \hat{y})^2 \tag{9.4}$$

其中,m 为样本数,y 为预测数据,$\hat{y}$ 为标签值。

下面以 Sigmoid 激活函数、均方误差、全连接网络、随机梯度下降优化为例,推导反向
传播算法。这里需要注意的是,如果激活函数、误差计算方式、网络连接结构、优化算法不
同,则具体的训练规则也不一样。但是无论怎样,训练规则的推导方式都是一样的,都应
用链式求导法则进行推导。

下面以图 9.1 的 3 层神经网络为例,阐述神经网络的前向传播和 BP 算法。

9.2.1 前向传播

对于隐藏层,有

$$y_j = f(\text{net}_j)\quad j = 1,2,\cdots,m$$

$$\text{net}_j = \sum_{i=0}^{n} v_{ji}x_i\quad j = 1,2,\cdots,m$$

对于输出层,有

$$o_k = f(\text{net}_k)\quad k = 1,2,\cdots,l$$

$$\text{net}_k = \sum_{j=0}^{m} w_{kj}y_j\quad k = 1,2,\cdots,l$$

这里,激活函数 $f(x)$ 均为单极性 sigmoid 函数

$$f(x) = \frac{1}{1+e^{-x}}$$

$f(x)$ 连续、可导,且有

$$f'(x) = f(x)[1 - f(x)]$$

9.2.2 权重调整

输出误差 E 定义为

$$E = \frac{1}{2}(\boldsymbol{d} - \boldsymbol{o})^2 = \frac{1}{2}\sum_{k=1}^{l}(d_k - o_k)^2$$

将以上误差定义式展开到隐藏层，有

$$E = \frac{1}{2}\sum_{k=1}^{l}\left[d_k - f(\mathrm{net}_k)\right]^2 = \frac{1}{2}\sum_{k=1}^{l}\left[d_k - f\left(\sum_{j=0}^{m}w_{kj}y_j\right)\right]^2$$

进一步展开到输入层，有

$$E = \frac{1}{2}\sum_{k=1}^{l}\left\{d_k - f\left[\sum_{j=0}^{m}w_{kj}f(\mathrm{net}_j)\right]^2\right\}$$

$$= \frac{1}{2}\sum_{k=1}^{l}\left\{d_k - f\left[\sum_{j=0}^{m}w_{kj}f\left(\sum_{i=0}^{n}v_{ji}x_i\right)\right]^2\right\}$$

9.2.3 BP算法推导

输出层权重梯度可以写为

$$\Delta w_{kj} = -\eta\frac{\partial E}{\partial w_{kj}} = -\eta\frac{\partial E}{\partial \mathrm{net}_k}\frac{\partial \mathrm{net}_k}{\partial w_{kj}} = -\eta\frac{\partial E}{\partial \mathrm{net}_k}y_j$$

隐藏层权重梯度可以写为

$$\Delta v_{ji} = -\eta\frac{\partial E}{\partial v_{ji}} = -\eta\frac{\partial E}{\partial \mathrm{net}_j}\frac{\partial \mathrm{net}_j}{\partial v_{ji}} = -\eta\frac{\partial E}{\partial \mathrm{net}_j}x_i$$

定义误差项，令

$$\delta_k^o = -\frac{\partial E}{\partial \mathrm{net}_k}$$

$$\delta_j^y = -\frac{\partial E}{\partial \mathrm{net}_j}$$

这样，有

$$\Delta w_{kj} = -\eta\delta_k^o y_j$$

$$\Delta v_{ji} = -\eta\delta_j^y x_i$$

δ_k^o 可展开为

$$\delta_k^o = -\frac{\partial E}{\partial \mathrm{net}_k} = -\frac{\partial E}{\partial o_k}\frac{\partial o_k}{\partial \mathrm{net}_k} = -\frac{\partial E}{\partial o_k}f'(\mathrm{net}_k) = -(d_k - o_k)o_k(1 - o_k)$$

δ_j^y 可展开为

$$\delta_j^y = -\frac{\partial E}{\partial \mathrm{net}_j} = -\frac{\partial E}{\partial y_j}\frac{\partial y_j}{\partial \mathrm{net}_j} = -\frac{\partial E}{\partial y_j}f'(\mathrm{net}_j)$$

$$= -\sum_{k=1}^{l}(d_k - o_k)o_k(1 - o_k)f'(\mathrm{net}_k)w_{kj}$$

$$= \left(\sum_{k=1}^{l}\delta_k^o w_{kj}\right)y_j(1 - y_j)$$

因此有

$$\Delta w_{kj} = \eta (d_k - o_k) o_k (1 - o_k) y_j$$

$$\Delta v_{ji} = \eta \Big(\sum_{k=1}^{l} \delta_k^o w_{kj} \Big) y_j (1 - y_j) x_i$$

在线视频

9.3 卷积神经网络

卷积神经网络(Convolutional Neural Network,CNN)是深度学习中最常用的一种网络结构。1998 年由 Yann Lecun 提出。2012 年,Alex Krizhevsky 等凭借它赢得了 ImageNet 挑战赛,震惊世界。如今卷积神经网络已经在图像识别、计算机视觉、自然语言处理等领域发挥着越来越重要的作用。

由于传统神经网络参数规模过大、网络深度受限、相邻像素关系信息丢失等问题,难以直接拓展到深度神经网络。卷积神经网络作为一种深度神经网络结构,擅长处理图像相关的问题,能够将目标图像降维并提取特征,以进行分类识别等运算。

CNN 的最初版本 LeNet 由 LeCun 提出并应用在手写字体识别上(MNIST),该网络通过卷积、参数共享、池化等操作提取特征,最后通过全连接层输出分类识别结果。常见 CNN 结构有 LeNet-5、AlexNet、VGGNet、GoogleNet、ResNet。

9.3.1 卷积神经网络核心思想

本节主要探讨 CNN 的内在机理,卷积的核心思想在于引入局部感知、权值共享、下采样 3 种技术,以弥补传统神经网络的不足。

1. 局部感知

图像的局部像素之间往往存在着较强的相关性,局部感知正是利用了这一特性,每次只针对图像的局部信息进行感知,得到特征图,而后在更深层次的网络中继续对所得特征图的局部信息进行高维感知,以此从局部到整体来获取图像信息。使用局部感知时,神经元只和下一层的部分神经元进行连接,每一个局部**感知区域**(receptive field)都对应一个卷积核。

此外,局部感知大大降低了网络的参数。假设用一个**像素值**(pixel)表示一个神经元,考虑一个 1000×1000 像素的图像:

> 使用全连接网络时,当下一隐藏层有 1000 个神经元时,从输入层到隐藏层,共有 $1000 \times 1000 \times 1000 = 10^9$ 个权重参数。

> 使用局部感知,设定感知区域为 10×10(即 10×10 大小的卷积核),当下一隐藏层有 1000 个神经元(即有 1000 个卷积核)时,从输入层到隐藏层,共有 $10 \times 10 \times 1000 = 10^5$ 个权重参数。

2. 权值共享

权值共享与局部感知一样,同样从像素相关性和参数缩减两方面进行考虑,它实现的是多层像素共享一个卷积核的功能。之所以可以这样处理图像,是因为像素相关性高的局部区域往往具有相同的纹理特征,可以用同一个卷积核来学习这部分特征,并将该卷积核学习到的特征作为探测器,应用到输入图像的其他类似区域,从而减少网络参数(减少重复的卷积核)。

3. 下采样

在实际工作中,通常需要通过下采样技术对各层特征图进行压缩处理,减少后续网络的权重参数,减少过拟合问题,便于提取图像的高维特征。

相对来说,深层次的 CNN 抽取到的信息更为丰富,效果更好。但 CNN 的缺陷在于需要大量调参,样本需求量大,训练时间长;且网络物理含义不明确,中间层的输出无实际意义。

9.3.2　卷积神经网络结构

卷积神经网络结构一般包括输入层、卷积层、激励层、池化层和全连接层。

1. 输入层

输入的数据通常都需要经过预处理,其原因在于以下几点。

(1) 由于图像相邻像素之间具有很强的相关性,所以输入数据存在冗余问题。

(2) 输入数据单位不一致,可能会导致网络收敛速度慢、训练时间长。

(3) 由于神经网络中激活函数是有值域限制的,因此需要将数据映射到激活函数的值域中。

(4) S形激活函数在(0,1)区间以外区域过于平缓,区分度太小。

常用的数据预处理方式包括以下几种。

(1) 去中心化:每个特征维度都减去相应的均值实现中心化,使得数据都变成0均值。

(2) 归一化:将输入数据的各个维度的幅度归一化到同样的范围,通常有两种方法:一种做法是除以标准差,使得新数据的分布接近标准高斯分布;另一种做法是让每个特征维度的最大值和最小值按比例缩放到[-1,+1]。

(3) **主成分分析**(Principal Components Analysis,PCA)白化:用 PCA 降维,降低输入的冗余性,但是白化过程会丢弃图像的颜色信息。

2. 卷积层

卷积层是卷积神经网络中较为核心的网络层,主要进行卷积操作。基于图像的空间局部相关性分别抽取图像局部特征,通过将这些局部特征进行连接,形成整体特征。

特征与卷积核做内积并求和的过程叫作卷积过程,其本质还是 $y_i = \sum_i w_i x_i + b_i$ 的线性加权过程,w_i 对应一个卷积核(参数矩阵),x_i 对应一层特征图(特征矩阵)。

卷积的核心思想是通过对局部进行感知,提取局部信息,在更高层次对局部的信息进行综合操作以获得全局信息,实现对图像的去噪、增强、边缘检测、图像特征提取等处理。

卷积计算图与卷积过程示意图分别如图 9.7 和图 9.8 所示。

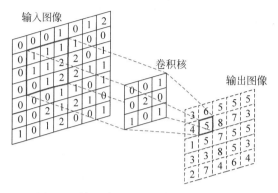

图 9.7 单通道卷积计算示意图(见彩插)

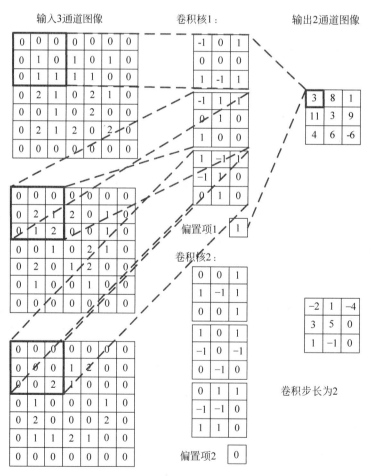

图 9.8 多通道卷积计算示意图(见彩插)

图 9.7 包含 1 个单通道的卷积核,图 9.8 包含 2 个 3 通道的卷积核。一个卷积层可以包含任意多个卷积核,每个卷积核都是一个特征提取器,图像的局部卷积操作都共享这个卷积核的参数;每个卷积核都具有与输入图像**深度**(depth)相等数量的**通道**(channel),每个通道的卷积参数与偏置项共同构成了当前卷积层的连接权重。每个卷积核都会从左向右、从上向下遍历整个图像,各个通道分别与它在图像上所覆盖的元素相乘并求和,输出**特征图**(feature map)。每个卷积核在与图像进行卷积后都会输出一个特征图,该特征图的通道数也将作为下一层网络的图像深度参数。

除了图像深度与卷积核通道参数外,卷积还涉及步长与填充值:①**步长**(stride)表示卷积核每完成一次线性加权过程后所移动的距离,若步长小于卷积核宽度(滑动窗口重叠机制),则可以有效降低每一次卷积的边缘不平滑性。②**填充值**(zero-padding)表示对输入图像的边缘进行填充像素的大小,填充值可以保持输入输出图像尺寸一致,也可以增加边缘像素信息在卷积过程中的参与程度。

卷积的计算规则为

$$w_i^+ = \frac{w_i - w_k + s + 2z}{s}, \quad h_i^+ = \frac{h_i - h_k + s + 2z}{s}$$

其中,w_i^+ 为特征图宽度,w_i 为图像宽度,w_k 为卷积核宽度,s 为步长,z 为填充值;h_i^+ 为特征图高度,h_i 为图像高度,h_k 为卷积核高度;卷积核的通道数必须与输入图像的深度保持一致,每一层使用的卷积核个数等于输出特征图的通道数。

图 9.7 为单通道卷积的计算过程。输入为一个 7×7 图像矩阵,经过一个 3×3 的卷积核卷积后,输出一个 5×5 的特征图像矩阵。这里以输出图像的第 2 行第 2 列的"5"的计算为例。

$$(1 \times 0)$$
$$(1 \times 0)$$
$$(1 \times 1)$$
$$(1 \times 0)$$
$$(1 \times 2)$$
$$(2 \times 0)$$
$$(0 \times 1)$$
$$(1 \times 0)$$
$$+ (2 \times 1)$$
$$\overline{\qquad\qquad}$$
$$5$$

图 9.8 为三通道卷积的计算过程。输入为一个 7×7 深度为 3 的图像矩阵,经过 2 个 3×3 的卷积核卷积后(步长为 2),输出 2 个 3×3 的特征图像矩阵。这里以输出图像的第 1 行第 1 列的"3"的计算为例。

(0×-1)	(0×-1)	(0×1)	
(0×0)	(0×1)	(0×-1)	
(0×1)	(0×1)	(0×1)	0
(0×0)	(0×0)	(0×-1)	2
(1×0)	(2×1)	(0×1)	0
(0×0)	(1×0)	(0×0)	$+1$
(0×1)	(0×1)	(0×0)	——
(1×-1)	(1×1)	(0×1)	3
$+(1 \times 1)$	$+(2 \times 0)$	$+(2 \times 0)$	
——	——	——	
0	2	0	

为了在不同的尺度和层次上对特征进行抽取,网络会使用多个卷积层。早期的卷积层偏向于捕捉图像的局部信息,感受野小,特征图的每个像素值对应输入图像很小的一个范围。后期的卷积层偏向于捕捉图像的复杂特征,感受野大。经过多个卷积层的运算,最后能够得到一个在各个不同尺度上抽象表示的特征图。

3. 激励层(incentive layer)

激励层用于将卷积层的输出结果进行非线性映射。常用的激活函数有 Sigmoid、ReLU、Leaky ReLU、ELU、Maxout。与神经网络不同的是,CNN 通常只在全连接层使用 Sigmoid 激活函数,而在卷积层后使用 ReLU 或 Leaky ReLU 激活函数。

4. 池化层(pooling layer)

在卷积层-激励层之后通常都跟一个池化层,其功能在于降低数据量,减少参数数量,从而预防网络过拟合。池化层分为以下两种类型。

(1) **最大池化**(max pooling):取池化窗口中的最大特征值;

(2) **平均池化**(average pooling):取池化窗口中的平均值。

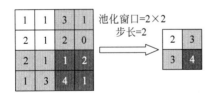

图 9.9 最大池化过程

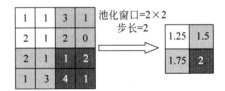

图 9.10 平均池化过程

在采样过程中,根据是否考虑图像边界,处理方式主要有两种。如图 9.11,原始图像大小为 7×7,采样区域大小为 3×3,采取无重叠区域采样,即在采样中滑动步长为 3,采用最大池化方式,考虑边界和不考虑边界处理图像,结果分别如图 9.11(b)、(c)所示。

5. 全连接层(Fully Connected Layer,FC Layer)

全连接层与传统神经网络相同,使用一个或多个神经元来输出预测数据。

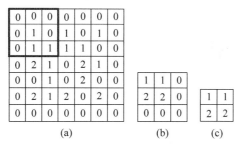

图 9.11　两种不同的采样过程

9.4　小结

深度学习是目前机器学习和人工智能最新的研究领域,它采用复杂的多层非线性模型,直接实现从原始数据到预测数据的最终目标。深度学习起源于多层神经网络,仍然使用传统的误差反向传播算法,借助目前强大计算能力的 GPU、TPU 和 FPGA 等硬件资源及海量异构数据的保障,成功解决了多层神经网络难于训练等问题,使得深度学习优于其他机器学习的性能。随着深度学习的飞速发展,将深度学习的感知能力与强化学习的决策能力相结合,实现从原始数据到最终控制的深度强化学习,例如深度 Q 网络,已经广泛应用于无人驾驶、机器人控制、游戏博弈等领域。尤其是 AlphaGo 以悬殊的比分先后击败当时的欧洲围棋冠军和世界围棋冠军。该事件在人工智能发展史上具有里程碑式的意义,并因此将深度强化学习技术推向了一个新的研究高峰。

9.5　习题

1. 推导 Tanh 激活函数、均方误差、全连接网络、随机梯度下降优化的 3 层网络反向传播算法。

2. 简述在深层网络中,**随机丢弃法**(dropout)的主要作用。

3. 什么是卷积神经网络中的局部连接和权值共享? 它们的生物学依据是什么?

4. 如图 9.12 的 BP 神经网络,初始权值已标在图中。网络的输入为 $X=(1,0)^{\mathrm{T}}$,期望输出为 $d=1$。试对单次训练过程进行分析,求解以下问题。

(1) 给出初始的隐层权值矩阵 V 和输出层权值矩阵 W;

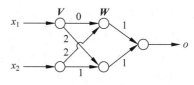

图 9.12　BP 神经网络图

(2) 计算各层误差信号 $\boldsymbol{\delta}^o$ 和 $\boldsymbol{\delta}^y$;

(3) 计算给出调整后的隐藏层权值矩阵 V 和输出层权值矩阵 W。

第 **10** 章

PyTorch与神经网络

PyTorch 起源于美国 Facebook 公司的深度学习框架——Torch,在底层 Torch 框架的基础上,使用 Python 对其进行了重写,这样使得 PyTorch 在支持 GPU 计算的基础上,实现了与 Numpy 的无缝对接。另外 PyTorch 还提供许多高级功能,例如通过 API 可以高效地实现深度神经网络的搭建和训练。

为了更好地学习和应用深度强化学习,本章将先从 PyTorch 基础入手,介绍 PyTorch 的处理对象、运算、操作、自动求导等,然后使用 PyTorch 实现与深度强化学习相关的多层全连接神经网络、反向传播方法、CNN、RNN 等网络的搭建、训练方法和常用技巧,为后续章节的深度强化学习内容做铺垫。

阅读代码

10.1 PyTorch 中的 Tensor

张量(Tensor)是所有深度学习框架的一个基础概念。在 PyTorch 程序中,所有的数据都是通过张量的形式来表示的。从功能的角度看,张量表示多维数组。其中零维张量表示**标量**(scalar),即一个数;一维张量表示**向量**(vector),即一维数组;二维张量表示**矩阵**(matrix),即二维数组;多维张量相当于多维数组。在 PyTorch 中,Tensor 用于存储基本数据。PyTorch 针对 Tensor 提供了丰富的函数和方法,使得 Tensor 与 Numpy 的 ndarray 具有极高的相似度,二者可以相互转换。唯一不同的是:Tensor 可以在 GPU 上运行,而 Numpy 的 ndarray 只能在 CPU 上运行。

除了维度以外,Tensor 通常由其元素的数据类型来描述。PyTorch 支持 8 种数据类型:3 种浮点类型(16 位、32 位和 64 位)和 5 种整数类型(8 位带符号、8 位无符号、16 位、32 位和 64 位)。在 Tensor 中,最常用的数据类型可以通过 torch. FloatTensor 和 torch. IntTensor 来构造,它们分别对应着 32 位浮点数和 32 位整型数。

在 PyTorch 中可以通过直接构造和间接转换两种方法来构造 Tensor。

10.1.1　直接构造法

通过 PyTorch 提供的内部函数来构造 Tensor。

1. torch. Tensor

通过函数 torch. Tensor 可以生成一个默认 32 位浮点数的 Tensor，也可以利用 torch. FloatTensor、torch. DoubleTensor、torch. ByteTensor、torch. ShortTensor、torch. IntTensor、torch. LongTensor 分别来生成 32 位浮点数、64 位浮点数、8 位整数、16 位整数、32 位整数、64 位整数的 Tensor。

通过 torch. Tensor 函数定义一个 Tensor 的过程如下所示。

```
import torch
a = torch.Tensor(2,4)
print(a)
b = torch.Tensor([[1,3,5,7],[2,4,6,8]])
print(b)
```

运行后，输出的内容为

```
tensor([[1.8314e+25, 6.9768e+22, 2.7708e+20, 2.2945e+02],
        [8.3008e+11, 7.6831e+31, 7.0975e+22, 1.3032e-43]])
tensor([[1., 3., 5., 7.],
        [2., 4., 6., 8.]])
```

这里传递给 torch. Tensor 的参数可以是一个维度值，也可以是一个列表。Torch. Tensor 默认的是 torch. FloatTensor 类型，也可以定义我们想要的数据类型，如：

```
c = torch.IntTensor([[1,3,5,7],[2,4,6,8]])
print(c)
```

运行后，输出的内容为

```
tensor([[1, 3, 5, 7],
        [2, 4, 6, 8]], dtype = torch.int32)
```

2. torch. zeros

通过函数 torch. zeros 返回一个 Tensor，该 Tensor 维度给定且元素值全部为 0。如：

```
a = torch.zeros(2,4)
print(a)
```

运行后，输出的内容为

```
tensor([[0., 0., 0., 0.],
        [0., 0., 0., 0.]])
```

3. torch. rand

通过函数 torch. rand 返回一个 Tensor，该 Tensor 包含从区间[0,1)均匀分布中抽取的一组给定维度的随机数。与 Numpy 中使用 numpy. rand 生成随机数的方法类似。如：

```
a = torch.rand(2,4)
print(a)
```

运行后，输出的内容为

```
tensor([[0.1653, 0.6678, 0.8447, 0.1280],
        [0.6778, 0.5839, 0.9475, 0.3856]])
```

4. torch. randn

通过函数 torch. randn 返回一个 Tensor，该 Tensor 包含从均值为 0，方差为 1 的正态分布中抽取的一组给定维度的随机数。与 Numpy 中使用 numpy. randn 生成随机数的方法类似。如：

```
a = torch.randn(2,4)
print(a)
```

运行后，输出的内容为

```
tensor([[ -1.9203, -0.1046, -0.2794, 1.2796],
        [ 0.0278, -2.2450, -0.9246, -0.9788]])
```

通过函数生成的 Tensor 可以像 Numpy 一样通过索引的方式取得其中的元素，也可以改变它的值。比如可以将前面例子中列表 c 的第 1 行第 1 列的"4"改为"40"：

```
c[1,1] = 40
print(c)
```

运行后，输出的内容为

```
tensor([[ 1, 3, 5, 7],
        [ 2, 40, 6, 8]], dtype = torch.uint8)
```

10.1.2 间接转换法

通过 PyTorch 提供的 numpy. ndarray 与 Tensor 之间转换的内部函数来构造所要求

的 Tensor。

torch. from_numpy：该函数将 Numpy 数据转化为 Tensor 数据,同样使用 torch. numpy()可以将 Tensor 数据转化为 Numpy 数据。如:

```
import torch
import numpy as np
a = np.ones((2,3),dtype = np.float32)
print(a)
b = torch.from_numpy(a) ♯这里 a,b,c 三个对象共享内存
a[1,1] = 10
print(a)
```

运行后,输出的内容为

```
[[1. 1. 1.]
 [1. 1. 1.]]
[[ 1. 1. 1.]
 [ 1. 10. 1.]]
tensor([[ 1., 1., 1.],
        [ 1., 10., 1.]])
```

10.1.3　Tensor 的变换

1. Tensor 类型的转换

可以通过在 Tensor 后面加上数据类型的方式,来改变 Tensor 的数据类型。例如将 b 的数据类型转换为整型,只需要 b. int()即可,代码如下。

```
print(b.dtype)
b = b.int()
print(b.dtype)
```

运行后,输出的内容为

```
torch.float32
torch.int32
```

这样就将 b 的数据类型由浮点型转换为整型。

2. cuda()的转换

如果想在 CUDA 上进行计算,需要将 Tensor 放在 GPU 内存中。首先通过 torch. cuda. is_available()判断是否支持 GPU,例如把 Tensor a 放到 GPU 上,只需要使用 a. cuda()。

```
if torch.cuda.is_available():
    a_cuda() = a.cuda()
    print(a_cuda)
```

3. view/reshape 方法

这两种方法功能基本相同,都可以用来改变 Tensor 的数据分布。例如可以将 3 行 4 列的随机矩阵转换成 6 行或 3 列的矩阵,实现代码如下。

```
a = torch.ones(3,4)
print(a.view(6, -1).shape)
print(a.reshape(-1,3).shape)
```

运行后,输出的内容为

```
torch.Size([6, 2])
torch.Size([4, 3])
```

在这个例子中,$(6,-1)$中的-1会自动计算 6 以外剩下的维度,即 $3 \times 4/6$。

4. squeeze/unsqueeze 方法

squeeze 方法用来压缩维度为 1 的 Tensor; unsqueeze 方法用来增加一个维度,实现代码如下。

```
a = torch.randn(1,2,3,1)
print(a.unsqueeze(2).shape)
print(a.squeeze().shape)
```

运行后,输出的内容为:

```
torch.Size([1, 2, 1, 3, 1])
torch.Size([2, 3])
```

该例中首先在第 2 个维度上插入一个大小为 1 的新维度,然后对所有维度为 1 的进行压缩。

5. t/transpose/permute 方法

这 3 个方法都可用于数据维度之间的调整,第一个只能用于 2 维数据。如:

```
a = torch.randn(2,3)
print(a.shape)
b = a.t
a = torch.randn(5,4,3,2)
print(a.shape)
```

```
print(a.transpose(0,1).contiguous().shape)
print(a.permute(3,1,0,2).shape)
```

运行后,输出的内容为

```
torch.Size([2, 3])
torch.Size([5, 4, 3, 2])
torch.Size([4, 5, 3, 2])
torch.Size([2, 4, 5, 3])
```

10.2 自动梯度计算

在 PyTorch 中提供了一个在 Numpy 中没有的概念——Variable(变量),这是神经网络计算图中特有的概念。Variable 与 Tensor 本质上没有区别,只不过 Variable 会被放入一个计算图中,提供自动求导的功能,帮助我们实现对模型中后向传播梯度的自动计算。在自动梯度的计算中需要用到 torch.autograd 包中的 Variable 类,只有计算图中的 Variable 对象,才具有自动求导的功能。在模型中,通过对参数自动计算梯度值,可以大大降低实现后向传播的复杂度。

对于一个计算图中的 Variable 对象 O 来说,它由 data、grad 和 grad_fn 三部分组成。其中 O.data 用于存储 Variable 中的 Tensor 数值;O.grad 也是一个 Variable 对象,用于存储 Variable 的反向传播梯度,用 O.grad.data 来访问;O.grad_fn 可以用来得到 Variable 的操作,给出如何得到的操作算子。

10.2.1 标量对标量的自动梯度计算

下面通过一个简单的对标量自动梯度计算的实例,给出使用 torch.autograd. Variable 类的方法。具体实现代码如下:

```
import torch
from torch.autograd import Variable
x = Variable(torch.Tensor([8]), requires_grad = True)
w = Variable(torch.Tensor([2]))
y = w * x
y.backward()
print(x.grad)
print(w.grad)
```

运行后,输出的内容为

```
tensor([2.])
None
```

在构建 Variable 时,需要传入一个参数 requires_grad,该参数的赋值类型是布尔型,默认为 False。若 requires_grad = True,表示对该变量保留梯度值,否则不保留。简单理解,就是将 requires_grad = True 的参数(例中的 x)作为求导变量。

backward 函数是反向求导数,使用链式法则求导,如果 y 是标量,backward 函数不需要额外的参数;如果 y 是非标量,在对其求导时需要额外指定参数 grad_tensors,且 grad_tensors 的 shape(类型)必须与 y 相同,通常使用 torch.ones_like(y)生成与 y 同维度的全 1 数组来指定该 shape。

10.2.2 向量对向量的自动梯度计算

向量对向量的自动梯度计算实例如下所示:

```
import torch
from torch.autograd import Variable
x = Variable(torch.Tensor([3,5,7,9]), requires_grad = True)
w = Variable(torch.Tensor([2,4,6,8]))
y = w * x * x
# weight = torch.ones(4)
# y.backward(weight,create_graph = True)
y.backward(torch.ones_like(y),retain_graph = True)
print(x.grad)
x.grad.data.zero_() # 对 x 的梯度清 0
weight = torch.Tensor([0.2,0.4,0.6,0.8])
y.backward(weight)
print(x.grad)
```

运行后,输出的内容为

```
tensor([ 12.,  40.,  84., 144.])
tensor([  2.4000,  16.0000, 50.4000, 115.2000])
```

在该例中,y 为一个向量,因此对其进行 backward 操作时,需要指定一个与 y 维度相同的 grad_tensor 参数,该参数实质上是对求出的梯度进行了加权。由于使用了权重,两次对 x 求偏导后的梯度值为:

$$\nabla_x y = 2 \times w \times x \times weight$$
$$= [2 \times 2 \times 3 \times 1, 2 \times 4 \times 5 \times 1, 2 \times 6 \times 7 \times 1, 2 \times 8 \times 9 \times 1]$$
$$= [12, 40, 84, 144]$$
$$\nabla_x y = 2 \times w \times x \times weight$$
$$= [2 \times 2 \times 3 \times 0.2, 2 \times 4 \times 5 \times 0.4, 2 \times 6 \times 7 \times 0.6, 2 \times 8 \times 9 \times 0.8]$$
$$= [2.4, 16, 50.4, 115.2]$$

PyTorch 构建的计算图是动态图,为了节约内存,每完成一次 backward 函数计算之后,计算图即被在内存中释放,因此如果需要多次 backward,只需要在第一次反向传播时添加一个 retain_graph = True 标识,让计算图不被立即释放。实际上述代码中 retain_graph 和 create_graph 两个参数作用相同,前者是保持计算图不释放,后者是创建计算图,因此如果希望计算图不被释放掉,将这两个参数中的任何一个设置为 True 都可以。

但增加 retain_graph = True 或 create_graph = True 后，对同一向量求导数时，会出现梯度累加的问题，如果不希望梯度累加，只需要在两次求导之间增加一行梯度清 0 语句，即如上例中的 x.grad.data.zero_()。

10.2.3　标量对向量（或矩阵）的自动梯度计算

标量对向量求导，相当于标量对向量（或矩阵）的每一分量求偏导，其结果的维度与向量（或矩阵）的维度相同。标量对向量（或矩阵）的自动梯度计算实例如下所示：

```
x = Variable(torch.Tensor([[2,3,4],[1,2,3]]), requires_grad = True)
y = Variable(torch.ones(2,4))
w = Variable(torch.Tensor([[1,3,5,7],[2,4,6,8],[7,8,9,10]]))
out = torch.mean(y - torch.matmul(x, w)) # torch.matmul 是做矩阵乘法
out.backward()
print(x.grad)
```

运行后，输出的内容为

```
tensor([[ - 2.0000, - 2.5000, - 4.2500],
        [ - 2.0000, - 2.5000, - 4.2500]])
```

10.3　神经网络的模型搭建和参数优化

神经网络，尤其是深度神经网络是通过大量的线性分类器和非线性关系的组合来解决棘手的线性不可分问题。由于网络结构的复杂性，神经网络的训练过程涉及很多基础的数学问题。为了高效地训练神经网络模型，可以通过 PyTorch 深度学习框架简单快速地搭建出复杂的神经网络模型。

除了使用 PyTorch 中的自动梯度方法，还可以使用 PyTorch 中定义的其他与神经网络相关的类和方法，快速实现神经网络的全连接层、卷积层、池化层等常用结构，并实现线性变换、激活函数等变换；此外，还可以使用 PyTorch 提供的丰富的优化函数对模型进行优化，使用多种用于防止模型训练过程中发生过拟合的类。为了对已训练好的模型进行保存和再利用，PyTorch 也提供了将模型及参数保存和重载的方法。

10.3.1　模型的搭建

神经网络是通过不同层神经元首尾相连的方式进行数据传递的。一个神经元接收数据，经过处理，输出给后一层中相应的 1 个或多个神经元。通过前向传播和后向反馈来实现参数的调整，整个过程都被清楚地记录和保存下来，以备后用。

PyTorch 提供了两种方法来搭建模型：

1）torch.nn.Squential

torch.nn.Squential 类是 torch.nn 的一种序列容器，提供了构建序列化模型的方法。在神经网络的搭建过程中，参数将按照事先定义的顺序被依次添加到计算图中执行。另

外也可以以通过 orderdict 有序字典作为参数传入计算图。

```
seq_net = nn.Sequential(
    nn.Linear(2, 4),
    nn.ReLU(),
    nn.Linear(4, 1)
)
```

可以输出整个网络结构、每一层的结构以及权重等。

```
print(seq_net)        ♯输出整个网络结构
```

运行后，输出的内容为

```
Sequential(
  (0): Linear(in_features = 2, out_features = 4, bias = True)
  (1): ReLU()
  (2): Linear(in_features = 4, out_features = 1, bias = True)
)
```

序列模块可以通过索引访问每一层，或输出每一层的权重参数：

```
seq_net[0]            ♯ 输出第一层
seq_net[0].weight     ♯ 输出第一层权重参数
```

```
Linear(in_features = 2, out_features = 4, bias = True)
Parameter containing:
tensor([[ - 0.0889,   0.3000],
       [ 0.0645, - 0.6815],
       [ - 0.2982,   0.5725],
       [ - 0.5693,   0.0292]], requires_grad = True)
```

另外可以使用 orderdict 有序字典传入结构参数来搭建神经网络模型：

```
from collections import OrderedDict
seq_orderdict_net = nn.Sequential(OrderedDict([
    ("Line1",nn.Linear(2,4)),
    ("ReLU1",nn.ReLU()),
    ("Line2",nn.Linear(4,1))]))
print(seq_orderdict_net)
```

运行后，输出的内容为

```
Sequential(
  (Line1): Linear(in_features = 2, out_features = 4, bias = True)
  (ReLU1): ReLU()
  (Line2): Linear(in_features = 4, out_features = 1, bias = True)
)
```

在这种方式下,可以通过名字来访问每一层。

相比较而言,第二种方式,使用自己定义的名称可以让我们更加便捷地找到模块中相应的部分并进行操作。

2）torch. nn. Module

在使用 torch. nn. Module 构建网络时,需要先自定义一个模型类,继承 torch. nn. Module:

```
class module_net(nn.Module):
```

该类至少需要重写两个函数:__init__ 和 forward。与 Squential 方法相比,Module 方法更加灵活,具体体现在 forward 函数中,通过重写 forward 可以实现更为复杂的操作。下面使用 Module 方法实现上述相同的网络。

```
class module_net(nn.Module):
    def __init__(self, num_input, num_hidden, num_output):
        super(module_net, self).__init__()
        self.layer1 = nn.Linear(num_input, num_hidden)
        self.layer2 = nn.ReLU()
        self.layer3 = nn.Linear(num_hidden, num_output)
    def forward(self, x):
        x = self.layer1(x)
        x = self.layer2(x)
        x = self.layer3(x)
        return x
m_net = module_net(2, 4, 1)
print(m_net)
```

运行后,输出的内容为

```
module_net(
    (layer1): Linear(in_features = 2, out_features = 4, bias = True)
    (layer2): ReLU()
    (layer3): Linear(in_features = 4, out_features = 1, bias = True)
)
```

Module 方法可以根据自己的需求改变传播方式,如 CNN、RNN 等,此外在 Module 里也可以使用 Sequential。在构建网络时,通常使用 Module 方法,而 Sequential 更适合于构建一个相对固定的网络。

10.3.2 激活函数

在神经网络中,由于不同层的神经元之间是线性连接的,需要通过激活函数使其具有非线性特性,因此激活函数占有重要的地位。在 PyTorch 中,通常包含以下 4 种常用的激活函数。

1. torch.nn.Sigmoid

torch.nn.Sigmoid 是一种非线性激活函数，数学表达式为 $f(x)=\dfrac{1}{1+e^{-x}}$。该激活函数将一个实数值映射到$(0,1)$区间，为 S 形曲线。目前随着深度学习的不断发展，由于 torch.nn.Sigmoid 函数会造成梯度弥散等问题，在神经网络中，torch.nn.Sigmoid 函数被使用得越来越少了。

2. torch.nn.Tanh

torch.nn.Tanh 激活函数为 torch.nn.Sigmoid 激活函数的变形，也叫作双曲正切函数，其数学表达式为 $f(x)=\dfrac{e^{x}-e^{-x}}{e^{x}+e^{-x}}$。该激活函数将一个实数值映射到$(-1,1)$区间，与 torch.nn.Sigmoid 一样，torch.nn.Tanh 也是 S 形曲线。

3. torch.nn.ReLU

torch.nn.ReLU 函数是大部分卷积神经网络中经常使用的激励函数，近几年被广泛应用于深度网络，其数学表达式为 $f(x)=\max(0,x)$。与 torch.nn.Sigmoid 和 torch.nn.Tanh 相比，torch.nn.ReLU 函数能加速随机梯度下降法的收敛速度，且不存在梯度消失的问题。

4. torch.nn.LeakyLU

torch.nn.LeakyLU 函数是在 torch.nn.ReLU 函数基础上的一种变式，该函数当 $x<0$ 时，$f(x)$不再是 0，而是一个很小的负斜率。其数学表达式为 $f(x)=I(x<0)(\alpha x)+I(x\geqslant0)(x)$，其中 α 是一个很小的常数。

10.3.3 常用的损失函数

1) torch.nn.BCELoss

torch.nn.BCELoss 类使用二分类函数计算损失值。

```
input = torch.FloatTensor([[-0.4089,-1.2471,0.5907],
[-0.4897,-0.8267,-0.7349],
[0.5241,-0.1246,-0.4751]])
input
```

```
tensor([[-0.4089, -1.2471,  0.5907],
        [-0.4897, -0.8267, -0.7349],
        [ 0.5241, -0.1246, -0.4751]])
```

```
m = nn.Sigmoid()
n = m(input)
n
```

```
tensor([[0.3992, 0.2232, 0.6435],
        [0.3800, 0.3043, 0.3241],
        [0.6281, 0.4689, 0.3834]])
```

```
target = torch.FloatTensor([[0,1,1],[0,0,1],[1,0,1]])
target
```

```
tensor([[0., 1., 1.],
        [0., 0., 1.],
        [1., 0., 1.]])
```

```
loss_fn = nn.BCELoss()
loss = loss_fn(n, target)
loss
```

```
tensor(0.7193)
```

2）torch.nn.BCEWithLogitsLoss

将 Sigmoid 和 BCELoss 结合在一起计算损失值。

```
loss_fn = nn.BCEWithLogitsLoss ()
loss = loss_fn(n, target)
loss
```

```
tensor(0.7193)
```

3）torch.nn.MSELoss

torch.nn.MSELoss 类使用**均方误差**（Mean Square Error，MSE）函数计算损失值。该函数计算的是预测值与真实值之差的平方的期望值，用于评价数据的变化程度，得到的值越小，则说明模型的预测值具有越好的精确度。均方误差的计算公式如下：

```
loss_fn = nn.MSELoss ()
loss = loss_fn(n, target)
loss
```

```
tensor(0.2580)
```

4）torch.nn.L1Loss

torch.nn.L1Loss 类使用平均绝对误差计算损失值。

```
loss_fn = nn.L1Loss ()
loss = loss_fn(n, target)
loss
```

```
tensor(0.4833)
```

5）torch. nn. CrossEntropLoss

torch. nn. CrossEntropLoss 类使用交叉熵计算损失值。在使用实例时需要输入两个满足交叉熵计算条件的参数。

```
loss_fn = nn. L1Loss ()
loss_fn = nn. CrossEntropyLoss()
x = Variable(torch. randn(3,5))
y = Variable(torch. LongTensor(3). random_(5))
loss = loss_fn(x, y)
loss.data
```

tensor(2.2444)

10.3.4 模型的保存和重载

通过一定时间训练，当得到了一个比较好的模型后，我们通常将这个模型和模型参数保存下来。当用到该模型时，可以通过重载得到一个训练好的模型。所以在深度学习中，对神经网络模型的保存和重载是非常必要的。

1. 模型的保存

在 PyTorch 中，使用 torch. save 来保存网络结构和模型参数，save 的第一个参数是保存对象，第二个参数是保存路径及名称。关于模型的保存主要有两种方式：

（1）保存整个模型的结构信息和参数信息，save 的对象是整个模型。具体形式为

```
torch. save(model, './model.pkl')
```

（2）只保存训练后的模型参数，保存的对象是模型的状态，而不包括模型的结构。具体形式为

```
torch. save(model_state_dict(), './model_state_dict.pkl')
```

2. 模型的重载

对应于以上两种模型保存方式，重载方式也包括两种：

（1）使用 torch. load 重载完整的模型结构和参数信息。这种方式在重载较大的网络时，通常时间比较长，存储所需要的空间也比较大。

```
Load_model = torch. load('./model.pkl')
```

（2）在重载模型参数信息时，需要先导入模型结构或搭建相同的神经网络结构，然后通过 model. load_state_dict 来导入模型参数信息。具体形式为

```
Load_model = torch.load('./model_state_dict.pkl')
```

当网络比较大时,通常使用第二种方式。

10.4 小结

本章从 PyTorch 的基础入手,简单介绍了 PyTorch 的处理对象、运算操作、自动求导、数据处理等操作方法,然后给出了使用 PyTorch 搭建多层全连接神经网络的方法,以及反向传播算法、梯度优化算法、模型存储和重载等的技巧,为后续章节深度强化学习的实现奠定一定的基础。

10.5 习题

1.(编程)利用 Python 语言实现对下列点的线性回归(一维、二维到多维)。

$(3.3,1.7)$、$(4.4,2.76)$、$(5.5,2.09)$、$(6.71,3.19)$、

$(6.93,1.694)$、$(4.168,1.573)$、$(9.779,3.366)$、$(6.182,2.596)$、

$(7.59,2.53)$、$(2.167,1.221)$、$(7.042,2.827)$、$(10.791,3.645)$、

$(5.313,1.65)$、$(7.997,2.904)$、$(3.1,1.3)$

对于每维回归要求:

(1)显示最后参数;

(2)用图形显示回归的结果;

(3)给出模型,并用 $3.5,4.4,8.8$ 等点进行测试;

(4)使用 PyTorch 深度学习框架解决以上问题。

2.(编程)利用多层全连接网络实现 MNIST 手写数字分类。MNIST 数据集是一个手写字体数据集,包含 0 到 9 这 10 个数字,其中有 55000 张训练集,10000 张测试集,图片大小是 28×28 的灰度图。利用简单的 3 或 4 层全连接网络实现手写体的识别。要求如下:

(1)利用 PyTorch 的内置函数导入数据,并能显示数据;

(2)利用 PyTorch 搭建的网络来进行手写体识别,针对测试集,输出识别率,并能对测试集进行 10 个数据的抽检;

(3)通过增加网络的泛化能力,如 Dropout、正则化等,还可以修改隐藏层的神经元个数、增加隐藏层个数等,提高识别率。

第**11**章

深度*Q*网络

深度强化学习将深度学习的感知能力与强化学习的决策能力相结合，利用深度神经网络具有有效识别高维数据的能力，使得强化学习算法在处理高维状态空间任务中更加有效。2013 年 DepmMind 团队首次提出了将强化学习中的 *Q* 学习与深度神经网络中的卷积神经网络相结合的**深度 *Q* 网络算法**（Deep *Q*-Network，DQN）。2015 年该团队对 DQN 算法进一步完善，使得 DQN 模型在 Atari 2600 的大部分游戏中能够取得超越人类玩家水平的成绩。

尽管如此，由于 DQN 算法中选用 *Q* 值最大的动作作为最优动作，使得算法在学习过程中容易出现过度乐观地估计动作值的问题。针对此问题，Van Hasselt 等把**双重 *Q* 学习**（Double *Q*-Learning）算法与深度神经网络相结合，提出一种**双重深度 *Q* 网络**（Double Deep *Q*-Learning，DDQN）模型。为了提高算法的采样效率和稳定性，DQN 和 DDQN 都引入了**经验回放**（experience replay）机制，并采用随机等概率方式进行采样，因而产生无法充分地利用那些对模型训练有效的样本的问题。针对此问题，Schaul 等把优先级采样与深度强化学习相结合，提出一种**基于优先级采样的深度强化学习**（Deep Reinforcement Learning with Prioritized Experience Replay，Prioritized DQN）方法。为了提高值函数估计的准确性，Wang 等人将竞争网络结构引入到深度 *Q* 网络模型中，提出一种基于竞争网络的**深度 *Q* 网络**（Dueling Deep *Q*-Nerworks，Dueling DQN）算法。后来 Hessel 等人将众多深度强化学习算法的优点相结合，提出一种称为 Rainbow 的深度强化学习算法，该算法在 Atari 2600 游戏平台上获得了更优的性能表现。此后，DeepMind 团队又开发出一款名称为 AlphaGo 的围棋算法。该算法将卷积神经网络、**策略梯度**（policy gradient）和**蒙特卡洛树搜索**（Monte Carlo Tree Search，MCTS）3 种方法相结合，大幅缩减了有关走子动作的搜索空间，提升了对棋盘形式估计的准确性。最终 AlphaGo 以悬殊的比分先后击败欧洲围棋冠军和世界围棋冠军。该事件在人工智能发展史上具有划时代的意义，并成功地将深度强化学习技术推向了一个新的研究高峰。

自 DQN 算法提出以来,深度强化学习逐步成为机器学习的研究热点,相关技术也广泛应用于游戏、机器人控制、自动驾驶、自然语言处理、计算机视觉等领域。在网络结构和算法理论方面也出现了大量的研究成果。为了说明问题,本章选取 4 种典型的基于值函数的深度强化学习算法——DQN、DDQN、Prioritized DQN 和 Dueling DQN 进行阐述。

11.1 DQN 算法

在线视频

11.1.1 核心思想

DQN 是一种经典的基于值函数的深度强化学习算法,它将卷积神经网 CNN 与 Q-Learnig 算法相结合,利用 CNN 对图像的强大表征能力,将视频帧数据视为强化学习中的状态输入网络,然后由网络输出离散的动作值函数,Agent 再根据动作值函数选择对应的动作。

DQN 利用 CNN 输入原始图像数据,能够在不依赖于任意特定问题的情况下,采用相同的算法模型,在广泛的问题中获得较好的学习效果。正如在 Atari 游戏中,尽管各个游戏的动作具有不同迁移效果,且需要使用不同的策略来获得高分,但 DQN 可以使用相同的原始输入、网络框架和参数值,得到相应的动作值特征,并取得高分。

DQN 算法常用于处理 Atari 游戏,但又不局限于此,它可以通过修改 Q 网络来处理不同的任务。例如:①如果输入为图像信息,则可以通过 CNN 构造 Q 网络;②如果输入为序列数据,则可以通过 RNN 构建 Q 网络;③如果需要增加历史记忆能力,则可以通过将 CNN 和**长短期记忆模型**(LSTM)相结合来构建具有记忆能力的 Q 网络。

1. 模型架构

深度 Q 网络模型架构的输入是距离当前时刻最近的连续 4 帧预处理后的图像。该输入信号经过 3 个卷积层和 2 个全连接层的非线性变换,变换成低维的、抽象的特征表达,并最终在输出层产生每个动作对应的 Q 值函数。具体模型架构如下:

(1) **输入层**。在 Gym 环境中,Atari 游戏的视频帧大小为 210×160 像素,每个像素有 128 种色彩。为了使训练更高效,在保证图片重要特征的情况下,将每一游戏帧预处理为 84×84 像素的灰度图像,并将连续 4 帧的游戏图像组成 $4\times84\times84$ 像素的张量,作为网络的输入。采用连续 4 帧画面的目的在于感知游戏环境的状态转移概率。

(2) **对输入层进行卷积操作**。将经过预处理之后的最近 4 幅大小为 84×84 的图像作为输入,用 32 个卷积核对输入进行卷积操作,每个卷积核的大小为 $4\times8\times8$,步长为 4。这样经过卷积后,得到的特征图尺寸为 $(84-8)/4+1=20$,因此产生 32 幅大小为 20×20 的**特征图**作为第一隐藏层。最后使用 ReLU 激活函数对第一隐藏层进行非线性变换。

(3) **对第一隐藏层的输出进行卷积操作**。用 64 个卷积核对第一隐藏层的输出进行卷积操作,每个卷积核的大小为 $32\times4\times4$,步长为 2。这样经过卷积后,得到的特征图尺寸为 $(20-4)/2+1=9$,因此产生 64 幅大小为 9×9 的特征图作为第二隐藏层。最后通过 ReLU 激活函数对第二隐藏层进行非线性变换。

（4）**对第二隐藏层的输出进行卷积操作。**用 64 个卷积核对第二隐藏层的输出进行卷积操作,每个卷积核的大小为 64×3×3,步长为 1。这样经过卷积后,得到的特征图尺寸为(9−3)/1+1=7,因此产生 64 幅大小为 7×7 的特征图作为第三隐藏层。同理,对第三隐藏层的输出进行 ReLU 非线性变换,输出 64 幅大小为 7×7 的特征图。此时,第三隐藏层神经元的个数为 64×7×7=3136。

（5）**第三隐藏层与第四隐藏层的全连接操作。**第四隐藏层神经元的个数为 512,这样第三隐藏层的 3136 个神经元与第四隐藏层的 512 个神经元进行全连接操作,并使用 ReLU 函数进行非线性变换。

（6）**第四隐藏层与输出层的全连接操作。**由于输出层输出的是动作空间中所有动作的 Q 值,因此输出层神经元个数应为具体任务中动作空间的动作数目。以 Atari 2600"打砖块"游戏为例,其输出为 18 个动作。这样第四层的 512 个神经元与输出层的 18 个神经元进行全连接操作。具体的模型架构如图 11.1 所示。

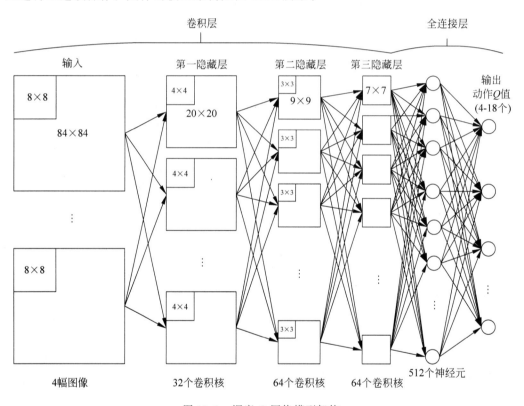

图 11.1 深度 Q 网络模型架构

2. 数据预处理

1）图像处理

以 Gym 中的 Atari 游戏为例,来阐述 DQN 算法的数据预处理过程。在 Gym 环境中,Atari 游戏的原始图像尺寸为 210×160 像素,每个像素有 128 种颜色。为了算法能更高效地执行,需要对原始图像进行预处理:①通过图像变换,使图像变为 2 种颜色的灰度图像;②裁剪掉原始图像中无关紧要的信息像素,使图像尺寸裁剪为 160×160 像素;③图像进行下采样,使其尺寸变为 84×84 像素。以 Breakout 游戏为例,转换前后的效果如图 11.2 所示,从图中可以看出,变换后的图像保留了原图像的重要信息,同时减轻了数据处理的负担。

(a) 原始图像信息,像素
为160×160的彩色图像

(b) 处理后的图像信息,
像素为84×84的灰度图像

图 11.2 Breakout 游戏图像预测处理效果图(见彩插)

2）动态信息预处理

在 Gym 环境中,模拟器可以以 60 帧/秒的速度生成实时游戏画面,每一时刻,Agent 从环境模拟器中取出 1 帧静态信息,单纯地来处理每 1 帧静态图像很难表示出游戏的动态信息。因此 DQN 中选取当前时刻起的前 N 帧画面(通常设置为 $N=3,4,5$),并将这些信息结合起来作为模型的输入,获得某一段时间的动态状态信息。通过这种方式,模型可以学习到更准确的动作值函数,在实验中 $N=4$。

另外,由于模拟器生成并显示画面的速度远远高于人类玩家操作的速度,同时游戏的邻近帧之间画面有极大的相似性,因此在状态帧的选择上,可以采取每次跳过一定的帧数,然后再选取一个连续 4 帧的状态方式,这样既可以减少处理信息的数量,又可以使机器的处理速度与人类玩家保持一致。

3）游戏得分预处理

在 Atari 游戏中,由于游戏种类的不同,使得其得分系统差别很大,有的游戏得分可以上万,有的只能得到几分。为了使 DQN 模型适用于所有的游戏,并利用同样的模型拟合长期回报,DQN 中将所有游戏每一轮得到的回报压缩到 $[-1,+1]$ 区间。虽然对游戏来说有些不合理,但这样更方便模型处理。

4）游戏随机开始的预处理

大多数游戏的开始场景都是固定的,如果每个游戏从开始时就按某种策略采样,Agent 就会对很多相同的图像帧进行决策,这样不利于在学习过程中探索更多的画面。针对此问题,DQN 中设定在游戏开始的很短的一段时间内(如最多 30 个状态),让 Agent 随机地执行动作,这样可以最大限度地获得不同的场景样本,确保采样的随机性。

11.1.2　训练算法

DQN 之所以能够较好地将深度学习与强化学习相结合,是因为它引入了 3 个核心技

在线视频

术。①目标函数：使用卷积神经网络结合全连接作为动作值函数的逼近器，实现端到端的效果，输入为视频画面，输出为有限数量的动作值函数。②目标网络：设置目标网络来单独处理 TD 误差，使得目标值相对稳定。③经验回放机制：有效解决数据间的相关性和非静态性问题，使得网络输入的信息满足独立同分布的条件。

1. 目标函数

在 DQN 中使用 CNN 作为动作值函数逼近器，通过使用 CNN 输出的近似动作值函数 $Q(s,a,w)$ 来逼近真实动作值函数 $q_\pi(s,a)$，即：

$$Q(s,a,w) \approx q_\pi(s,a)$$

这里，使用 $Q(s,a,w)$ 或 $Q_w(s,a)$ 来表示近似动作值函数 $\hat{q}(s,a,w)$，同样，使用 $V(s,w)$ 或 $V_w(s)$ 来表示近似状态值函数 $\hat{v}(s,w)$。

监督学习的一般方法是先确定损失函数 $L(w)$，然后求其梯度，再使用 SGD 等方法更新参数 w。DQN 通过 Q-Learning 算法构建网络的损失函数：

$$L(w) = \mathbb{E}_{\pi_w} \left[(r + \gamma \max_{a'} Q(s',a',w) - Q(s,a,w))^2 \right] \tag{11.1}$$

其中，w 为网络参数；$r + \gamma \max_{a'} Q(s',a',w)$ 为目标 Q 值；$Q(s,a,w)$ 为预测 Q 值。

在 DQN 中使用 Q-Learning 的原因在于：DQN 采用了经验回放机制，而经验回放机制建立在异策略方法的基础之上，无模型和异策略的问题特性使得 Q-Learning 成为 DQN 的首选算法。

在获得损失函数 $L(w)$ 后，由于在 $\gamma \max_{a'} Q(s',a',w)$ 和 $Q(s,a,w)$ 都存在参数 w，因此求损失函数 $L(w)$ 的梯度 $\nabla_w L(w)$ 时通常采取半梯度的方式，即

$$\nabla_w L(w) = \mathbb{E}_{\pi_w} \left[(r + \gamma \max_{a'} Q(s',a',w) - Q(s,a,w)) \nabla Q(s,a,w) \right] \tag{11.2}$$

在实际应用时，通常通过**小批量半梯度下降**（Mini-Batch Semi-Gradient Descent，MBSGD）方法更新参数，考虑抽取 N 个样本作为对期望值的采样估计：

$$\nabla_w L(w) \approx \frac{1}{N} \sum_i^N (r + \gamma \max_{a'} Q(s',a',w) - Q(s,a,w)) \nabla Q(s,a,w) \tag{11.3}$$

对参数 w 进行更新：

$$w \leftarrow w - \alpha \nabla_w L(w) \tag{11.4}$$

2. 目标网络

由式(11.1)可以看出，DQN 的预测 Q 值(当前 Q 值)和目标 Q 值使用了相同的网络模型和参数，当预测 Q 值增大时，目标 Q 值也会随之增大。由于数据本身存在的不稳定性，势必造成学习过程中产生波动，这在一定程度上增加了模型震荡和发散的危险。

为了解决该问题，DQN 算法使用两个包含 CNN 的网络模型进行学习：①网络模型 $Q(s,a,w)$ 代表预测 Q 网络，用于评估当前状态-动作对的价值；②网络模型 $Q(s,a,w')$ 代表目标 Q 网络，用于计算目标值。

这样，可以得到双网络架构下的 DQN 损失函数 $L(w)$，计算公式为

$$L(w) = \mathbb{E}_{\pi_w} \left[(r + \gamma \max_{a'} Q(s',a',w') - Q(s,a,w))^2 \right] \tag{11.5}$$

对参数 w 求半梯度为

$$\nabla_w L(w) = \mathbb{E}_{\pi_w} \left[(r + \gamma \max_{a'} Q(s',a',w') - Q(s,a,w)) \nabla Q(s,a,w) \right] \quad (11.6)$$

双网络的结构和初始参数都是一样的,因此式(11.5)和式(11.6)中初始的 w 和 w' 是相同的。算法根据损失函数 $L(w)$ 更新预测网络参数 w,每经过 C(在 Atari 游戏中,C 设置为 10000)轮迭代后,再将预测网络参数 w 复制给目标网络参数 w'。

DQN 通过引入目标网络,使得一段时间内目标 Q 值保持不变,一定程度降低了预测 Q 值和目标 Q 值的相关性,降低了训练时损失值震荡和发散的可能性,充分地保证了训练时间,提高了算法的稳定性。

3. 经验回放机制

在深度学习中,要求输入的样本数据满足独立同分布。而在强化学习任务中,样本间往往是关联的、非静态的,如果直接使用关联的数据进行模型训练,会导致模型难收敛、损失值持续波动等问题。

基于此,DQN 算法引入经验回放机制:将每个时刻 Agent 与环境交互得到的经验迁移样本 $e = (s,a,r,s')$ 存储到经验池 D 中,在执行数步之后,从经验池 D 中随机取出批量(例如 32 个样本)大小的样本,作为离散数据输入神经网络,然后再采用小批量随机半梯度下降法(MBSGD)更新网络参数 w。

我们将状态 s 到 s' 之间产生的信号 (s,a,r,s') 或 (s,a,r,s',T) 称为经验迁移样本。其中,T 为布尔值类型,表示新的状态 s' 是否为终止状态。经验回放机制采用随机采样的方式,既提高了数据的利用率,又去除了数据间的关联性、非静态分布等问题,使得网络模型更加稳定和高效。

4. 核心算法

DQN 训练流程,如图 11.3 所示。

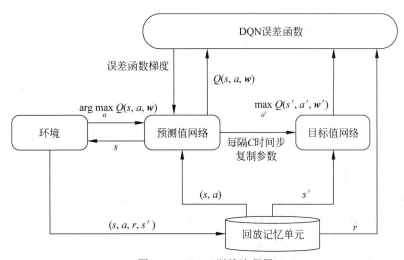

图 11.3　DQN 训练流程图

这里介绍的是 2015 版的 DQN 算法,该算法用于构建价值网络模型。具体如算法 11.1 所示。

算法 11.1 用于构建价值网络模型的 DQN 算法(2015 版)

输入：

总迭代次数 M，折扣系数 γ，探索率 $\{\varepsilon_k\}_{k=0}^{\infty} \in [0,1]$，学习率 $\{\alpha_k\}_{k=0}^{\infty} \in [0,1]$，

随机小批量采样样本数量 n，目标网络参数更新频率 C

初始化：

1. 经验池 $\mathcal{D}$ 的容量为 N；训练情节数为 M

2. 预测网络的参数为 w

3. 目标网络的参数为 $w' = w$

4. **for** $e = 1$ **to** M **do**：

5.   初始化状态序列 $S_1 = \{x_1\}$，经过预处理后得到 $\phi_1 = \phi(S_1)$

6.   在预测网络中输入 ϕ_1，得到每个动作对应的 Q 值函数：$Q(\phi(S_1),a,w)$

7.   **Repeat**（情节中的每一时间步 t）

8.   采用 ε_k-贪心策略，在预测网络中选择动作：$A_t = \arg\max_a Q(\phi(S_t),a,w)$

9.   执行动作 A_t，获得奖赏 R_{t+1} 和下一个状态图像帧序列 x_{t+1}

10.   更新状态 $S_{t+1} = S_t, A_t, x_{t+1}$，经过预处理后得到下一时刻的输入序列 $\phi_{t+1} = \phi(S_{t+1})$

11.   将经验迁移样本 $(\phi_t, A_t, R_{t+1}, \phi_{t+1})$ 以队列方式存储到经验池 $\mathcal{D}$ 中

12.   当经验池 $\mathcal{D}$ 中样本总数远大于 n 时，从 $\mathcal{D}$ 中随机抽取 n 个经验迁移样本：

            $[(\phi_1, A_1, R_2, \phi_2), \cdots, (\phi_j, A_j, R_{j+1}, \phi_{j+1}), \cdots, (\phi_n, A_n, R_{n+1}, \phi_{n+1})]$

13.   **for** j $= 0$ **to** $n-1$ **do**：

14.   **if** $j+1$ 为终止状态 **then**

            $y_j = R_{j+1}$

        else

            $y_j = R_{j+1} + \gamma \max_a Q(\phi_{j+1}, a, w')$

15.   计算损失函数 $(y_j - Q(\phi_j, A_j, w))^2$，使用 MBSGD 法更新预测网络参数 w

16.   **until** t 为终止状态

17. 每隔 C 步更新目标网络参数 $w' = w$

      DQN 算法的优点在于：算法通用性强，是一种端到端的处理方式，可为监督学习产生大量的样本。其缺点在于：无法应用于连续动作控制，只能处理具有短时记忆的问题，无法处理需长时记忆的问题，且算法不一定收敛，需要仔细调参。

      本章采用的游戏环境是 DeepMind 公司 OpenAI gym 工具包中的 Atari2600 游戏实验平台。Atari2600 游戏主要包括射击类、战略类、体育竞技类等方面的策略游戏，为研究人员提供了种类多样的实验环境。实验采用的处理器为 Intei7-7820X(八核)，主频为3.6GHz，内存为 16GB。由于模型中大多用到了卷积运算和矩阵运算，因此使用了GTX1080Ti 图形处理器对模型进行辅助加速运算。

      为了更好地比较各方法的优劣，实验中每一种游戏都使用了相同的参数设置。鉴于在将强化学习方法应用于深度学习问题时，会导致不稳定现象的发生。本章在实验中采用了一些措施以保证模型的稳定性，主要包括：①由于 Agent 根据 Q 值选择动作所消耗的时间远大于网络传播时间，为了平衡两者差异，采用跳帧技术来缓和，即在每 4 帧状态下都采取相同的动作，并以累积奖赏作为总奖赏，每过 4 帧再根据 ε-贪心策略选择下一个

动作,若在跳帧过程中出现终止状态则实验结束;②在 Atari2600 游戏环境中,不同游戏的奖赏范围波动较大,这会造成较大的得分差异,因此,实验中将正奖赏设为+1,负奖赏设为-1,其余不变。这样不仅可以更方便快捷地在不同算法间进行比较,而且简化了奖赏的设置,可以明确动作带来的优劣,使得判断更加简明;③为了防止策略陷入局部最优,提升算法稳定性,将损失函数进行裁剪:损失值在区间[-1,1]之外的取损失值的绝对值;损失值在[-1,1]之内的则采用上述损失函数进行随机梯度下降操作。

算法在实现过程中,在网络模型、训练控制等方面通常设置很多超参数。表 11.1 给出了 DQN 算法的主要超参数列表。

表 11.1 DQN 算法的主要超参数

序号	超 参 数	取值	具 体 描 述
1	minibatch size	32	计算随机梯度下降每次小批量采样样本的数量
2	replay memory size	1000000	经验池大小
3	agent history length	4	Q 值网络输入的邻近图像帧的数量
4	target network update frequency	10000	目标网络的更新频率
5	discount factor	0.99	折扣系数
6	action repeat	4	确定一次执行动作时所在图像帧的位置
7	update frequency	4	预测网络的更新频率
8	learning rate	0.00025	用于 RMSProp 算法的学习率
9	gradient momentum	0.95	用于 RMSProp 算法的梯度动量
10	squared gradient momentum	0.95	用于 RMSProp 算法的平方梯度动量
11	min squared gradient	0.01	用于 RMSProp 算法的最小平方梯度
12	initial exploration	1	ε-贪心策略中的 ε 初始值
13	final exploration	0.01	ε-贪心策略中的 ε 最终值
14	final exploration frame	1000000	ε 从初始值衰减到终止值所经历的样本的数量
15	replay start size	50000	回放机制开始时经验池内样本的数量
16	no-op max	30	游戏开始后不执行任何动作的状态的最大数量

11.1.3 实验结果与分析

本节通过 2 个经典的 Atari 2600 游戏任务来验证 DQN 算法的性能。这两个游戏分别是 Breakout、Asterix。在训练过程中,Agent 执行 ε-greedy 策略(ε 随着迭代次数的增多而不断的衰减,开始值为 1.00,最终值为 0.01)与环境进行交互,并将交互的样本经验保存在经验池中。对于每个 Atari 游戏,DQN 算法训练 1000000 时间步,每经历 10000 时间步,Agent 将行为网络的参数复制到目标网络,每经历 1000 时间步,模型进行一次策略性能评估。

在情节式强化学习中,评估策略的标准通常设置为:在一个情节内,Agent 获得的奖赏总和。图 11.3(a)、(b)分别给出了在 Breakout、Asterix 游戏下,通过 DQN 算法训练时情节的平均回报:横轴为迭代的次数,纵轴为各局游戏的平均回报。

通过图 11.4,对 DQN 算法在 Atari 游戏上的表现进行分析。起初模型由于没有训

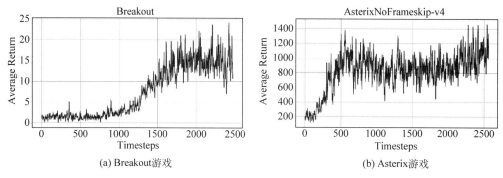

图 11.4　DQN 算法在 Atari 游戏上的实验结果图

练,Agent 会不断地采取随机动作。为了尽可能探索,在这个过程中将当前状态、当前采取的动作、采取动作后的下一个状态以及获得的立即奖赏值存入缓冲池中。在图 11.4(a)中,Agent 前期不断进行随机探索,故训练前期回报没有明显的上升趋势。当缓冲池记录 50000 个时间步后,Agent 将从缓冲池中随机采样作为当前的训练样本。Agent 经过一段时间的训练后,预测 Q 网络输出的 Q 值会趋向拟合真实 Q 值。在图 11.4(b)中,Agent 经历一段采样和学习过程,在后续情节中 Agent 能够表现出优异的性能,表明 Agent 经历前期的探索与训练后,在当前状态下能够采取合适的动作,使期望回报值更高。

由式(11.1)可以看出,DQN 的目标值和真实值共用一个网络,可能会出现模型震荡或发散的情况。为了解决该问题,在 DQN 中采用了增加目标网络的方法。将有目标网络和无目标网络的 DQN 进行对比,实验证明,有目标网络的平均回报值比无目标网络的平均回报值高。使用优化算法来训练模型参数,模型的内部参数会逐步被优化,算法收敛后将得到更高的分数,如表 11.2 所示。

表 11.2　训练阶段的实验数据

游戏名	有目标网络下的平均奖赏值	无目标网络下的平均奖赏值
Breakout	315.5	239.6
Enduro	1000.1	820.2
River Raid	7443.4	4101.6
Seaquest	2794.5	812

DQN 把预测 Q 值当成回归问题。回归问题需要监督信号,故有目标网络的 DQN 比没有目标网络的 DQN 获得的平均奖赏值要高。如果用同一个网络既做预测,又做监督,会造成目标移动,即目标不断变化,造成收敛不稳定。综合实验效果对比图和表中的数据分析可以看出,有固定目标值的 Q 网络可以提高训练的稳定性和收敛性。

11.2　Double DQN 算法

11.2.1　核心思想

针对 DQN 中出现的高估问题, Hasselt 等提出了**深度双 Q 网络算法**(Double Deep

Q-Network,DDQN)。该算法是将强化学习中的双Q学习应用于DQN中。在强化学习中,双Q学习的提出能在一定程度上缓解Q学习带来的过高估计问题,因此,DDQN方法为解决DQN的高估问题带来一个新的研究方向。

DDQN的主要思想是在目标值计算时将动作的选择和评估分离。在更新过程中,利用两个网络来学习两组权重,分别是预测网络的权重w和目标网络的权重w'。在DQN中,动作选择和评估都是通过目标网络来实现的。而在DDQN中,计算目标Q值时,采取目标网络获取最优动作,再通过预测网络估计该最优动作的目标Q值,这样就可以将最优动作选择和动作值函数估计分离,采用不同的样本保证独立性。DDQN的目标Q值为

$$y^{\text{DDQN}} = r + \gamma Q(s', \arg\max_{a'} Q(s', a', w'), w) \tag{11.7}$$

11.2.2 实验结果与分析

本节实验在 Asterix 游戏上,通过控制参数变量对DQN、DDQN算法进行性能对比,从而验证了在一定程度上,DDQN算法可以缓解DQN算法的高估问题。如式(11.7)所示,DDQN需要两个不同的参数网络(目标网络和预测网络)。每1000步后预测网络的参数会同步更新给目标网络。实验设有最大能容纳1000000记录的缓冲池,每个Atari游戏,DDQN算法训练1000000时间步。

实验结果如图11.5所示,图中的DDQN算法最后收敛回报明显大于DQN,并且在实验过程中,可以发现DQN算法容易陷入局部的情况,其问题主要在于Q-Learning中的最大化操作。从式(11.1)看出 Agent 在选择动作时每次取最大Q值的动作,对于真实的策略来说,在给定的状态下并不是每次都选择Q值最大的动作,因为一般真实的策略都是随机性策略,所以在这里目标值直接选择动作最大的Q值往往会导致目标值高于真实值。

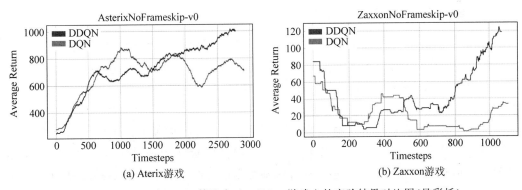

图 11.5　DDQN与DQN算法在Atari2600游戏上的实验结果对比图(见彩插)

为了解决值函数高估计的问题,DDQN算法将动作的选择和动作的评估分别用不同的值函数来实现。实验表明,DDQN能够估计出更准确的Q值,在一些Atari2600游戏中可获得更稳定有效的策略。

11.3 Prioritized DQN

11.3.1 核心思想

在 DQN 训练算法中,通过经验回放机制来实时处理模型训练过程中得到的转移样本。该机制每次从样本池中等概率地抽取小批量的样本用于训练模型,这使得 Agent 无法区分出不同转移样本之间的重要性差异,对有价值样本的利用率不高。而且由于经验池的容量(如 1000000)远远大于每次随机获取的小批量样本数(如 32),这可能会导致一些重要样本被覆盖以及样本重复利用等问题。针对这些问题,Schaul 等提出一种**基于优先级采样的深度 Q 网络**(Prioritized Deep Q-Network,Prioritized DQN)方法。

Prioritized DQN 方法引入**优先级回放**(prioritized replay)机制,使用优先级采样方式替代原先的随机采样,提高了有价值转移样本被采样的概率,从而加快 Agent 学习最优策略的进程。另外,优先级经验回放机制还能在学习初期提高带有正奖赏转移样本的利用率,一定程度上缓解了在复杂问题中存在的稀疏奖赏问题。该算法不仅提高了收敛速度,并且在许多基于视觉感知的视频游戏任务中取得了更优的表现结果。

Prioritized DQN 算法核心在于：根据 TD 误差,将经验迁移样本按序存储在不同的经验池中。Prioritized DQN 的 TD 误差 δ 计算公式为

$$\delta = r + \gamma \max_a Q(s',a,w) - Q(s,a,w) \tag{11.8}$$

在小批量样本采样时,不再使用随机采样方法,而是根据需求从不同的经验池中选择迁移样本,这样 TD 误差越大的样本,被采样的次数可能越多。此外,新得到的经验样本会被设定为最大优先级样本,以保证它至少被训练一次,从而提高 Agent 的性能。下面主要阐述两种主要的经验回放机制。

1. 优先级采样方法

本章提出的 Prioritized DQN 算法采用的优先级采样方法大致过程如下：

(1) 将具有不同奖赏量级的迁移序列分别存放在两个不同的回放记忆单元 $\mathcal{D}_1$ 和 $\mathcal{D}_2$ 中,其中 $\mathcal{D}_1$ 用于存放带有正奖赏的、具有较高优先级的迁移序列；$\mathcal{D}_2$ 用于存放带有负奖赏或零奖赏的、具有较低优先级的迁移序列。

(2) 使用一种类似于分层抽样的方法从回放记忆单元中抽取固定数量(如 32 个)的迁移样本。具体的抽样方式是以概率 ρ 从回放记忆单元 $\mathcal{D}_1$ 中抽取样本,以概率 $1-\rho$ 从回放记忆单元 $\mathcal{D}_2$ 中抽取样本。通过这种区别奖赏值量级大小的分层采样,提高了有价值的正**奖赏**迁移样本的利用率,从而促进了 Agent 的学习速度。

(3) 为缓解一部分迁移样本还未被利用就被回放记忆单元覆盖掉的问题,在迁移序列中增加了每个样本在训练过程中被采样的次数 v,即迁移样本的形式为 $e=(s,a,r,v,s')$。通常那些被频繁回放的转移样本具有较小的 TD 误差值,这是由于每一次回放都使得该样本所对应的 Q 值函数更加逼近目标动作值函数。在经验回放机制中,可以优先考虑那些很久未被采样到的迁移样本,因为这类样本对应的 TD 误差值较大。具体地,该抽

样机制使用一种基于优先级的采样方式来确保每个转移样本都能被采样到,并且转移样本 j 的优先级被定义为

$$p_j = \frac{1}{v_j + 1} \tag{11.9}$$

由式(11.9)可知,转移样本 j 的优先级随着其采样次数的增加而单调递减。

在基于离线样本的强化学习算法中,如果收集到的样本不能覆盖整体的样本空间,在某种程度上会导致学习的偏向性。而完全基于优先级的贪心采样方式会使得转移样本缺乏多样性。具体地,基于优先级的贪心采样方式倾向于收集那些具有较高优先级的转移样本,以避免扫描整个样本空间。不过该种抽样方式可能会使得一些具有较低优先级的样本失去被采样到的机会,从而导致对应的 TD 误差项更新过程过于缓慢。上述问题在使用深度神经网络来表示值函数时体现得尤为明显。因此有必要提出一种可以同时保证样本多样性和充分利用样本优先级的经验回放机制。

2. 随机优先级方法

由于优先级采样会导致学习的偏向性,因此提出将随机采样与优先级采样相结合的随机优化方法。该方法可使得采样过程介于完全的优先级采样和随机采样之间,从而在优先利用有价值迁移样本的前提下,保证回放样本的多样性。为了使得迁移样本被采样的概率与对应的优先级成正比,并同时保证最低优先级对应的迁移样本具有非零的采样概率,将迁移样本 j 的采样概率定义为

$$P(j) = \frac{p_j^\alpha}{\sum_{i=1}^{i = \text{size}(\mathcal{D}_1 \text{或} \mathcal{D}_2)} p_i^\alpha} \tag{11.10}$$

其中, p_j 表示转移样本 j 的优先级;参数 α 决定采样的随机化程度。当 $\alpha = 0$ 时,该采样机制退化为普通的随机采样方式;当 $\alpha = 1$ 时,该采样机制是完全根据优先级的贪心采样。

采用优先级扫描的缺点在于,容易引起损失值发散问题,并产生偏差,但采用随机优先级和重要性采样方法可以减轻这些问题。总体来说,经验回放机制使得参数的更新不再受限于经验样本的顺序,优先级经验回放使算法不受限于经验样本的出现频率。

11.3.2　训练算法

基于随机优先级的采样方式,提出一种**基于随机优先级采样的深度 Q 学习算法**(Deep Q-Learning with Prioritized Sampling,PS-DQN)。该算法将一种高效的优先级采样机制和深度 Q 学习算法相结合,一定程度上缓解了传统深度 Q 学习中有价值样本利用率不高的问题,提高了 Agent 在解决视觉感知决策问题时的性能和稳定性。训练算法描述如下。

在很多场景下,直接结合使用深度神经网络和 Q 学习算法会导致算法的不稳定。然而当 Agent 面对的是大规模状态空间下的决策任务时,深度神经网络逼近器却有着不可替代的作用。因为深度神经网络可以自动地学习到抽象、具体的低维特征表示。为了保证性能的稳定性,PS-DQN 算法主要包括两处创新点:

（1）使用一种基于优先级采样的经验回放机制来消除样本之间的相关性。该机制根据奖赏项的不同量级，将转移样本$(s_t,a_t,r_t,v_t,s_{t+1})$存储到不同的回放记忆单元中。在训练的每个时刻，Agent通过随机优先级采样从回放记忆单元中抽取固定大小的批次转移样本，并基于这些样本通过随机梯度下降法来更新网络模型的权重。

（2）为了进一步提升算法的稳定性，使用独立的目标值网络$Q(s,a,w')$来产生目标Q值：$y_i=r+\gamma \max\limits_{a'} Q(s',a',w')$。与DQN算法不同的是，新算法中使用一种"软"目标值的更新方式来替代阶段性直接复制当前值网络权重给目标网络权重的方式。具体地，目标值网络的权重通过缓慢追踪当前值网络的权重来更新：$w'\leftarrow\tau w+(1-\tau)w'$，其中，$\tau\leq 1$。该种权重$w'$的生成方式能够有效控制每次目标$Q$值更新的幅度，提升Agent在学习最优策略时的稳定性。

算法11.2给出了基于随机优先级采样的深度Q学习算法。

算法11.2　基于随机优先级采样的深度Q学习算法

输入：

　　总迭代次数M,折扣系数γ,探索率$\{\varepsilon_k\}_{k=0}^{\infty}\in[0,1]$,学习率$\{\alpha_k\}_{k=0}^{\infty}\in[0,1]$,

　　随机小批量采样样本数量n,目标网络参数更新频率C

初始化：

1. 经验池$\mathcal{D}_1$和$\mathcal{D}_2$的容量为N

2. 预测网络的参数为w,目标网络的参数为$w'=w$

3. 随机化程度参数α

4. $p_1=1$,小批量采样样本数量32

5. **for** $e=1$ **to** M **do**：

6. 　　初始化状态序列$S_1=\langle x_1\rangle$,经过预处理后得到$\phi_1=\phi(S_1)$

7. 　　**repeat**（情节中的每一时间步t）

8. 　　　　以概率ε选择随机动作a_t,否则选择动作$A_t=\arg\max\limits_a Q(\phi(S_t),a,w)$

9. 　　　　执行动作A_t,获得奖赏R_{t+1}和下一个状态图像帧序列x_{t+1}

10. 　　　　更新状态$S_{t+1}=S_t,A_t,x_{t+1}$,经过预处理后得到下一时刻的输入序列$\phi_{t+1}=\phi(S_{t+1})$

11. 　　　　**if** $R_t>0$ **then**

12. 　　　　　　将经验迁移样本$(\phi_t,A_t,R_{t+1},V_t,\phi_{t+1})$以队列方式存储到经验池$\mathcal{D}_1$中

13. 　　　　**else**

14. 　　　　　　将经验迁移样本$(\phi_t,A_t,R_{t+1},V_t,\phi_{t+1})$以队列方式存储到经验池$\mathcal{D}_2$中

15. 　　　　**end if**

16. 　　　　**if** 经验池$\mathcal{D}_1$和$\mathcal{D}_2$中样本总数远大于n **then**

17. 　　　　　　**for** $j=0$ **to** $n-1$ **do**：

18. 　　　　　　　　通过$p=1/(V+1)$,计算经验池$\mathcal{D}_1$和$\mathcal{D}_2$中所有样本的优先级p

19. 　　　　　　　　**if** random()$<\rho$ **then**

20. 　　　　　　　　　　以概率分布$P(j)=(p_j)^{\alpha}\Big/ \sum\limits_{i=0}^{i=\text{size}(\mathcal{D}_1)} (p_i)^{\alpha}$从$\mathcal{D}_1$中抽取$(\phi_j,A_j,R_{j+1},V_j,\phi_{j+1})$

21. 　　　　　　　　**else**

22.	以概率分布 $P(j) = (p_j)^a \Big/ \sum\limits_{i=0}^{i=\mathrm{size}(\mathcal{D}_2)} (p_i)^a$ 从 $\mathcal{D}_2$ 中抽取 $(\phi_j, A_j, R_{j+1}, V_j, \phi_{j+1})$
23.	**end if**
24.	更新经验池中对应的访问次数：$V_j = V_j + 1$
25.	**if** 如果第 $j+1$ 状态为终止状态 **then**
26.	$y_j = R_{j+1}$
27.	**else**
28.	$y_j = R_{j+1} + \gamma \max\limits_{a} Q(\phi_{j+1}, a, w')$
29.	**end if**
30.	计算损失函数 $(y_j - Q(\phi_j, A_j, w))^2$，使用 MBSGD 法更新预测网络参数 w
31.	更新目标值网络的权重 $w' \leftarrow \tau w + (1-\tau)w'$
32.	**until** t 为终止状态

11.3.3　实验结果与分析

本节通过 Atari 游戏中 Asterix、Alien 2 个游戏任务来验证 PS-DQN 算法的性能。由于新算法是基于传统 DQN 算法的改进，因此实验中主要对比 PS-DQN 与 DQN 算法的性能差异，在实验过程中 PS-DQN 网络结构与 DQN 网络结构保持一致。不同点在于，缓冲池存储会设置一个优先级标签 p，标签记录样本重要性。在训练过程中，模型会优先在缓冲池取优先级高的样本。评估周期设置为 100000 时间步，并且在评估期间 Agent 一直执行 ε-greedy 策略，其中 ε = 0.01。

在情节式的强化学习问题中，通常将评估策略的标准设置为在一个情节内，Agent 获得的奖赏之和。因此实验中第一个评估标准设置为 DQN 和 PS-DQN 模型所获得的每情节最高平均回报值。图 11.6 给出了在游戏 Asterix 中，PS-DQN 和 DQN 算法的训练进程。

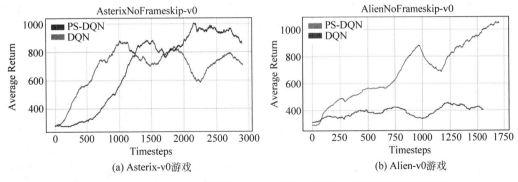

(a) Asterix-v0游戏　　　　(b) Alien-v0游戏

图 11.6　PS-DQN 与 DQN 算法在 Atari 游戏上的实验结果对比图（见彩插）

分析图 11.6(b) 中的曲线，发现 PS-DQN 的收敛速度快于 DQN。由于在 Alien 游戏环境中不存在负的奖赏，并且在模型训练初期 Agent 从环境中得到的正奖赏反馈是稀疏的，因此在使用优先级采样提高了正奖赏转移样本的利用率后，PS-DQN 在 Alien 游戏中回报上升趋势比 DQN 明显。Agent 训练玩游戏 Alien 的初期存在着大量的稀疏奖赏，代表DQN训练进程的 Q 值曲线存在着一个低峰值。这种 Q 值的大幅度波动是不利于Agent学习的。PS-DQN算法则通过提高正奖赏样本的利用率,一定程度上避免了出现平均 Q 值曲线低峰值的问题,从而提升了算法的稳定性。

PS-DQN算法也有一些不足之处。从图11.6(a)中可以看出,与DQN算法相比,PS-DQN算法在性能上几乎没有提升,这是由于Asterix游戏一轮的回报值大,导致样本优选级相差不大。PS-DQN是通过提取重要样本进行学习的,从学习效果来看,与DQN相比较,二者相差并不明显,因此该情况PS-DQN性能提升非常小。另外由于PS-DQN过度使用正奖赏转移样本而导致训练进程不稳定。从实验中可以看出,PS-DQN算法在稀疏奖赏任务上提升明显。

11.4 Dueling DQN

11.4.1 训练算法

Wang等在DQN算法的基础上,通过对其网络结构进行改变,提出一种带**竞争网络**(Dueling network)的**竞争DQN**(Dueling DQN)算法。该算法采用一种无模型的强化学习神经网络结构,核心思想在于:在神经网络内部把动作值函数分解为状态值函数 $V(s)$ 和动作优势函数 $A(s,a)$。这样把与动作相关的 Q 值函数转化为与动作无关的 V 值函数和与动作相关的优势函数两个部分。Dueling DQN算法的竞争网络结构如图11.7所示。

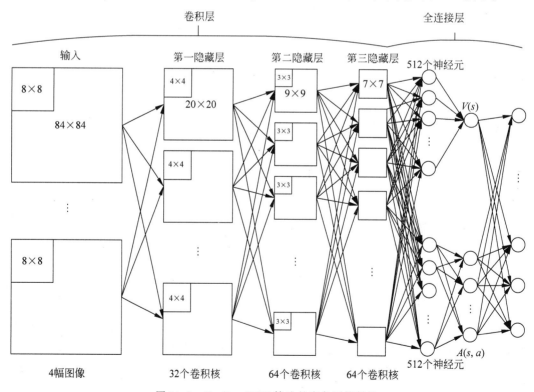

图 11.7 Dueling DQN 算法的竞争网络结构

在竞争网络结构中：

（1）上路输出状态值函数$V(s)$，表示状态s本身所具有的价值。

（2）下路输出动作优势函数$A(s,a)$，表示在状态s处选择动作a时所得的到回报，与状态s本身的价值之间的（即所有可能动作带来的平均回报）的差异，也就是

$$A(s,a)=Q(s,a)-V(s)$$

（3）通过全连接将上下路合并（求和），输出动作值函数$Q(s,a)$。

$$q_\pi(s,a)\approx Q(s,a,\pmb{w},\pmb{\alpha},\pmb{\beta})=V(s,\pmb{w},\pmb{\beta})+A(s,a,\pmb{w},\pmb{\alpha}) \tag{11.11}$$

其中，w为卷积层参数；$\pmb{\beta}$为状态值函数全连接层参数；$\pmb{\alpha}$为优势函数全连接层参数。

为了平衡优势函数在游戏特征提取过程中出现的差异性，通常会引入优势函数均值作为基线，采用式（11.12）作为竞争网络的最终输出：

$$Q(s,a,\pmb{w},\pmb{\alpha},\pmb{\beta})=V(s,\pmb{w},\pmb{\beta})+\left[A(s,a,\pmb{w},\pmb{\alpha})-\frac{1}{|\mathcal{A}|}\sum_{a\in\mathcal{A}}A(s,a,\pmb{w},\pmb{\alpha})\right] \tag{11.12}$$

其中，$|\mathcal{A}|$表示可采取的动作数。引入优势函数均值作为基线，能够保证在各状态下，所有动作的优势函数相对排序不变，并缩小Q值范围，去除多余的自由度，提高算法稳定性。

Dueling DQN的出发点在于，多数状态没有必要估计每个动作的价值。在将Q函数的估计分为两步后，先估计状态的价值，在有新动作加入时，就可以基于现有的V函数来学习动作的价值，而不需要从零开始学习。因此，竞争网络能够有效解决**奖赏偏见**（reward-bias）问题，动作越多，Q函数的泛化性也越好。

11.4.2　实验结果与分析

本节实验是在Atari游戏下将DQN算法与DuelingDQN算法进行比较，为了有效对比，在实验参数设置上与DQN相同。如图11.8所示，DuelingDQN需要修改DQN网络，DuelingDQN还是和DQN一样共用3层卷积层，但不同是最后的输出层的神经元不再仅仅输出Q值，而是输出两个值（V值与A值），网络最后通过累加V值与A值输出Q值。通过A值可以直观地了解哪些状态是（或不是）有价值的，而不必了解每个动作对每个状态的影响。如图11.8（a）所示，可以看出，相比于DQN算法，DuelingDQN算法在Asterix游戏上收敛较快，且收敛速度较平稳。

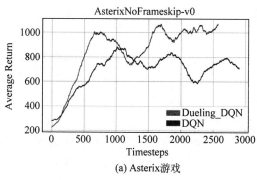

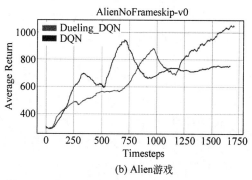

图11.8　Dueling DQN与DQN算法在Atari游戏上的实验结果对比图（见彩插）

图 11.9 给出了 Dueling DQN 在 Atari 游戏中不同时间步的动作值和优势值关注点(红色覆盖部分)。在一个情节下,如图 11.9(a)所示,V 值网络更关注道路情况,同时也注重回报值。A 值网络更关心选择的动作得到的奖赏值,当 Agent 前方没有车辆时,如图 11.9(b)所示,道路上没有关注点,因为 Agent 选择任意动作对当前状态没有明显影响。但当前方有车辆后,道路开始有了关注点,Agent 需要选择更优的动作来避免碰撞。

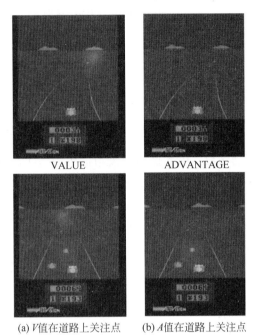

(a)V值在道路上关注点　　(b)A值在道路上关注点

图 11.9　Dueling DQN 算法在 Atari 游戏中不同时间步的 V 值和 A 值关注点(见彩插)

观察训练与测试结果发现,在使用与 DQN 同样参数的情况下,Dueling DQN 收敛的效果更好,在每次测试中都能取得较为稳定的分数。

11.5　小结

DQN 算法基于 Q-Learning 计算 Q 值,使用神经网络模拟 Q 函数。在收集到足够批量训练样本后,缓存池中的训练样本用于训练 Q 函数的神经网络参数,依次不断迭代,神经网络逐渐接近实际的 Q 函数。

DQN 在基本 Deep Q-Learning 算法的基础上,使用了经验回放机制。通过将训练得到的数据储存起来和随机采样的方法降低数据样本的相关性。另外 DQN 还做了一个改进,就是增加目标网络,在计算目标 Q 值时使用专门的一个目标网络来计算,而不是直接使用预更新的 Q 网络。这样做的目的是为了减少目标值与当前值的相关性。

DQN 是一种 off-policy 的方法,每次学习时,不是使用下一次交互的真实动作,而是使用当前认为价值最大的动作来更新目标值函数,容易出现对 Q 值高估的问题。为了解决原始 DQN 存在高估的问题。Hasselt 提出了 Double Q-Learning 方法,将此方法应用到 DQN 中,即 Double DQN(DDQN)。所谓的 Double Q-Learning 是将动作的选择和动作的评估分别用不同的值网络来实现。

DQN 的经验回放采用均匀分布,而均匀分布采样并不能高效利用数据。因为 Agent 的经验就是经历过的数据,但这些数据对于训练并不具有同等重要的意义,Agent 在某些状态的学习效率比其他状态的学习效率高。如果 TD-error 越大,就代表预测精度还有很多上升空间,那么这个样本就越需要被学习,也就是优先级越高。Prioritized DQN 和 DQN 相比,收敛速度有了很大的提高,避免了一些没有价值的迭代。

Dueling DQN 从网络结构上改进了 DQN,将 Q 网络分成两个通道,一个输出 V 值,一个输出 A 值,最后再合起来得到 Q 值。采用这种方法,分离动作值与状态值,算法能够能清晰地知道每个动作的重要程度。

DQN 是深度神经网络和强化学习的产物,代表了基于值这一大类深度强化学习算法。但是存在一些问题,绝大多数 DQN 只能处理离散的动作集合,不能处理连续的动作集合,而深度强化学习基于策略梯度的方法可以较好地解决这个问题。

11.6 习题

1. 为什么需要引入值函数逼近?它可以解决哪些强化学习问题?

2. (编程)试比较 DQN 与 DDQN 算法在 Atari 游戏上的实验效果。

3. PS-DQN 能更高效使用经验池中的样本,这样做对模型训练有什么好处?

4. Dueling DQN 将模型拆解成两个部分,Dueling 为什么实验效果好于 DQN?

5. DQN 算法中使用了异策略 Q-Learning,但为什么在这种异策略学习中,不需要考虑重要性采样比率。请问是否可以将深度学习与其他 TD 方法结合,例如 Sarsa 学习,形成 DSN 等算法,为什么?

第 12 章

策略梯度法

在前面的章节中,几乎的所有方法都采用基于值函数方法,即通过学习到的状态值或动作值函数来选择动作。本章主要介绍**参数化策略方法**(parameterized policy),该方法不再利用值函数,而是利用策略函数来选择动作,同时使用值函数来辅助策略函数参数的更新。

策略梯度法(Policy Gradient,PG)是参数化策略函数的一种常用算法。根据策略类型的不同,PG 可以分为**随机策略梯度**(Stochastic Policy Gradient,SPG)方法和**确定性策略梯度**(Deterministic Policy Gradient,DPG)方法。

在线视频

12.1 随机策略梯度法

12.1.1 梯度上升算法

参数化策略不再是一个概率集合,而是一个可微的函数。策略函数 $\pi(a\,|\,s,\boldsymbol{\theta})$ 表示 t 时刻在状态 s 和参数 $\boldsymbol{\theta}$ 下选择动作 a 的概率:

$$\pi(a\,|\,s,\boldsymbol{\theta})=P\{A_t=a\,|\,S_t=s,\boldsymbol{\theta}_t=\boldsymbol{\theta}\}, \quad \boldsymbol{\theta}\in\mathbb{R}^{d'} \tag{12.1}$$

其中,$\boldsymbol{\theta}$ 表示策略参数。参数化策略函数可以简记为 $\pi_{\boldsymbol{\theta}}$,这样 $\pi(a\,|\,s,\boldsymbol{\theta})$ 可以简记为 $\pi_{\boldsymbol{\theta}}(a\,|\,s)$。

参数化策略函数 $\pi(a\,|\,s,\boldsymbol{\theta})$ 可以看作概率密度函数,Agent 按照该概率分布进行动作选择。为了保证探索性,通常都采用随机策略函数。为了衡量策略函数 $\pi(a\,|\,s,\boldsymbol{\theta})$ 的优劣性,需要设计一个关于策略参数 $\boldsymbol{\theta}$ 的目标函数 $J(\boldsymbol{\theta})$[这里用不同的符号来与值函数逼近法的目标函数 $L(\boldsymbol{w})$ 进行区分]。通常最直接的思想就是将目标函数 $J(\boldsymbol{\theta})$ 定义为折扣回报的期望:

$$J(\boldsymbol{\theta})=\mathbb{E}_{\pi_{\boldsymbol{\theta}}}[G]=\mathbb{E}_{\pi_{\boldsymbol{\theta}}}[R_1+\gamma R_2+\gamma^2 R_3+\cdots+\gamma^{n-1}R_n] \tag{12.2}$$

由于定义的区别,$J(\boldsymbol{\theta})$ 与值函数逼近法的损失函数 $L(\boldsymbol{w})$ 意义不同,它的策略梯度

$\nabla J(\boldsymbol{\theta})$是无偏估计的。

此时算法的目标是使得回报最大化,所以对参数$\boldsymbol{\theta}$采用梯度上升方法,该方法也被称为**随机梯度上升**(Stochastic Gradient Ascent,SGA)算法。基于 SGA 的参数$\boldsymbol{\theta}$更新方程为

$$\boldsymbol{\theta} \leftarrow \boldsymbol{\theta} + \alpha \, \nabla \hat{J}(\boldsymbol{\theta}), \quad \nabla \hat{J}(\boldsymbol{\theta}) \in \mathbb{R}^{d'} \tag{12.3}$$

其中,$\nabla \hat{J}(\boldsymbol{\theta})$为策略梯度函数的估计值,即近似策略梯度。策略参数$\boldsymbol{\theta}$与值函数逼近中的权重参数$w$作用相同,使用不同的符号仅用于区分所采用的方法;维度d'也仅用于与值函数逼近参数w的维度d之间的区分。

所有满足式(12.3)的方法都被称为 SPG 方法。在不区分 DPG 的情况下,通常将 SPG 称作 PG。PG 是一大类基于梯度的策略学习方法,本章介绍的 REINFORCE 算法和**行动器-评论家**(Actor-Critic,AC)算法都属于 PG 方法。

12.1.2 策略梯度法与值函数逼近法的比较

本节通过与值函数逼近法相比较,讨论 PG 法的优点和缺点。

1. PG 法的优点

（1）**平滑收敛**：在学习过程中,PG 法每次更新策略函数,权重参数都会朝着最优值变化,且只发生微小变化,有很强的收敛性;值函数逼近法基于贪心策略对策略进行改进,有些价值函数在后期会一直围绕最优价值函数持续小的震荡而不收敛,即出现**策略退化**(policy degradation)现象。

（2）**处理连续动作空间任务**：PG 法可以直接得到一个策略,而值函数逼近法需要对比状态s中的所有动作的价值,才能得到最优动作值函数$q_*(s,a)$,在处理大动作空间或连续状态动作空间任务时,难以实现。

（3）**学习随机策略**：在实际问题中,策略通常都是随机的,PG 法能够输出随机策略,而值函数逼近法基于贪心方法,每次输出的都是确定性策略。有时随机策略才是最优策略：比如"剪刀石头布"游戏,如果按照某一种策略来出拳,很容易让对手抓住规律,输掉游戏。最好的策略就是随机出拳,让对手猜不到。

2. PG 法的缺点

（1）PG 法通常只能收敛到局部最优解。

（2）PG 法的易收敛性和学习过程平滑优势,都会使 Agent 尝试过多的无效探索,从而造成学习效率低,整体策略方差偏大,以及存在累积误差带来的过高估计问题。

例 12.1　以格子世界为例,说明算法只能输出确定性策略的缺陷。如图 12.1(a)所示格子世界,要求 Agent 在不掉入陷阱区域"X"的情况下,到达目标"G"。Agent 的初始状态可能随机地出现在第一行的 5 个格子中。

如果采用坐标信息来表示格子,可以直接使用值函数方法,通过解方程组来求解。但如果采用"格子某个方向是否有墙"这样的特征信息来描述格子位置,就会出现如图 12.1(b)所

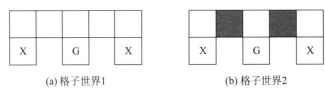

(a) 格子世界1   (b) 格子世界2

图 12.1 关于确定性策略的缺陷问题

示的情况,两个灰色格子的状态特征描述是一样的,即发生了重名现象:

$$\pi_\theta(南北有墙,往东走)=1 \text{ 或 } 0$$

$$\pi_\theta(南北有墙,往西走)=0 \text{ 或 } 1$$

实际上,当 Agent 处于这两个灰色格子时采取的动作应该是不同的,所以一旦出现重名现象,随机策略就会比确定性策略效果更好:

$$\pi_\theta(南北有墙,往东走)=0.5$$

$$\pi_\theta(南北有墙,往西走)=0.5$$

例 12.2 以格子世界为例,比较采用值函数逼近法与策略梯度法学习到的策略之间的区别。如图 12.2 所示,S 为起点,G 为终点,阴影表示障碍物,动作 $A=\{上,下,左,右\}$,Agent 若离开边界或撞到障碍物时,都会返回到上一个位置,到达目标 G 时奖赏为 1,其他转移情况奖赏均为 0。参数 $\gamma=0.95,\alpha=0.1,\varepsilon=0.1$。

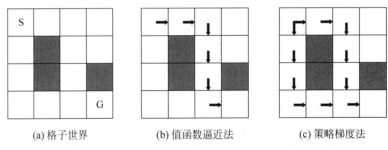

(a) 格子世界   (b) 值函数逼近法   (c) 策略梯度法

图 12.2 比较值函数逼近法与策略梯度法学习到的策略之间的区别

经过多次迭代后,值函数逼近法和策略梯度法学习到的策略轨迹分别如图 12.2(b)和(c)所示。在图 12.2(b)中,采用值函数逼近法,Agent 只能获得一条路径;而在图 12.2(c)中,采用策略梯度法,Agent 能够得到两条不同的路径。

12.2 策略优化方法

策略优化方法与值函数逼近法一样,需要分为情节式任务和连续式任务来考虑。

12.2.1 情节式策略目标函数

在线视频

由 12.1.1 节已知,PG 法的目标为最大化目标函数 $J(\theta)$。针对情节式任务,又可以根据离散状态-动作空间任务和连续状态-动作空间任务,来分别定义不同的目标函数。

1）初始价值（start value）

初始价值适用于离散状态-动作空间任务，假设每个情节都从初始状态 s_0 开始，其目标函数由初始状态价值的期望构成：

$$J_{sv}(\boldsymbol{\theta}) = v_{\pi_{\boldsymbol{\theta}}}(s_0) \tag{12.4}$$

其中，$v_{\pi_{\boldsymbol{\theta}}}$ 表示策略函数 $\pi_{\boldsymbol{\theta}}$ 的真实状态值函数，有时也将 $v_{\pi_{\boldsymbol{\theta}}}$ 记为 $v^{\pi_{\boldsymbol{\theta}}}$。

2）平均价值（average value）

平均价值适用于连续状态-动作空间任务，在该任务中，Agent 不存在初始状态 s_0，所以平均价值计算的是 t 时刻下所有可能状态的价值，与 t 时刻的状态分布概率 $\rho^{\pi_{\boldsymbol{\theta}}}(s)$ 的加权和：

$$J_{avgv}(\boldsymbol{\theta}) = \sum_{s \in \mathcal{S}} \rho^{\pi_{\boldsymbol{\theta}}}(s) v_{\pi_{\boldsymbol{\theta}}}(s) \tag{12.5}$$

3）时间步平均奖赏（average reward per time-step value）

时间步平均奖赏适用于连续状态-动作空间任务，这是一种使用 1-步 TD(0)算法的方法，它计算 t 时刻的奖赏期望：

$$J_{avgr}(\boldsymbol{\theta}) = \mathbb{E}_{\pi_{\boldsymbol{\theta}}}[r] = \sum_{s \in \mathcal{S}} \rho^{\pi_{\boldsymbol{\theta}}}(s) \sum_{a \in \mathcal{A}} \pi(a \mid s, \boldsymbol{\theta}) r \tag{12.6}$$

12.2.2 连续式策略目标函数

在无法使用情节式边界的连续式任务中，根据每个时刻的平均回报 $r(\pi)$ 来定义目标函数：

$$J_c(\boldsymbol{\theta}) = r(\pi) = \lim_{t \to \infty} \mathbb{E}[R_t \mid S_0, A_{0:t-1} \sim \pi] = \sum_s \rho^{\pi_{\boldsymbol{\theta}}}(s) \sum_a \pi(a \mid s) \sum_{s', r} p(s', r \mid s, a) r \tag{12.7}$$

其中，$\rho^{\pi_{\boldsymbol{\theta}}}(s) = \lim_{t \to \infty} P(S_t = s \mid A_{0:t} \sim \pi)$，满足遍历性假设。

12.2.3 策略梯度定理

原则上，可以直接对式（12.2）的目标函数 $J(\boldsymbol{\theta})$ 求梯度，然后利用 SGA 优化参数 $\boldsymbol{\theta}$。但是基于回报期望的目标函数和策略函数的联系并不直观，这样的目标函数梯度难以直接用于参数优化。从另一个角度考虑，对于连续状态-动作空间任务来说，除了动作的选择，状态分布 $\rho^{\pi_{\boldsymbol{\theta}}}(s)$ 也受到策略参数 $\boldsymbol{\theta}$ 的影响，虽然可以通过策略参数 $\boldsymbol{\theta}$ 计算出动作选择概率 $\pi(a \mid s, \boldsymbol{\theta})$ 和相应奖赏 $r(a \mid s)$，但因为状态分布 $\rho^{\pi_{\boldsymbol{\theta}}}(s)$ 与环境有关，所以无法确定策略梯度 $\nabla J(\boldsymbol{\theta})$ 与状态分布 $\rho^{\pi_{\boldsymbol{\theta}}}(s)$ 之间的关系。由此需要对目标函数进行调整。

1）全部动作算法下的策略梯度定理

一个直观的想法是：如果执行某一个动作能够得到更多奖赏（或回报，或值函数），那么就应该增加它出现的概率，反之减小其概率。基于这一想法，考虑最简单的 1-步 TD(0)情况，构建一个与策略参数 $\boldsymbol{\theta}$ 无关的评价指标函数 $f(s, a)$，用于测量在状态 s 下采取动作 a 可以获得的奖赏（或回报，或值函数），以此得到基于评价指标期望的目标函数，如下所示：

$$J(\boldsymbol{\theta}) = \mathbb{E}_{\pi_{\boldsymbol{\theta}}}[f(s,a)] = \sum_{s \in \mathcal{S}} \rho^{\pi_{\boldsymbol{\theta}}}(s) \sum_{a \in \mathcal{A}} \pi(a|s,\boldsymbol{\theta}) f(s,a) \qquad \text{—— 离散空间任务}$$

$$= \int_{\mathcal{S}} \rho^{\pi_{\boldsymbol{\theta}}}(s) \int_{\mathcal{A}} \pi(a|s,\boldsymbol{\theta}) f(s,a) \mathrm{d}a \mathrm{d}s \qquad \text{—— 连续空间任务}$$

其中，状态分布 $\rho^{\pi_{\boldsymbol{\theta}}}(s)$ 是策略函数 $\pi_{\boldsymbol{\theta}}$ 下的同策略分布。

以离散空间任务为例，为了构建一个仅对策略参数 $\boldsymbol{\theta}$ 求导，而不涉及对状态分布 $\rho^{\pi_{\boldsymbol{\theta}}}(s)$ 求导的目标函数导数形式，将状态作为分布函数：

$$\nabla J(\boldsymbol{\theta}) = \nabla \sum_{s \in \mathcal{S}} \rho^{\pi_{\boldsymbol{\theta}}}(s) \sum_{a \in \mathcal{A}} \pi(a|s,\theta) f(s,a)$$

$$= \sum_{s \in \mathcal{S}} \rho^{\pi_{\boldsymbol{\theta}}}(s) \sum_{a \in \mathcal{A}} \nabla\pi(a|s,\boldsymbol{\theta}) f(s,a) \qquad (12.8)$$

$$= \mathbb{E}_{S_t \sim \rho^{\pi_{\boldsymbol{\theta}}}} \left[\sum_{a \in \mathcal{A}} \nabla\pi(a|S_t,\boldsymbol{\theta}) f(S_t,a) \right] \qquad \text{—— 将} \sum_{s \in \mathcal{S}} \rho^{\pi_{\boldsymbol{\theta}}}(s) \text{作为期望概率}$$

由于涉及所有可能的动作，所以该算法也被称为**全部动作算法**(all-actions method)。有时也将 $\mathbb{E}_{S_t \sim \rho^{\pi_{\boldsymbol{\theta}}}}$ 记为 $\mathbb{E}_{\pi_{\boldsymbol{\theta}}}$。

正如之前所说的，评价指标 $f(s,a)$ 可以用奖赏 r、回报 G 或值函数等形式来表示，常用的评价指标为动作值函数 $q_{\pi_{\boldsymbol{\theta}}}(s,a)$，其策略梯度为

$$\nabla J(\boldsymbol{\theta}) = \mathbb{E}_{S_t \sim \rho^{\pi_{\boldsymbol{\theta}}}} \left[\sum_{a \in \mathcal{A}} \nabla\pi(a|S_t,\boldsymbol{\theta}) q_{\pi_{\boldsymbol{\theta}}}(S_t,a) \right] \qquad (12.9)$$

式(12.9)也被称为**策略梯度定理**(policy gradient theorem)，该定理同时适用于离散和连续状态-动作空间任务，也就是说，在12.2.1节和12.2.2节中介绍的四种目标函数 J_{sv}、J_{avgv}、J_{avgr}、J_c 都可以采用这一策略梯度。

由此得到策略参数更新方程为

$$\boldsymbol{\theta}_{t+1} = \boldsymbol{\theta}_t + \alpha \sum_{a \in \mathcal{A}} \nabla\pi(a|S_t,\boldsymbol{\theta}_t) q_{\pi_{\boldsymbol{\theta}}}(S_t,a) \qquad (12.10)$$

2) 单步算法下的策略梯度定理

在实际情况下，由于需要进行采样，策略梯度定理通常仅考虑采样得到动作 A_t。基于式(12.8)，将动作作为分布函数，并保证不改变梯度大小：

$$\nabla J(\boldsymbol{\theta}) = \mathbb{E}_{S_t \sim \rho^{\pi_{\boldsymbol{\theta}}}} \left[\sum_{a \in \mathcal{A}} \pi(a|S_t,\boldsymbol{\theta}) \frac{\nabla\pi(a|S_t,\boldsymbol{\theta})}{\pi(a|S_t,\boldsymbol{\theta})} f(S_t,a) \right] \qquad \text{—— 先乘后除保证等价性}$$

$$= \mathbb{E}_{S_t \sim \rho^{\pi_{\boldsymbol{\theta}}}, A_t \sim \pi_{\boldsymbol{\theta}}} \left[\frac{\nabla\pi(A_t|S_t,\boldsymbol{\theta})}{\pi(A_t|S_t,\boldsymbol{\theta})} f(S_t,A_t) \right] \qquad \text{—— 用采样数据} A_t \sim \pi \text{替换} a$$

$$= \mathbb{E}_{S_t \sim \rho^{\pi_{\boldsymbol{\theta}}}, A_t \sim \pi_{\boldsymbol{\theta}}} \left[\nabla\log\pi(A_t|S_t,\boldsymbol{\theta}) f(S_t,A_t) \right] \qquad (12.11)$$

其中，策略梯度 $\nabla\pi(a|s,\boldsymbol{\theta})$ 或其对数 $\nabla\log\pi(a|s,\boldsymbol{\theta})$ 被称为**迹向量**(eligibility vector)，表示参数空间中在访问状态 S_t 时最能增加重复动作的概率的方向。直观理解式(12.11)，就是评价指标期望越大的动作，就让它出现的概率(即迹向量)越大，反之越小。

同理，将动作值函数 $q_{\pi_{\boldsymbol{\theta}}}(s,a)$ 作为评价指标，策略梯度法也可以表示为

$$\nabla J(\boldsymbol{\theta}) = \mathbb{E}_{S_t \sim \rho^{\pi_{\boldsymbol{\theta}}}, A_t \sim \pi_{\boldsymbol{\theta}}} \left[\nabla\log\pi(A_t|S_t,\boldsymbol{\theta}) q_{\pi_{\boldsymbol{\theta}}}(S_t,A_t) \right] \qquad (12.12)$$

该式表示，动作值函数期望越高的动作，其出现概率也应该越高。有时也将 S_t, A_t 记为 s, a。

在线视频

现在,我们的目标转为求解迹向量$\nabla\log\pi(a|s,\boldsymbol{\theta})$和动作值函数$q_{\pi_{\boldsymbol{\theta}}}(s,a)$。

12.3　策略表达形式

为了求迹向量$\nabla\log\pi(a|s,\boldsymbol{\theta})$,首先需要构建策略函数的参数表达形式。在 PG 法中,只要策略函数$\pi(a|s,\boldsymbol{\theta})$可导,策略就可以用任意的方式参数化。与值函数逼近法一样,策略函数$\pi(a|s,\boldsymbol{\theta})$也需要分成小型离散动作空间(softmax 函数)和大型或连续动作空间(高斯策略函数)两种情况讨论。

12.3.1　离散动作空间策略参数化

针对小型离散动作空间问题,对每一组状态-动作对都估计一个动作偏好值$h(s,a,\boldsymbol{\theta})\in\mathbb{R}$,也就是特征函数。动作偏好值$h(s,a,\boldsymbol{\theta})$可以用任意的方式参数化,通常将它视为多个特征的线性加权之和:

$$h(s,a,\boldsymbol{\theta})=\boldsymbol{\theta}^{\mathrm{T}}\boldsymbol{x}(s,a) \tag{12.13}$$

其中,$\boldsymbol{x}(s,a)\in\mathbb{R}^{d}$表示特征向量。在某个状态下动作表现越好,其偏好值$h(s,a,\boldsymbol{\theta})$就越高;若最优策略是确定性策略,则相对于次优动作,其偏好值将趋于无穷大。

由此可知,策略函数$\pi(a|s,\boldsymbol{\theta})$正比于动作偏好值$h(s,a,\boldsymbol{\theta})$:

$$\pi(a|s,\boldsymbol{\theta})\propto e^{h(s,a,\boldsymbol{\theta})}$$

采用指数柔性最大化分布(softmax 函数)构建基于动作偏好值的策略函数,即 softmax 策略函数,输出状态 s 下所有可执行动作的概率分布:

$$\pi(a|s,\boldsymbol{\theta})=\frac{e^{h(s,a,\boldsymbol{\theta})}}{\sum_{a'}e^{h(s,a',\boldsymbol{\theta})}} \tag{12.14}$$

其中,分母用于归一化操作,使得每个状态选择动作的概率之和为 1。

softmax 策略的迹向量如下所示:

$$\nabla\log\pi(a|s,\boldsymbol{\theta})=\boldsymbol{x}(s,a)-\mathbb{E}_{\pi_{\boldsymbol{\theta}}}[\boldsymbol{x}(s,\cdot)]=\boldsymbol{x}(s,a)-\sum_{a\in\mathcal{A}}\pi(s,a,\boldsymbol{\theta})\boldsymbol{x}(s,a)$$

$$\tag{12.15}$$

其中,$\boldsymbol{x}(s,a)$表示在状态 s 下,采取动作 a 的得分;$\mathbb{E}_{\pi_{\boldsymbol{\theta}}}[\boldsymbol{x}(s,\cdot)]$表示在状态 s 下的期望分值。

12.3.2　连续动作空间策略参数化

对于大型离散动作空间或连续动作空间问题,PG 法不再直接计算每一个动作被选择的概率,而是学习动作概率分布,根据高斯分布来选择动作。高斯分布的概率密度函数为

$$p(x)=\frac{1}{\sqrt{2\pi}\sigma}e^{-\frac{(x-\mu)^2}{2\sigma^2}}$$

其中,μ 和 σ 分别为高斯分布的均值和标准差;$p(X\leqslant x)$表示小于 x 的图像所围成的面积,$p(x)$图像下的总面积恒为 1。

将策略函数定义为实数型动作的正态概率密度:

$$\pi(a \mid s, \boldsymbol{\theta}) = \frac{1}{\sqrt{2\pi}\sigma} e^{-\frac{(a-\mu(s,\boldsymbol{\theta}))^2}{2\sigma^2}} \tag{12.16}$$

其中，$\mu: \mathcal{S} \times \mathbb{R}^{d'} \to \mathbb{R}$ 通常用一个线性函数来逼近：$\mu(s, \boldsymbol{\theta}) = \boldsymbol{\theta}^{\mathrm{T}} \boldsymbol{x}(s)$；$\sigma: \mathcal{S} \times \mathbb{R}^{d'} \to \mathbb{R}$ 则设置为一个固定正数。满足该式的策略函数称为高斯策略函数。

高斯策略的迹向量如下所示：

$$\nabla \log \pi(a \mid s, \boldsymbol{\theta}) = \frac{(a - \mu(s, \boldsymbol{\theta}))\boldsymbol{x}(s)}{\sigma^2} \tag{12.17}$$

在线视频

12.4　蒙特卡洛策略梯度法

动作值函数 $q_{\pi_{\boldsymbol{\theta}}}(s, a)$ 可以通过 DP、MC、TD 等基础强化学习算法进行学习。**蒙特卡洛策略梯度法**(REINFORCE)是一种针对情节式问题的、基于 MC 算法的 PG 法，本节将介绍 REINFORCE 算法和带基线的 REINFORCE 算法。

12.4.1　REINFORCE

REINFORCE 算法采用 MC 算法来计算动作值函数，只考虑 Agent 在状态 S_t 下实际采取的动作 A_t：

$$\begin{aligned}
\nabla J(\boldsymbol{\theta}) &= \mathbb{E}_{S_t \sim \rho^{\pi_{\boldsymbol{\theta}}}, A_t \sim \pi_{\boldsymbol{\theta}}} \left[\nabla \log \pi(A_t \mid S_t, \boldsymbol{\theta}) q_{\pi_{\boldsymbol{\theta}}}(S_t, A_t) \right] \\
&= \mathbb{E}_{S_t \sim \rho^{\pi_{\boldsymbol{\theta}}}, A_t \sim \pi_{\boldsymbol{\theta}}} \left[\nabla \log \pi(A_t \mid S_t, \boldsymbol{\theta}) G_t \right]
\end{aligned} \tag{12.18}$$

其中，$q_{\pi_{\boldsymbol{\theta}}}(S_t, A_t) = \mathbb{E}_{\pi_{\boldsymbol{\theta}}}[G_t \mid S_t, A_t]$。由于采用 MC 算法，所以这是一种对策略梯度 $\nabla J(\boldsymbol{\theta})$ 的无偏估计。

REINFORCE 算法的策略参数 $\boldsymbol{\theta}$ 更新方程如下所示：

$$\boldsymbol{\theta}_{t+1} = \boldsymbol{\theta}_t + \alpha \nabla \log \pi(A_t \mid S_t, \boldsymbol{\theta}_t) G_t \tag{12.19}$$

该方法可以从理论上保证策略参数 $\boldsymbol{\theta}$ 的收敛性，最大化 $J(\boldsymbol{\theta})$：①梯度增量 $\Delta \boldsymbol{\theta}$ 正比于回报 G_t，使得策略参数 $\boldsymbol{\theta}$ 向着能够产生最大回报的动作的方向更新；②梯度增量 $\Delta \boldsymbol{\theta}$ 反比于迹向量，能够减少被频繁选择的动作。

算法 12.1　用于估计最优策略的 REINFORCE 算法
输　入：
可微策略函数 $\pi(a \mid s, \boldsymbol{\theta})$，折扣系数 γ，学习率 $\{\alpha_k\}_{k=0}^{\infty} \in [0, 1]$
初始化：
1. 初始化策略参数 $\boldsymbol{\theta} \in \mathbb{R}^{d'}$
2. **repeat** 对每个情节 $k = 0, 1, 2, \cdots$
3. 　根据策略 $\pi(\cdot \mid \cdot, \boldsymbol{\theta})$ 生成一个情节 $S_0, A_0, R_1, \cdots, S_{T-1}, A_{T-1}, R_T$
4. 　$G \leftarrow 0$
5. 　　**repeat** 对每个时间步 $t = T-1, T-2, \cdots, 0$
6. 　　　$G \leftarrow \gamma G + R_{t+1}$
7. 　　　$\boldsymbol{\theta} \leftarrow \boldsymbol{\theta} + \alpha_k \gamma^t \nabla \ln \pi(A_t \mid S_t, \boldsymbol{\theta}) G$

在算法 12.1 中，θ 通常初始化为 **0** 向量。对策略参数 θ 进行更新时，多了一个折扣参数 γ^t，配合上折扣回报，再次缩小参数更新幅度。

12.4.2　REINFORCE 算法的实验结果与分析

阅读代码

1. 实验环境设置

为了体现在某些函数近似的问题中，最好的近似策略可能是一个随机策略。而基于动作价值函数的方法没有一种自然的途径求解随机最优策略，REINFORCE 作为一个随机梯度方法有很强的收敛性。为了说明随机策略的优点，引入短走廊网格世界环境，如图 12.3 所示。

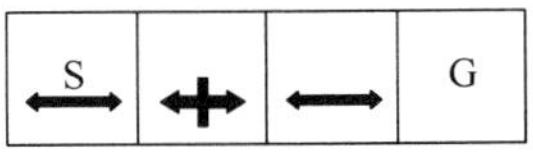

图 12.3　短走廊网格世界环境图

短走廊网格世界环境与大部分网格环境一样，每步的收益是 -1，对于 3 个非终止状态都有两个动作可供选择：向左或者向右。特殊的是：第一个状态向左走会保持原地不动，而在第二个状态执行的动作会导致向相反的方向移动。

本章对短走廊环境以及 gym 的 CartPole-v0 环境进行了实验，应用 REINFORCE 算法实现过程中，在网络模型、训练控制等方面通常设置很多超参数。表 12.1 给出了 REINFORCE 算法的主要超参数列表。

表 12.1　在 CartPole 环境中 REINFORCE 算法的主要超参数

序号	超参数	取值	具体描述
1	discount factor	0.99	折扣系数
2	learning rate	0.001	学习率
3	Send	1	随机种子
4	hidden layer	128	隐藏层节点个数
5	Activation Function	relu	网络的激活函数

表 12.2　在短走廊环境中 REINFORCE 算法的主要超参数

序号	超参数	取值	具体描述
1	discount factor	1	折扣系数
2	learning rate	2e-4	学习率
3	Send	1	随机种子
4	num_trials	100	评估价值平均的次数

2. 实验结果分析

每个环境下算法的训练情节数均为 1000 个情节，这是因为两个环境在 1000 个情节后都能收敛，如图 12.4 和图 12.5 所示，REINFORCE 算法在短走廊环境和 CartPole 环境的效果整体上都呈现先稳步上升，后平稳的学习趋势。其中，在 CartPole 环境下纵坐标表示平衡杆的存活时间步数而并非是回报奖赏值。在短走廊环境中，大约 500 个

情节后收敛在 -11.6 处,而 CartPole 环境下大约在 900 个情节后,收敛在了 200 时间步处。

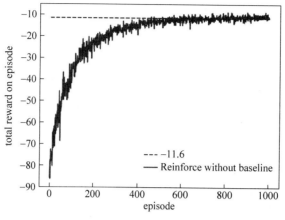

图 12.4 短走廊环境结果图(见彩插)

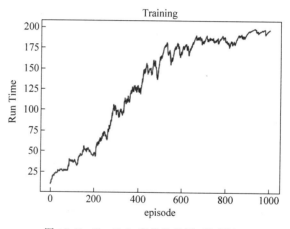

图 12.5 CartPole 环境结果图(见彩插)

12.4.3 带基线的 REINFORCE

REINFORCE 的优势在于只需要很小的更新步长就能收敛到局部最优,并保证了每次更新都是有利的。但是假设每个动作的奖赏均为正(即所有的策略梯度值 $\nabla_\theta J(\theta)$ 均大于或等于零时),则每个动作出现的概率将不断提高,这一现象会严重降低学习速率,并增大梯度方差。

考虑一个随机变量 X,其方差为 $DX = EX^2 - (EX)^2$,如果能够使 EX^2 减小,那么方差 DX 也会减小,最直接的做法就是让 X 减去一个值。根据这一思想,我们构建一个仅与状态有关的基线函数 $b(s)$,保证能够在不改变策略梯度 $\nabla J(\theta)$ 的同时,降低其方差。当 $b(s)$ 具备上述特点时,下面的推导成立:

$$\mathbb{E}_{\pi_{\boldsymbol{\theta}}}\left[\nabla\log\pi(A_t|S_t,\boldsymbol{\theta})b(S_t)\right] = \sum_{s\in\mathcal{S}}\rho^{\pi_{\boldsymbol{\theta}}}(s)\sum_{a\in\mathcal{A}}\nabla\pi(a|s,\boldsymbol{\theta})b(s) \quad\text{—— 展开期望公式}$$

$$= \sum_{s\in\mathcal{S}}\rho^{\pi_{\boldsymbol{\theta}}}(s)b(s)\nabla\sum_{a\in\mathcal{A}}\pi(a|s,\boldsymbol{\theta}) \quad\text{——} b(s)\text{与动作无关；提出梯度}$$

$$= 0 \qquad\qquad \text{——} \sum_{a\in\mathcal{A}}\pi(a|s,\boldsymbol{\theta})=1$$

$$\Rightarrow \nabla\sum_{a\in\mathcal{A}}\pi(a|s,\boldsymbol{\theta})=0$$

由此可见，为评价指标增加基线 $b(s)$ 并不会改变策略梯度 $\nabla J(\boldsymbol{\theta})$，所以带基线的强化学习方法是无偏差的。原则上，和动作无关的任意函数或变量都可作为 $b(s)$。

带基线的 REINFORCE 算法是 REINFORCE 算法的改进版，策略梯度计算公式如下所示：

$$\nabla J(\boldsymbol{\theta}) = \mathbb{E}_{S_t\sim\rho^{\pi_{\boldsymbol{\theta}}},A_t\sim\pi_{\boldsymbol{\theta}}}\left[\nabla\log\pi(A_t|S_t,\boldsymbol{\theta})(G_t-b(S_t))\right] \qquad (12.20)$$

带基线的策略参数 $\boldsymbol{\theta}$ 的更新方程如下所示：

$$\boldsymbol{\theta}_{t+1} = \boldsymbol{\theta}_t + \alpha\,\nabla\log\pi(A_t|S_t,\boldsymbol{\theta}_t)(G_t-b(S_t)) \qquad (12.21)$$

当 $b(S_t)=0$ 时，该式与式（12.19）相同。

原则上，与动作无关的函数都可以作为基线 $b(s)$。但是为了有效地利用基线，对所有动作值都比较大的状态，需要设置一个较大的基线来区分最优动作和次优动作；对所有动作值都比较小的状态，则需要设置一个比较小的基线。由此用近似状态值函数 $\hat{v}(s,\boldsymbol{w})$ 代表基线 $b(s)$，当回报超过基线值时，该动作的概率将提高，反之降低：

$$\boldsymbol{\theta}_{t+1} = \boldsymbol{\theta}_t + \alpha\,\nabla\log\pi(A_t|S_t,\boldsymbol{\theta}_t)(G_t-\hat{v}(S_t,\boldsymbol{w})) \qquad (12.22)$$

用于估算最优策略的带基线的 REINFORCE 算法如下。

算法 12.2 用于估算最优策略的带基线 REINFORCE 算法

输 入：

可微策略函数 $\pi(a|s,\boldsymbol{\theta})$，可微近似状态值函数 $\hat{v}(s,\boldsymbol{w})$，折扣系数 γ，学习率 $\{\alpha_k\}_{k=0}^{\infty}\in[0,1]$

初始化：

1. 初始化步长 $\alpha^{\boldsymbol{\theta}}>0,\alpha^{\boldsymbol{w}}>0$；初始化策略参数 $\boldsymbol{\theta}\in\mathbb{R}^{d'}$ 和状态值函数权重 $\boldsymbol{w}\in\mathbb{R}^d$

---

2. **repeat** 对每个情节 $k=0,1,2,\cdots$

3. 根据策略 $\pi(\cdot|\cdot,\boldsymbol{\theta})$ 生成一个情节 $S_0,A_0,R_1,\cdots,S_{T-1},A_{T-1},R_T$

4. $G\leftarrow0$

5.   **repeat** 对每个时间步 $t=T-1,T-2,\cdots,0$

6. $G\leftarrow\gamma G+R_{t+1}$

7. $\delta\leftarrow G-\hat{v}(S_t,\boldsymbol{w})$

8. $\boldsymbol{w}\leftarrow\boldsymbol{w}+\alpha^{\boldsymbol{w}}\delta\,\nabla_{\boldsymbol{w}}\hat{v}(S_t,\boldsymbol{w})$

9. $\boldsymbol{\theta}\leftarrow\boldsymbol{\theta}+\alpha^{\boldsymbol{\theta}}\gamma^t\,\nabla_{\boldsymbol{\theta}}\ln\pi(A_t|S_t,\boldsymbol{\theta})\delta$

在算法 12.2 中,由于带基线的 REINFORCE 算法同时使用到了 PG 法和状态值函数逼近法,所以需要分别设定策略梯度的步长 α^{θ} 和近似状态值函数的步长 α^{w};近似状态值函数 $\hat{v}$ 作为基线,更新 MC 算法的目标值;采用基于 SGD 的函数逼近算法,更新近似值函数参数 w;采用 PG 法,更新策略参数 θ。

从这里开始,经常会在一个算法中涉及对策略参数 θ 和值函数参数 w 的更新,所以在求导时,通常使用 ∇_{θ} 和 ∇_{w} 来加以区分。

阅读代码

12.4.4　带基线的 REINFORCE 算法的实验结果与分析

1. 实验环境设置

带基线的 REINFORCE 算法其网络结构、参数设置以及实验环境与 12.4.2 节的 REINFORCE 一样。在算法中,近似状态值函数参数 w 的学习率为 0.001。实验对 REINFORCE 和带基线的 REINFORCE 两种算法的性能进行了对比。

2. 实验结果分析

从图 12.6 和图 12.7 可以看出,在两种环境下带基线的 REINFORCE 算法效果都优于 REINFORCE 算法。在短走廊环境下带基线的 REINFORCE 算法最终也收敛在 -11.6 处,与 REINFORCE 算法一致,但收敛的更快,在 100 个情节后即可收敛。在 CartPole 环境中,带基线的 REINFORCE 算法大约在 600 个情节稳定在第 200 个时间步。对这两个环境下的表现进行比较,在短走廊环境下两个算法收敛之后都较为稳定。在 CartPole 环境中,两个算法在整个训练过程都波动较大,带基线的 REINFORCE 算法更为明显。这是因为与短走廊环境相比较,CartPole 环境更复杂。尽管 REINFORCE 算法在处理简单环境,如短走廊环境,有较好效果,但在处理复杂问题时则不尽如人意。为了解决此问题,本书在后续章节将引入基于行动者-评论家框架的 DDPG、TD3 算法等。

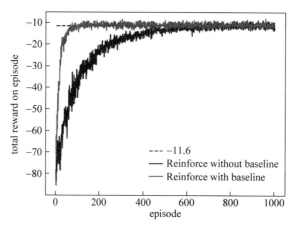

图 12.6　短走廊环境结果图(见彩插)

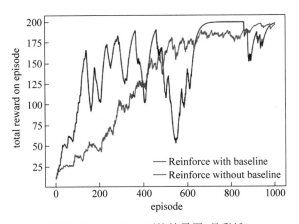

图 12.7　CartPole 环境结果图（见彩插）

在线视频

12.5　行动者-评论家

　　REINFORCE 都采用情节更新方法，虽然是无偏的，但是方差高。一种直观的改进方式是采用自举的更新方法，在每一步或几步之后及时地做出策略改进，虽然引入了偏差，但可以有效减小方差。

　　行动者-评论家（actor-critic，AC）算法正是这样一种利用了自举的方法，将 PG 法（策略网络）和值函数逼近法（值函数网络）相结合，同时学习策略和值函数，实现实时、在线地学习。

　　（1）**行动者**（actor）依赖于**评论家**（critic）的值函数，利用 PG 法更新策略参数 θ，学习（改进）策略 π_{θ}；

　　（2）评论家依赖于行动者策略 π_{θ} 得到的经验样本，利用值函数逼近法更新值函数参数 w，学习（改进）近似值函数 $\hat{v}(s, w)$ 或 $\hat{q}(s, a, w)$。

　　AC 基本框架图如图 12.8 所示。

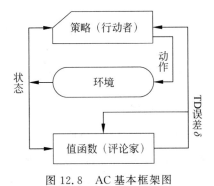

图 12.8　AC 基本框架图

对于 AC 过程可以直观来理解，如下所示：

（1）Agent 根据任务的当前状态选择一个动作（基于当前策略或初始化策略）；

（2）评论家根据当前状态-动作对,针对当前策略的表现打分;

（3）行动者依据评论家的打分,改进策略(调整策略参数);

（4）评论家根据环境返回的奖赏,改进策略打分方式(调整值函数参数);

（5）利用更新后的策略在下一状态处选择动作,重复以上过程。

最初行动者随机选择动作,评论家随机打分。但由于环境返回的奖赏,评论家的评分会越来越准确,行动者会选择到更好的动作。

需要注意的是,带基线的 REINFORCE 算法虽然也同时运用了值函数和策略函数,但它并不属于 AC 方法,因为它的值函数仅仅作为基线,而不是评论家。

下面介绍行动者-评论家的评价指标。由于 AC 框架使用的是基于自举的 PG 法,所以需要确定它的评价指标形式。

1. 优势函数

根据基线的思想,将状态 s 的价值 $v_{\pi_\theta}(s)$ 作为基线 $b(s)$,定义**优势函数**(advantage function)$A_{\pi_\theta}(s,a)$ 如下所示:

$$A_{\pi_\theta}(s,a)=q_{\pi_\theta}(s,a)-v_{\pi_\theta}(s) \tag{12.23}$$

其中,优势函数 $A(s,a)$ 表示在状态 s 处选择动作 a 时所得到的回报,与采取所有可能动作所带来的平均回报的差异;也就是说,优势函数指的是当前状态-动作对 (s,a) 的价值相比于当前状态 s 的价值的优势。此外,也有另一种说法,优势函数 $A(s,a)$ 表示在状态 s 处选择动作 a 时,相比于选择最优动作 a_* 能带来的收益,即选择动作 a 比选择最优动作 a_* 能好多少,即令 $A(s,a_*)=0$。

利用优势函数 $A(s,a)$,策略梯度 $\nabla_\theta J(\boldsymbol{\theta})$ 可以表示为如下形式:

$$\nabla_\theta J(\boldsymbol{\theta})=\mathbb{E}_{S_t\sim\rho^{\pi_\theta},A_t\sim\pi_\theta}\left[\nabla_\theta\log\pi(A_t|S_t,\boldsymbol{\theta})(q_{\pi_\theta}(S_t,A_t)-v_{\pi_\theta}(S_t))\right]$$
$$=\mathbb{E}_{S_t\sim\rho^{\pi_\theta},A_t\sim\pi_\theta}\left[\nabla_\theta\log\pi(A_t|S_t,\boldsymbol{\theta})A_{\pi_\theta}(S_t,A_t)\right] \tag{12.24}$$

实际上,$A_{\pi_\theta}(s,a)$ 也是评价指标 $f(s,a)$ 的一种形式。由于这里的 A_{π_θ} 是真实优势函数,所以 $\nabla_\theta J(\boldsymbol{\theta})$ 是策略梯度的无偏估计。

利用优势函数可以有效减小策略梯度 $\nabla_\theta J(\boldsymbol{\theta})$ 的方差,但此时需要使用两个近似值函数参数:

$$\hat{v}(s,\boldsymbol{w}^v)\approx v_{\pi_\theta}(s)$$
$$\hat{q}(s,a,\boldsymbol{w}^q)\approx q_{\pi_\theta}(s)$$
$$\hat{A}(s,a,\boldsymbol{w}^q,\boldsymbol{w}^v)=\hat{q}(s,a,\boldsymbol{w}^q)-\hat{v}(s,\boldsymbol{w}^v)$$

其中,$\boldsymbol{w}^v$ 表示近似状态值函数的参数;$\boldsymbol{w}^q$ 表示近似动作值函数的参数;$\hat{A}$ 表示近似优势函数。

2. TD 误差

由于 AC 采用了自举方法,为简化算法中出现两个近似值函数参数的情况,将优势函数与 TD 误差建立联系。根据值函数定义,推导优势函数与 TD 误差 $\delta_{\pi_{\theta}}$ 的关系,如下所示:

$$
\begin{aligned}
A_{\pi_{\theta}}(s,a) &= q_{\pi_{\theta}}(s,a) - v_{\pi_{\theta}}(s) \\
&= \mathbb{E}_{\pi_{\theta}}[r + \gamma v_{\pi_{\theta}}(s')|s,a] - \mathbb{E}_{\pi_{\theta}}[v_{\pi_{\theta}}(s)|s] \\
&= \mathbb{E}_{\pi_{\theta}}[r + \gamma v_{\pi_{\theta}}(s') - v_{\pi_{\theta}}(s)|s,a] \\
&= \mathbb{E}_{\pi_{\theta}}[\delta_{\pi_{\theta}}|s,a]
\end{aligned}
\tag{12.25}
$$

由此可见,优势函数 $A_{\pi_{\theta}}(s,a)$ 就是 TD 误差 $\delta_{\pi_{\theta}}$ 的无偏估计(期望)。由此,在式(12.24)中可以用 TD 误差 $\delta_{\pi_{\theta}}$ 替代优势函数 $A_{\pi_{\theta}}(s,a)$:

$$
\nabla_{\theta}J(\theta) = \mathbb{E}_{S_t \sim \rho^{\pi_{\theta}}, A_t \sim \pi_{\theta}}[\nabla_{\theta}\log\pi(A_t|S_t,\theta)\delta_{\pi_{\theta}}]
\tag{12.26}
$$

在实际运用时,采用近似 TD 误差 δ_w:

$$
\delta_w = A(s,a,w) = r + \gamma\hat{v}(s',w) - \hat{v}(s,w)
$$

这样做的好处就是,只需要一组参数就可以描述优势函数。

12.6 确定性策略梯度定理

与确定性策略相比,随机策略自带探索属性,它可以通过探索产生多样的采样数据,并由强化学习算法来改进当前策略。此外,SPG 理论相对比较成熟,计算过程更为简单。而采用 DPG 法时,在初始状态已知的情况下,用确定性策略所产生的轨迹是固定的,也就是说,Agent 无法学习。为了在确定性策略下实现对环境的探索,确定性策略需要采用 AC 框架,并利用异策略学习方法,设置行动策略为随机策略。

1. 同策略 SPG 与 DPG

SPG 计算公式如下所示:

$$
\nabla J(\theta) = \mathbb{E}_{S_t \sim \rho^{\pi_{\theta}}, A_t \sim \pi_{\theta}}[\nabla\log\pi(A_t|S_t,\theta)q_{\pi_{\theta}}(S_t,A_t)]
\tag{12.27}
$$

DPG 计算公式如下所示:

$$
\begin{aligned}
\nabla_{\theta}J(\theta) &= \sum_{s \in \mathcal{S}}\rho^{\mu_{\theta}}(s)\nabla_{\theta}\mu(s,\theta)f(s,a)|_{a=\mu(s,\theta)} \\
&= \mathbb{E}_{S_t \sim \rho^{\mu_{\theta}}}[\nabla_{\theta}\mu(S_t,\theta)\nabla_a q(S_t,a)|_{a=\mu(S_t,\theta)}]
\end{aligned}
\tag{12.28}
$$

其中,$q(a,S_t)|_{a=\mu(S_t,\theta)}$ 是基于确定性策略的动作值函数;有时也会将 $\nabla_{\theta}J(\theta)$ 记为 $\nabla_{\theta}J(\mu^{\theta})$ 或 $\nabla_{\theta}J(\theta^{\mu})$,以 θ^{μ} 明确表示这是一个关于确定性策略 μ 的参数 θ。

DPG 是 SPG 定理在策略方差趋向于 0 时的极限情况。比较 SPG 和 DPG 的策略梯度计算公式,可以发现它们的差异在于 SPG 中多一个 log 项,同时期望也不同,这些差异本质上是因为 DPG 不对动作求期望。

2. 异策略 SPG 与 DPG

异策略 SPG 计算公式为

$$\nabla J_\beta(\boldsymbol{\theta}) = \mathbb{E}_{S_t \sim \rho^\beta, A_t \sim \beta} \left[\rho_t \nabla \log \pi(A_t | S_t, \boldsymbol{\theta}) q_{\pi_\theta}(S_t, A_t) \right] \tag{12.29}$$

其中,π 为目标策略;β 为行为策略,有时也将 β 直接表示为参数化策略函数 β_θ;$J_\beta(\boldsymbol{\theta})$ 表示遵循行为策略 β 进行采样的,关于策略参数 $\boldsymbol{\theta}$ 的目标函数;ρ_t 为重要性采样权重:

$$\rho_t = \frac{\pi(A_t | S_t, \boldsymbol{\theta})}{\beta(A_t | S_t)}$$

异策略 DPG 计算公式为

$$\nabla J_\beta(\boldsymbol{\theta}) = \mathbb{E}_{S_t \sim \rho^\beta} \left[\nabla_\theta \mu(S_t, \boldsymbol{\theta}) \nabla_a q(S_t, a) |_{a = \mu(S_t, \boldsymbol{\theta})} \right] \tag{12.30}$$

有时也会用 $\nabla_\theta J_\beta(\boldsymbol{\theta}^\mu)$ 或 $\nabla_\theta J_\beta(\mu^\theta)$ 来明确表示关于确定性策略参数 $\boldsymbol{\theta}^\mu$ 的异策略 DPG。实际上,由于 DPG 都需要采用异策略,所以异策略 DPG 就直接被称为 DPG。

与异策略 SPG 式(12.29)相比,在求解 DPG 时,式(12.30)不需要重要性采样权重,这是因为重要性采样是用简单的概率分布估计复杂的概率分布,而确定性策略的动作为确定值,不存在这样一个概率分布;此外,确定性策略的值函数评估通常采用的是 Q-Learning 算法,会忽略重要性采样权重。

基于近似动作值函数 $\hat{q}(s, a, \boldsymbol{w})$,构建 DPG 方程为

$$\nabla_\theta \hat{J}_\beta(\boldsymbol{\theta}) = \mathbb{E}_{S_t \sim \rho^\beta} \left[\nabla_\theta \mu(S_t, \boldsymbol{\theta}) \nabla_a \hat{q}(S_t, a, \boldsymbol{w}) |_{a = \mu(S_t, \boldsymbol{\theta})} \right] \tag{12.31}$$

基于 DPG 的 AC 框架参数更新方程为

$$\begin{aligned} \delta_t &= R_{t+1} + \gamma \hat{q}(S_{t+1}, \mu(S_{t+1}, \boldsymbol{\theta}), \boldsymbol{w}) - \hat{q}(S_t, A_t, \boldsymbol{w}) \\ \boldsymbol{w}_{t+1} &= \boldsymbol{w}_t + \alpha^w \delta_t \nabla_w \hat{q}(S_t, A_t, \boldsymbol{w}) \qquad \text{评论家} \\ \boldsymbol{\theta}_{t+1} &= \boldsymbol{\theta}_t + \alpha^\theta \nabla_\theta \mu(S_t, \boldsymbol{\theta}) \nabla_a \hat{q}(S_t, a, \boldsymbol{w}) |_{a = \mu(S_t, \boldsymbol{\theta})} \qquad \text{行动者} \end{aligned} \tag{12.32}$$

此外,策略函数参数的更新也可以记为 TD 误差的形式:

$$\boldsymbol{\theta}_{t+1} = \boldsymbol{\theta}_t + \alpha^\theta \nabla_\theta \mu(S_t, \boldsymbol{\theta}) \nabla_a \delta_t$$

实际上,DPG 训练起来并不稳定,模型的参数初始化对训练效果有较大影响,需要多次尝试,有时奖赏收敛一段时间后又会迅速下降,出现周期性变化。一种有效的解决方法就是引入深度学习方法,如 DDPG 和 TD3 等算法,这些算法将在后续章节中讨论。

12.7 小结

本章引入了与前几章完全的不同的方法,即策略梯度方法。该方法不再利用值函数来选择动作,而是利用策略函数来选择动作,同时用值函数辅助策略函数参数的更新,即在每一步更新中,更新方向朝着性能指标对策略参数的梯度的估计值的方向进行。

策略梯度方法与基于值函数的方法相比具有平滑收敛、能处理连续动作空间任务以及可以学习到随机策略等优点。

基于策略梯度的 REINFORCE 算法通过获取完整的情节后,利用回报进行更新。带基线的 REINFORCE 算法通过在回报值上减去一个近似状态值函数(作为基线函数 $b(s)$)来替代 REINFORCE 算法中的回报值来降低方差,同时也没有引入偏差。尽管在使用近似状态值函数时因为自举存在偏差,但因存在大幅度降低方差的特点,带基线的 REINFORCE 算法仍然具有较大的优势。

12.8　习题

1. 简述基于策略梯度方法与基于值函数方法的优缺点。

2. 在策略梯度理论方法,包括哪些缩小策略梯度误差的方法?

3. 给出几种用于评价指标函数 $f(s,a)$ 的函数或者表达式。

4. 带基线的 REINFORCE 算法是否是基于 AC 框架的算法? 说明理由。

5. (编程)编写一个基于 AC 框架的程序,用于训练 Gym 中的平衡杆任务。

第 **13** 章

基于确定性策略梯度的深度强化学习

在动作离散的强化学习任务中,通常可以通过遍历所有的动作来计算动作值函数 $q(s,a)$,从而得到最优动作值函数 $q_*(s,a)$。但在大规模或连续动作空间中,遍历所有动作不仅需要大量的计算资源,有时也不现实。针对大规模连续动作空间问题,2016 年 TP Lillicrap 等人提出**深度确定性策略梯度算法**(Deep Deterministic Policy Gradient,DDPG)算法。该算法基于深度神经网络表达确定性策略 $\mu(s)$,采用确定性策略梯度来更新网络参数,能够有效应用于大规模或连续动作空间的强化学习任务中。

本章将先介绍 DDPG 算法,然后介绍 DDPG 的改进算法,如**双延迟-确定性策略梯度**(Twin Delayed Deterministic policy gradient,TD3)算法。

13.1 DDPG 算法

在线视频

13.1.1 算法背景

针对 DQN 算法只能用于离散动作空间任务的问题,David Sliver 等人在 2014 年提出了 DPG 法,并证明了该算法对连续动作空间任务的有效性。而后 TP Lillicrap 等人利用 DPG 法能够解决连续动作空间任务的特点,结合 DQN 算法,提出了基于 AC 框架的 DDPG 算法。

1. PG 算法

构建策略概率分布函数 $\pi(a|s,\boldsymbol{\theta}^\pi)$,在每个时刻,Agent 根据该概率分布选择动作:

$$a \sim \pi(a|s,\boldsymbol{\theta}^\pi) \tag{13.1}$$

其中,$\boldsymbol{\theta}^\pi$ 是关于随机策略 π 的参数。

由于 PG 算法既涉及状态空间又涉及动作空间,因此在大规模情况下,得到随机策略需要大量的样本。这样在采样过程中会耗费较多的计算资源,相对而言,该算法效率比较低下。

2. DPG 算法

构建确定性策略函数 $\mu(s,\boldsymbol{\theta}^\mu)$,在每个时刻,Agent 根据该策略函数获得确定的动作:

$$a = \mu(s,\boldsymbol{\theta}^\mu) \tag{13.2}$$

其中,$\boldsymbol{\theta}^\mu$ 是关于确定性策略 μ 的参数。

由于 DPG 算法仅涉及状态空间,因此与 PG 算法相比,需要的样本数较少,尤其在大规模或连续动作空间任务中,算法效率会显著提升。

3. DDPG 算法

深度策略梯度方法在每个迭代步都需要对 N 个完整情节 $\{\bar{\omega}_i\}_{i=1}^{N}$ 采样来作为训练样本,然后构造目标函数,通过关于策略参数的梯度项求解最优策略。然而在许多现实场景的任务中,很难在线获得大量完整情节的样本数据。例如在真实场景下机器人的操控任务中,在线收集并利用大量的完整情节会产生十分昂贵的代价,并且连续动作的特性使得在线抽取批量情节的方式无法覆盖整个状态特征空间。这些问题会导致算法在求解最优策略时陷入局部最优。针对以上问题,可将传统强化学习中的行动者评论家框架拓展到深度策略梯度方法中。这类算法被统称为基于 AC 框架的深度策略梯度方法。其中最具代表性的是深度确定性策略梯度(DDPG)算法,该算法能够解决一系列连续动作空间中的控制问题。DDPG 算法基于 DPG 算法,使用 AC 算法框架,利用深度神经网络学习近似动作值函数 $Q(s,a,w)$ 和确定性策略 $\mu(s,\boldsymbol{\theta})$,其中 w 和 $\boldsymbol{\theta}$ 分别为值网络和策略网络的权重。值网络用于评估当前状态动作对的 Q 值,评估完成后再向策略网络提供更新策略权重的梯度信息,对应 AC 框架中的评论家;策略网络用于选择策略,对应 AC 框架中的行动者。主要涉及以下概念。

(1)行为策略 β:一种探索性策略,通过引入随机噪声影响动作的选择;

(2)状态分布 ρ^β:Agent 根据行为策略 β 产生的状态分布;

(3)策略网络:或行动者网络,DDPG 使用深度网络对确定性策略函数 $\mu(s,\boldsymbol{\theta})$ 进行逼近,$\boldsymbol{\theta}$ 为网络参数,输入为当前的状态 s,输出为确定性的动作值 a。有时 $\boldsymbol{\theta}$ 也表示为 $\boldsymbol{\theta}^\mu$;

(4)价值网络:或评论家网络,DDPG 使用深度网络对近似动作值函数 $Q(s,a,w)$ 进行逼近,w 为网络参数。有时 w 也表示为 $\boldsymbol{\theta}^Q$。

相对于 DPG 法,DDPG 法的主要改进如下。

(1)采用深度神经网络:构建基于深度神经网络的策略网络和价值网络,分别学习近似策略函数 $\mu(s,\boldsymbol{\theta})$ 和近似动作值函数 $Q(s,a,w)$,并使用随机梯度下降训练网络模型;

(2)引入经验回放机制:Agent 与环境进行交互时产生的经验转移样本具有时序相关性,通过引入经验回放机制,减少值函数估计所产生的偏差,解决数据间相关性及非静态分布问题,使算法更加容易收敛;

（3）使用双网络架构：策略函数和价值函数均使用双网络架构，即分别设置预测网络和目标网络，使算法的学习过程更加稳定，收敛更快。

在线视频

13.1.2 核心思想

DDPG 的价值网络作为评论家，用于评估策略，学习 Q 函数，为策略网络提供梯度信息；策略网络作为行动者，利用评论家学习到的 Q 函数及梯度信息对策略进行改进；同时还引入了带噪声的探索机制和软更新方法。本节将介绍 DDPG 法的核心思想和主要技术。

1. 双网络架构

从 DQN 中已知，仅利用单一网络进行学习会出现不稳定现象。因此，DDPG 为价值网络和策略网络分别引入了目标网络：

（1）预测价值网络 $Q(s,a,w)$，用于更新 w；

（2）目标价值网络 $Q'(s,a,w')$，用于更新 w'；

（3）预测策略网络 $\mu(s,a,\boldsymbol{\theta})$，用于更新 $\boldsymbol{\theta}$；

（4）目标策略网络 $\mu'(s,a,\boldsymbol{\theta}')$，用于更新 $\boldsymbol{\theta}'$

每次完成小批量经验转移样本的训练之后，利用**小批量梯度上升法**（Mini-batch Gradient Ascent，MBGA）更新预测策略网络参数，利用 MBGD 法更新预测价值网络参数，然后通过软更新算法更新目标网络的参数。DDPG 算法的网络模型如表 13.1 所示。

表 13.1 DDPG 算法的网络模型

算法框架	网络类型	网　　络	输　　入
行动者	策略网络	预测策略网络 $\mu(s,\boldsymbol{\theta})$	当前状态 s
		目标策略网络 $\mu'(s',\boldsymbol{\theta}')$	下一状态 s'
评论家	价值网络	预测价值网络 $Q(s,a,w)$	当前状态-动作对 (s,a)
		目标价值网络 $Q'(s,\mu'(s',\boldsymbol{\theta}'),w')$	1. 下一状态 s' 2. 目标策略网络 μ' 的输出动作

2. 策略网络-行动者

在 DDPG 算法中，优化目标被定义为累积折扣奖赏：

$$J(\boldsymbol{\theta}) = \mathbb{E}_{\boldsymbol{\theta}}[r_0 + \gamma r_1 + \gamma^2 r_2 + \cdots] \tag{13.3}$$

然后采用 SGD 方法对优化目标关于策略参数求偏导数。Silver 等人证明在确定性环境下，目标函数关于权重 $\boldsymbol{\theta}$ 的梯度等价于 Q 值函数关于 $\boldsymbol{\theta}$ 梯度的期望：

$$\nabla_{\boldsymbol{\theta}} J_{\beta}(\boldsymbol{\theta}) = \mathbb{E}_{s \sim \rho^{\beta}}[\nabla_{\theta} Q(s,a,w)] \tag{13.4}$$

根据确定性策略 $a = \mu(s,\boldsymbol{\theta})$，应用链式求导法则，可得：

$$\nabla_{\boldsymbol{\theta}} J_{\beta}(\boldsymbol{\theta}) = \mathbb{E}_{s \sim \rho^{\beta}}[\nabla Q_a(s,a,w) \nabla_{\boldsymbol{\theta}} \mu(s,\boldsymbol{\theta})] \tag{13.5}$$

利用 MBGA 法，从经验池 $\mathcal{D}$ 中随机采样获得 N 个小批量数据作为对期望值的采样估计：

$$\nabla_{\boldsymbol{\theta}}\hat{J}_{\beta}(\boldsymbol{\theta}) \approx \frac{1}{N}\sum_{i+1}^{N}\left[\nabla_a Q(s_i,a_i,\boldsymbol{w})\,\nabla_{\theta}\mu(S_i,\boldsymbol{\theta})\right] \qquad (13.6)$$

3. 价值网络-评论家

与 DQN 一样,DDPG 利用基于 TD 误差的 MSE 作为损失函数,它们的区别在于目标值 y_i:

$$L(\boldsymbol{w}) = \mathbb{E}\left[(r + \gamma Q'(s',\mu'(s',\boldsymbol{\theta}'),\boldsymbol{w}') - Q(s,a,\boldsymbol{w}))^2\right] \qquad (13.7)$$

可以看出,目标值 $y_i = r_i + \gamma Q'(s_i',\mu'(s_i',\boldsymbol{\theta}'),\boldsymbol{w}')$ 的计算过程涉及目标策略网络 μ' 和目标价值网络 Q',这能够让预测价值网络在学习时更加稳定,也更容易收敛。

价值网络的目标是最小化损失函数,故采用 MSGD 法,从经验池 $\mathcal{D}$ 中随机采样获得 N 个小批量数据作为对期望值的采样估计:

$$\nabla_w L(\boldsymbol{w}) \approx \frac{1}{N}\sum_{i=1}^{N}(r_i + \gamma Q'(s_i',\mu'(s_i',\boldsymbol{\theta}'),\boldsymbol{w}') - Q(s_i,a_i,\boldsymbol{w}))\,\nabla_w Q(s_i,a_i,\boldsymbol{w}) \qquad (13.8)$$

其中,$\boldsymbol{\theta}'$ 和 $\boldsymbol{w}'$ 分别表示目标策略网络 μ' 和目标值网络 Q' 的权重。每次更新时,DDPG 使用经验回放机制从样本池中抽取固定数量(如 N 个)的转移样本,并将由 Q 值函数关于动作的梯度信息从评论家网络传递到行动者网络。最后依据式(13.8)沿着提升 Q 值的方向更新策略网络的参数,以求解最优策略。

4. 探索机制

在利用与探索平衡问题中,DQN 采用的是 ε-贪心策略,该策略在离散型动作空间任务中具有较好的效果,但是面对大规模或连续动作空间任务,ε-贪心策略就无能为力了。根据 AC 框架和确定性策略的特性,DDPG 通过对参数空间或动作空间添加噪声来增加探索机制,如图 13.1 所示。

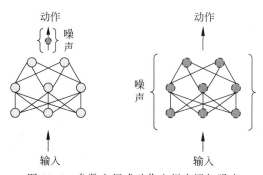

图 13.1 参数空间或动作空间中添加噪声

如在 t 时刻通过为动作空间添加噪声 $\mathcal{N}$ 的方式来选择动作:

$$A_t = \mu(S_t,\boldsymbol{\theta}) + \mathcal{N} \qquad (13.9)$$

在添加噪声时,采用了 Ornstein-Uhlenbeck 过程(OU 过程),OU 过程是与强化学习任务类似的一种序列相关过程,利用该噪声,Agent 能在一些物理环境中实现较好的探索。噪声的递推式如下:

$$\mathcal{N}_t \longleftarrow \mathcal{N}_{t-1}\varphi + N(0,\sigma I)$$

但后续研究表明,相比 OU 过程,直接采用均值为 0 且互不相关的高斯噪声效果更好,且实现更简单。若采用期望为 0,方差为 1 的高斯噪声,动作选择过程为

$$A_t = \mu(S_t, \boldsymbol{\theta}) + \mathcal{N}(0,1)$$

5. 软更新

DDPG 目标网络参数的同步方式也与 DQN 不同。DQN 采用硬更新方法,每隔固定步数才从预测网络中复制参数到目标网络中。DDPG 采用软更新方法,每次预测网络参数更新后,目标网络参数都会在一定程度上靠近预测网络:

$$\begin{cases} \boldsymbol{w}' \leftarrow \tau \boldsymbol{w} + (1-\tau)\boldsymbol{w}' \\ \boldsymbol{\theta}' \leftarrow \tau \boldsymbol{\theta} + (1-\tau)\boldsymbol{\theta}' \end{cases} \tag{13.10}$$

其中,τ 是一个远小于 1 的超参数,通常设为 0.001。

采用软更新方法,目标值会一直缓慢地向当前估算值靠近,既保证了网络参数的及时更新,又保证了训练时预测网络梯度的相对稳定,使算法更容易收敛。其缺点是每次更新参数变化很小,学习过程较长。

13.1.3 DDPG 算法

由 13.1.2 节已知,DDPG 的目标是最大化策略目标函数 $J_\beta(\boldsymbol{\theta})$,同时最小化价值网络的损失函数 $L(\boldsymbol{w})$,该算法的流程图如图 13.2 所示。

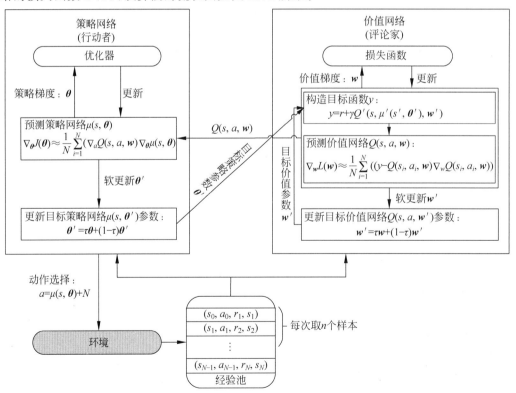

图 13.2 DDPG 算法流程图

用于构建确定性策略网络模型的 DDPG 算法，如算法 13.1 所示。

算法 13.1 用于构建确定性策略网络模型的 DDPG 算法（Lillicrap al. 2016）

初始化：

1. 初始化预测策略网络 $\mu(s,\boldsymbol{\theta})$ 和预测价值网络 $Q(s,a,w)$，网络参数分别为 $\boldsymbol{\theta}$ 和 w

2. 初始化目标策略网络 $\mu'(s,\boldsymbol{\theta}')$ 和目标价值网络 $Q'(s,a,w')$，网络参数为 $\boldsymbol{\theta}' \leftarrow \boldsymbol{\theta}$，$w' \leftarrow w$

3. 经验池 $\mathcal{D}$ 的容量为 N

4. 总迭代次数 M，折扣系数 γ，$\tau = 0.001$，随机小批量采样样本数量 n

5. **for** $e = 1$ **to** M **do**：

6.   初始化一个随机过程 $\mathcal{N}$，用于动作的探索

7.   初始化状态设置为 S_0

8.   **repeat**（情节中的每一时间步 t）：

9.   根据当前的预测策略网络和探索噪声来选择动作 $A_t = \mu(S_t,\boldsymbol{\theta}) + \mathcal{N}_t$

10.   执行动作 A_t，获得奖赏 R_{t+1} 和下一状态 S_{t+1}

11.   将经验转换 $(S_t,A_t,R_{t+1},S_{t+1})$ 存储在经验池 $\mathcal{D}$ 中

12.   从经验池 $\mathcal{D}$ 中随机采样小批量的 n 个经验转移样本 $(S_i,A_i,R_{i+1},S_{i+1})$，计算目标值：

13. $$y_i = R_{i+1} + \gamma Q'(S_{i+1},\mu'(S_{i+1},\boldsymbol{\theta}'),w')$$

14.   使用 $MBGD$，根据最小化损失函数来更新价值网络（评论家网络）参数 w：

$$\nabla_w L(w) \approx \frac{1}{N} \sum_{i=1}^{N} (y_i - Q(S_i,A_i,w)) \nabla_w Q(S_i,A_i,w)$$

15.   使用 MBGA 法，根据最大化目标函数来更新策略网络（行动者网络）参数 $\boldsymbol{\theta}$：

$$\nabla_{\boldsymbol{\theta}} \hat{J}_{\beta}(\boldsymbol{\theta}) \approx \frac{1}{N} \sum_{i=1}^{N} \nabla_{\boldsymbol{\theta}} \mu(S_i,\boldsymbol{\theta}) \nabla_a Q(S_i,a,w)|_{a=\mu(S_i,\boldsymbol{\theta})}$$

16.   软更新目标网络：$\begin{cases} w' \leftarrow \tau w + (1-\tau)w' \\ \boldsymbol{\theta}' \leftarrow \tau \boldsymbol{\theta} + (1-\tau)\boldsymbol{\theta}' \end{cases}$

17.   **until** t 为终止状态

18. **end for**

13.2 DDPG 算法的实验结果与分析

阅读代码

13.2.1 DDPG 算法网络结构与超参数设置

本节采用 DDPG 算法进行实验。算法网络结构，如表 13.2 所示。

表 13.2 DDPG 算法的网络结构

行动者：

```
class Actor(nn. Module)：
    def __init__(self, state_dim, action_dim, max_action)：
        super(Actor, self). __init__()
        self. l1 = nn. Linear(state_dim, 400)
        self. l2 = nn. Linear(400, 300)
        self. l3 = nn. Linear(300, action_dim)
```

续表

```
        self. max_action = max_action
    def forward(self, state):
        a = F. relu(self. l1(state))
        a = F. relu(self. l2(a))
        return self. max_action * torch. tanh(self. l3(a))
```

评论家：

```
class Critic(nn. Module):
    def __init__(self, state_dim, action_dim):
        super(Critic, self). __init__()
        self. l1 = nn. Linear(state_dim, 400)
        self. l2 = nn. Linear(400 + action_dim, 300)
        self. l3 = nn. Linear(300, 1)
    def forward(self, state, action):
        q = F. relu(self. l1(state))
        q = F. relu(self. l2(torch. cat([q, action], 1)))
        return self. l3(q)
```

超参设置，如表 13.3 所示。

表 13.3　DDPG 算法的主要超参数

序号	超 参 数	取值	具 体 描 述
1	critic learning rate	0.001	评论家网络学习率
2	critic regularization	$0.01 \cdot \|\theta\|^2$	评论家网络正则项
3	actor learning rate	0.0001	行动者网络学习率
4	optimizer	Adam	选用优化器
5	target update rate	0.001	目标网络更新速率
6	batch size	256	训练所用批量大小
7	iterations per time steps	1	每个时间步迭代数
8	discount factor	0.99	折扣系数
9	exploration noise	$\mathcal{N}(0, 0.1)$	探索噪声
10	start_timesteps	25000	起始 Agent 随机与环境交互时间步数

13.2.2　实验环境

本节采用 OpenAI Gym 工具包中的 MuJoCo 环境进行实验。实验中使用其中 4 个连续控制任务，包括 Ant、HalfCheetah、Walker2d 以及 Hopper。

13.2.3　实验结果与分析

每次实验，均运行 1000000 步，并每取 5000 步，作为一个训练阶段。每个训练阶段结束，对所学策略进行测试评估，与环境交互 10 个情节并取平均回报值。本节实验运用 5 个随机种子，实验的横轴为训练时间步数，纵轴为训练不同阶段评估所得到的平均回报。

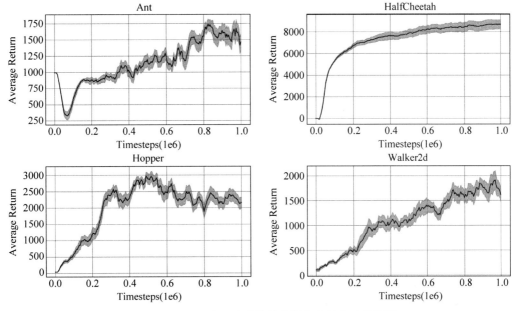

图 13.3　DDPG 在 4 种连续控制任务中的实验结果图

从图 13.3 中可以看出,在 Ant 以及 Walker2d 任务中,DDPG 算法具有明显的波动性,但是总体而言,随着训练的不断进行,表现性能呈现逐步提升的趋势;在 Hopper 任务中,DDPG 算法在 500000 步左右性能达到峰值,此后性能下降;在 HalfCheetah 任务中,DDPG 算法表现相对稳定,在训练阶段表现性能呈现稳步上升的趋势,训练后期趋向收敛。

表 13.4 给出了 DDPG 在不同任务中,最后一次评估得到的平均结果。

表 13.4　DDPG 算法在不同任务中最后一次评估的平均结果

任　务　名	DDPG
Ant	1535.5
Hopper	2187.68
Walker2d	1592.99
HalfCheetah	8643.03

13.3　双延迟-确定策略梯度算法

在线视频

在 DDPG 算法基础上,提出双延迟-确定策略梯度(Twin Delayed Deterministic policy gradient,TD3)算法,TD3 算法的主要目的在于解决 AC 框架中,由函数逼近引入的偏差和方差问题。一方面,由于方差会引起过高估计,为解决过高估计问题,TD3 将截断式双 Q 学习(clipped double Q-Learning)应用于 AC 框架;另一方面,高方差会引起误差累积,为解决误差累积问题,TD3 分别采用延迟策略更新和添加噪声平滑目标策略两种技巧。

13.3.1　过高估计问题解决方案

从策略梯度方法已知,基于策略梯度的强化学习存在过高估计问题,但由于DDPG评论家的目标值不是取最优动作值函数,所以不存在最大化操作。此时,将Double DQN思想直接用于DDPG的评论家,构造如下目标函数:

$$y = r + \gamma Q(s', \mu(s', \boldsymbol{\theta}), w') \tag{13.11}$$

实际上,这样的处理效果并不好,这是因为在连续动作空间中,策略变化缓慢,行动者更新较为平缓,使得预测Q值与目标Q值相差不大,无法避免过高估计问题。

考虑将Double Q-Learning思想应用于DDPG,采用两个独立的评论家Q_{w_1}、Q_{w_2}和两个独立的行动者$\mu_{\boldsymbol{\theta}_1}$、$\mu_{\boldsymbol{\theta}_2}$,以50%的概率利用$Q_1$产生动作,然后更新$Q_2$估计值,而另外50%的概率正好相反。构建更新所需的两个目标值分别为

$$\begin{cases} y_1 = r + \gamma Q(s', \mu(s', \boldsymbol{\theta}_1), w_2') \\ y_2 = r + \gamma Q(s', \mu(s', \boldsymbol{\theta}_2), w_1') \end{cases} \tag{13.12}$$

但由于样本均来自于同一经验池,不能保证样本数据完全独立,所以两个行动者的样本具有一定相关性,在一定的情况下,甚至会加剧高估问题。针对此种情形,秉持"宁可低估,也不要高估"的想法,对Double Q-Learning进行修改,构建基于Clipped Double Q-Learning方法的目标值:

$$y = r + \gamma \min_{i=1,2} Q[s', \mu(s', \boldsymbol{\theta}_1), w_i'] \tag{13.13}$$

如式(13.13)所示,目标值只使用了一个行动者网络$\mu_{\boldsymbol{\theta}_1}$,取两个评论家网络$Q_{w_1}$和$Q_{w_2}$的最小值来作为值函数估计值。

在更新评论家网络Q_{w_1}和Q_{w_2}时,均采用式(13.13)目标值y,共用如下损失函数:

$$L(w_i) = \mathbb{E}_{s,a,r,s' \sim \mathcal{D}} [y - Q(s, a, w_i)]^2 \tag{13.14}$$

该算法相比于原算法的区别仅在于多了一个和原评论家Q_{w_1}同步更新的辅助评论家Q_{w_2},在更新目标值y时取最小值。不过这一修改仍然会让人疑惑,Q_{w_1}和Q_{w_2}只有初始参数不同,后面的更新都一样,这样形成的两个类似的评论家能否有效消除TD误差带来的偏置估计。

13.3.2　累计误差问题解决方案

在函数逼近问题中,TD(0)算法的过高估计问题会进一步加剧,每次更新都会产生一定量的TD误差$\delta(s, a)$:

$$Q(s, a, w) = r + \gamma \mathbb{E}[Q(s', a', w)] - \delta(s, a) \tag{13.15}$$

经过多次迭代更新后,误差会被累积:

$$\begin{aligned} Q(S_t, A_t, w) &= R_{t+1} + \gamma \mathbb{E}[Q(S_{t+1}, A_{t+1}, w)] - \delta_{t+1} \\ &= R_{t+1} + \gamma \mathbb{E}[R_{t+2} + \gamma \mathbb{E}[Q(S_{t+2}, A_{t+2}, w)] - \delta_{t+2}] - \delta_{t+1} \\ &\vdots \\ &= \mathbb{E}_{S_i \sim \rho^{\beta}, A_i \sim \mu}\left[\sum_{i=t}^{T-1} \gamma^{i-t}(R_{i+1} - \delta_{i+1}) \right] \end{aligned} \tag{13.16}$$

由此可见,估计的方差与未来奖赏、未来 TD 误差的方差成正比。当折扣系数 γ 较大时,每次更新都可以引起方差的快速提升,所以通常 TD3 设置较小的折扣系数 γ。

1. 延迟的策略更新

TD3 目标网络的更新方式与 DDPG 相同,都采用软更新,尽管软更新比硬更新更有利于算法的稳定性,但 AC 算法依然会失败,其原因通常在于行动者和评论家的更新是相互作用的结果:评论家提供的值函数估计值不准确,就会使行动者将策略往错误方向改进;行动者产生了较差的策略,就会进一步加剧评论家误差累积问题,两者不断作用产生恶性循环。

为解决以上问题,TD3 考虑对策略进行延时更新,减少行动者的更新频率,尽可能等待评论家训练收敛后再进行更新操作。延时更新操作可以有效减少累积误差,从而降低方差;同时,也能减少不必要的重复更新操作,一定程度上提升效率。在实际应用时,TD3 采取的操作是每隔评论家更新 d 次后,再对行动者进行更新。

2. 目标策略平滑操作

前文中通过延时更新策略来减小误差累积,接下来考虑误差本身。首先,误差的根源是值函数逼近所产生的偏差,在机器学习中,消除估计偏差的常用方法就是对参数更新进行正则化,同样的,这一思想也可以应用于强化学习中。

一个很自然的想法是,相似的动作应该拥有相似的价值,动作空间中目标动作周围的一小片区域的价值若能足够平滑,就可以有效减少误差的产生。TD3 的具体做法是,为目标动作添加截断噪声:

$$\tilde{a} \leftarrow \mu(s',\boldsymbol{\theta}') + \varepsilon$$
$$\varepsilon \sim \text{clip}(N(0,\sigma), -c, c) \tag{13.17}$$

该噪声处理也是一种正则化方式。通过这种平滑操作,可以提高算法的泛化能力,缓解过拟合问题,减少价值被过高估计的一些不良状态对策略学习的干扰。

13.3.3 TD3 算法

TD3 算法如算法 13.2 所示。

算法 13.2 TD3 算法

初始化:

1. 初始化预测价值网络 Q_{w_1} 和 Q_{w_2},网络参数分别为 w_1 和 w_2
2. 初始化目标价值网络 $Q_{w_1'}$ 和 $Q_{w_2'}$,网络参数分别为 w_1' 和 w_2'
3. 初始化预测策略网络 $\mu_{\boldsymbol{\theta}}$ 和目标策略网络 $\mu_{\boldsymbol{\theta}'}$,网络参数分别为 $\boldsymbol{\theta}$ 和 $\boldsymbol{\theta}'$
4. 同步参数 $w_1' \leftarrow w_1, w_2' \leftarrow w_2, \boldsymbol{\theta}' \leftarrow \boldsymbol{\theta}$
5. 经验池 $\mathcal{D}$ 的容量为 N
6. 总迭代次数 M,折扣系数 $\gamma, \tau=0.0001$,随机小批量采样样本数量 n

7. **for** $e = 1$ **to** M **do**：

8.   初始化状态设置为 S_0

9.   **repeat**（情节中的每一时间步 $t = 0, 1, 2, \cdots$）：

10.   根据当前的预测策略网络和探索噪声来选择动作 $A_t = \mu(S_t, \boldsymbol{\theta}) + \varepsilon_t$，其中 $\varepsilon_t \sim \mathcal{N}_t(0, \sigma)$

11.   执行动作 A_t，获得奖赏 R_{t+1} 和下一状态 S_{t+1}

12.   将经验转换 $(S_t, A_t, R_{t+1}, S_{t+1})$ 存储在经验池 $\mathcal{D}$ 中

13.   从经验池 $\mathcal{D}$ 中随机采样小批量的 n 个经验转移样本 $(S_i, A_i, R_{i+1}, S_{i+1})$，计算：

            （1）扰动后的动作 $\tilde{a}_{i+1} \leftarrow \mu(S_{i+1}, \boldsymbol{\theta}') + \varepsilon_i$，其中 $\varepsilon_i \sim \mathrm{clip}(\mathcal{N}_t(0, \tilde{\sigma}), -c, c)$

            （2）更新目标 $y_i = R_{i+1} + \gamma \min\limits_{i=1,2} Q(S_{i+1}, \tilde{a}_{i+1}, w_i')$

14.   使用 MBGD，根据最小化损失函数来更新价值网络(评论家网络)参数 $\boldsymbol{w}$：

$$\nabla_{\boldsymbol{w}} L(\boldsymbol{w}) \approx \frac{1}{N} \sum_{i=1}^{N} (y_i - Q(S_i, A_i, \boldsymbol{w})) \nabla_{\boldsymbol{w}} Q(S_i, A_i, \boldsymbol{w})$$

15.   **if** t **mod** d **then**

16.   使用 MBGA 法，根据最大化目标函数来更新策略网络(行动者网络)参数 $\boldsymbol{\theta}$：

$$\nabla_{\boldsymbol{\theta}} \hat{J}_{\beta}(\boldsymbol{\theta}) \approx \frac{1}{N} \sum_{i=1}^{N} \nabla_{\boldsymbol{\theta}} \mu(S_i, \boldsymbol{\theta}) \nabla_a Q(S_i, a, w)|_{a=\mu(S_i, \boldsymbol{\theta})}$$

17.   软更新目标网络：$\begin{cases} w' \leftarrow \tau w + (1-\tau) w' \\ \boldsymbol{\theta}' \leftarrow \tau \boldsymbol{\theta} + (1-\tau) \boldsymbol{\theta}' \end{cases}$

18.   **until** $t = T - 1$

19. **end for**

阅读代码

13.3.4 实验结果与分析

本节采用 TD3 算法进行实验。算法网络结构如表 13.5 所示。

表 13.5 TD3 算法网络结构

行动者：
```
class Actor(nn.Module):
    def __init__(self, state_dim, action_dim, max_action):
        super(Actor, self).__init__()
        self.l1 = nn.Linear(state_dim, 256)
        self.l2 = nn.Linear(256, 256)
        self.l3 = nn.Linear(256, action_dim)
        self.max_action = max_action
    def forward(self, state):
        a = F.relu(self.l1(state))
        a = F.relu(self.l2(a))
        return self.max_action * torch.tanh(self.l3(a))
```

评论家：
```
class Critic(nn.Module):
    def __init__(self, state_dim, action_dim):
        super(Critic, self).__init__()
        self.l1 = nn.Linear(state_dim + action_dim, 256)
```

续表

```
        self.l2 = nn.Linear(256，256)
        self.l3 = nn.Linear(256，1)
        ♯ Q2 architecture
        self.l4 = nn.Linear(state_dim + action_dim，256)
        self.l5 = nn.Linear(256，256)
        self.l6 = nn.Linear(256，1)
    def forward(self，state，action)：
        sa = torch.cat([state，action]，1)
        q1 = F.relu(self.l1(sa))
        q1 = F.relu(self.l2(q1))
        q1 = self.l3(q1)
        q2 = F.relu(self.l4(sa))
        q2 = F.relu(self.l5(q2))
        q2 = self.l6(q2)
        return q1，q2
    def Q1(self，state，action)：
        sa = torch.cat([state，action]，1)
        q1 = F.relu(self.l1(sa))
        q1 = F.relu(self.l2(q1))
        q1 = self.l3(q1)
        return q1
```

TD3 算法的主要超参数如表 13.6 所示。

表 13.6 TD3 算法的主要超参数

序号	超 参 数	取值	具 体 描 述
1	critic learning rate	0.0003	评论家网络学习率
2	critic regularization	None	评论家网络正则项
3	actor learning rate	0.0003	行动者网络学习率
4	optimizer	Adam	选用优化器
5	target update rate	0.005	目标网络更新速率
6	batch size	256	训练所用批量大小
7	iterations per time steps	1	每个时间步迭代数
8	discount factor	0.99	折扣系数
9	exploration noise	$\mathcal{N}(0,0.1)$	探索噪声
10	start_timesteps	25000	起始 Agent 随机与环境交互时间步数

1. 实验环境

本节采用 OpenAI Gym 工具包中的 MuJoCo 环境进行实验。实验中使用其中 4 个连续控制任务，包括 Ant、HalfCheetah、Walker2d 以及 Hopper。

2. 实验结果分析

每次实验,同样均运行 1000000 步,并每取 5000 步作为一个训练阶段,每个训练阶段结束,对所学策略进行测试评估,与环境交互 10 个情节并取平均回报值。本节实验同样运用 5 个随机种子,图 13.4 的横轴为训练时间步数,纵轴为训练不同阶段评估所得到的平均回报。

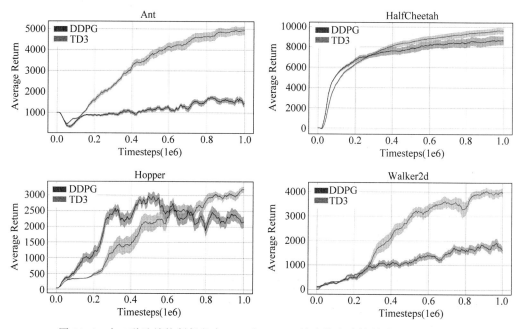

图 13.4　在 4 种连续控制任务中 TD3 与 DDPG 算法的实验结果对比图(见彩插)

从图 13.4 中可以看出,在 Ant 和 Walker2d 任务中,起始阶段,由于 Agent 与环境随机进行交互,TD3 与 DDPG 算法表现类似。后续过程中,TD3 由于采用 Clipped Double Q-Learning 机制,较好地缓解了高估问题,减少了由于高估问题导致的不良状态对于策略更新乃至后续训练的不良影响,动作值逼近相对更为准确,因而相对 DDPG 而言,不容易陷入局部最优,Agent 与环境交互所获得的回报,相比较会大幅提升。在 HalfCheetah 和 Hopper 任务中,TD3 训练前期,由于采用双延迟操作,策略更新较为缓慢,学习速率相较 DDPG 更慢,但是后期性能表现较 DDPG 有明显提升。同时,TD3 算法在 Clipped Double Q-Learning 以及双延迟机制下,算法拟合动作值,方差更小,而目标策略平滑操作又进一步避免了部分误差较大状态-动作对对于训练的影响,使得各状态-动作对的动作值更为平滑,降低了训练动作值产生的方差,因而与 DDPG 算法相比,TD3 算法训练各阶段波动性会更小,算法整体更加稳定。

表 13.7 表明,训练最终阶段,TD3 算法,相对 DDPG 算法,具有更优的性能表现。

进一步,探讨 TD3 中所采用的双延迟机制以及目标策略平滑操作对算法的影响,如图 13.5 所示。

表 13.7　DDPG 与 TD3 算法在不同任务中最后一次评估的平均结果

任务名	DDPG	TD3
Ant	1535.5	5026.4
Hopper	2187.68	3169.81
Walker2d	1592.99	4099.34
HalfCheetah	8643.03	9667.05

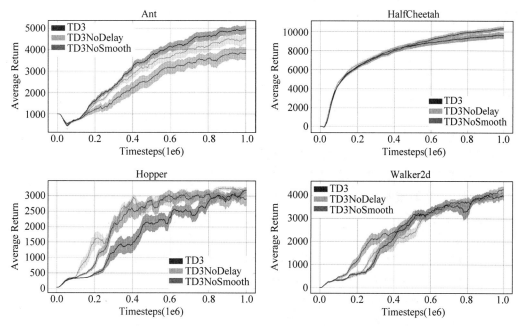

图 13.5　在 TD3 算法中采用双延迟机制以及目标策略平滑操作对算法的影响(见彩插)

　　图 13.5 分别为在 TD3 算法基础上,去掉双延迟机制、目标策略平滑,再将其与 TD3 比较的效果图。从图 13.5 中可以看出,在 Ant 任务中,TD3 去掉目标策略平滑表现最差,去掉延迟操作表现次之,两种机制均保留的 TD3,效果明显更优;在 HalfCheetah 任务中,算法起始阶段,未采用双延迟机制,相对学习速度更快,性能提升相对最快,但后期由于该算法动作值评估不准确,策略更新方向相较最优方向偏差较大,因而表现不及 TD3 去掉目标策略平滑的算法,但两者与 TD3 算法相比,性能均略微占优;在 Hopper 任务中,前期使用未运用双延迟机制的算法,由于学习速度快依旧表现出最优性能,未采用目标策略平滑的算法表现次之,但由于学习过程中函数逼近器噪声的影响,学习后期两者均陷入局部最优,TD3 表现则呈现超越趋势;在 Walker2d 任务中,起始阶段,未采用目标策略平滑的算法表现最佳,未运用双延迟机制的算法表现次之,TD3 表现最差,但随着训练的进行,TD3 算法逐渐超过未运用双延迟机制的算法,但训练整体过程中未采用目标策略平滑的算法表现最佳。综上可知,不同任务中,算法不同机制受函数逼近器学习噪声的影响不同,但从最终性能角度来看,TD3 相对表现最佳。

表 13.8　TD3 及消融实验在不同任务中最后一次评估的平均结果

任务名	TD3	TD3NoDelay	TD3NoSmooth
Ant	5026.4	4612.0	3728.9
Hopper	3169.8	3302.3	2867.0
Walker2d	4099.3	4005.5	4197.5
HalfCheetah	9667.05	10289.5	10341.0

13.4　小结

本章主要介绍了几种基于确定性策略的深度强化学习算法。首先介绍了深度确定性策略梯度算法——DDPG，该算法在一定程度上可看作是经典 DQN 算法在连续控制任务上的实现。然后介绍了双延迟-确定性策略梯度——TD3 算法，该算法在 DDPG 基础上添加 Clipped Double Q-Learning 缓解高估问题，并采用了延迟策略、目标网络更新、目标策略平滑等技巧。将 DDPG 算法、TD3 算法用于几个连续控制任务中，实验结果表明，TD3 算法表现性能显著提升，并且更加稳定。而后进一步对 TD3 进行消融实验，验证双延迟机制以及目标策略平滑在不同连续控制任务中的作用。

除 TD3 算法外，还有许多对 DDPG 可能的改进方向，主要包括以下几点：

(1) 采用 n-步回报思想更新值函数；

(2) 融入多个策略网络或者价值网络，用多个 AC 框架进行指导；

(3) 结合基于模型的方法，扩充训练样本，提升采样效率；

(4) 融入各种对经验回放改进的机制；

(5) 引入自模仿机制，针对训练过程与环境交互获得的优秀经验进行模仿；

(6) 修改环境交互所用噪声机制，如采用参数化噪声；

(7) 融入分布式思想，关于状态-动作对，除考虑训练回报期望外，考虑回报分布；

(8) 采用多线程进行训练，提升学习效率。

13.5　习题

1. TD3 中两个评论家的相关性是否过高？如果过高，如何缓解此问题？

2. TD3 算法引入低估问题，怎样缓解此问题以便更好地权衡高估与低估？

3. 证明 TD3 算法中运用 Clipped Double Q-Learning 机制，在一定条件下能够使得两个 Q 值趋向收敛于最优。

4. 在 Hopper 任务上，与 TD3 算法相比，为什么 DDPG 算法前期表现更优，但后期性能快速下降？

5. (编程)使用 DDPG 算法，实验比较运用 OU 噪声与运用高斯噪声实现探索的效果，并对结果进行分析。

第 **14** 章

基于AC框架的深度强化学习

在基于随机策略的 AC(Actor-Critic,AC)框架深度强化学习系列方法中,一个最核心的算法是由 Mnih 等人提出的**异步优势行动者评论家算法**(Asynchronous Advantage Actor Critic,A3C)。该算法基于**异步强化学习**(Asynchronous Reinforcement Learning,ARL)思想,在 AC 框架中加入异步操作,使多个 AC 网络异步并行地工作,加快算法运行速度,使深度强化学习算法能够在 CPU 上快速地运行。此外,A3C 算法不再使用经验回放机制,节省了内存,实现了完全在线式的强化学习方式。

但由于 A3C 采用了多个异步并行的网络结构,所以参数多,占用内存空间大。针对 A3C 算法存在的问题,提出了**优势 AC 算法**(Advantage Actor Critic,A2C)算法,该算法不再使用异步并行的网络结构,只用一个 AC 网络,其异步并行结构只用于收集样本,每次样本收集完成后更新网络。

14.1 行动者-评论家架构

行动者-评论家方法是一类结合值函数和策略梯度的学习方法。AC 算法采用一种独立的存储结构来分别表示策略函数和值函数,如图 14.1 所示。表示策略函数的结构被称为行动者,其根据当前的环境状态信息来选择 Agent 所执行的动作。表示值函数的结构被称为评论家,其通过计算值函数来评价行动者选择动作的好与坏。

图 14.1 中的 TD 误差表示的是当前状态的 1-步回报或者 n-步回报与其值函数之间的差值,TD

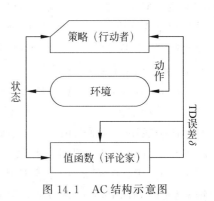

图 14.1 AC 结构示意图

误差的计算公式如下：

$$\delta_t = \sum_{i=0}^{n-1} \gamma^i r_{t+i} + \gamma^n V(s_{t+n}) - V(s_t) \tag{14.1}$$

其中，δ_t 表示 TD 误差；r_{t+i} 表示在状态 s_t 根据策略 π 在第 i+1 步采取动作 a_{t+1} 所获得的立即奖赏；$V(S_t)$ 表示在状态 s_t 的期望回报值，$n=1$ 时表示 1-步回报，$n=k$ 时表示 k-步回报。TD 误差可以用来评估当前正在被选择动作 a_t 的好与坏。当 TD 误差为正时，表明未来选择动作 a_t 的趋势应该加强；当 TD 误差为负时，表明未来选择动作 a_t 的趋势应该减弱。假设动作产生于 Gibbs 软最大化方法：

$$\pi_t(s,a) = \Pr\{a_t = a \mid s_t = s\} = \frac{e^{p(s,a)}}{\sum_{a'} e^{p(s,a')}} \tag{14.2}$$

其中，$p(s_t, a_t) = p(s_t, a_t) + \beta \delta_t$，$\beta$ 为正的步长参数。

AC 算法有两个显著的优点：

(1) 它是一种策略梯度算法，与值函数方法相比，AC 方法在选择动作时所需的计算量相对较小。因为在值函数方法中，需要计算出当前状态下所有可能的动作的函数值，并且值函数方法无法用在连续动作空间任务中。AC 方法的策略是明确的，行动者的动作选择仅通过策略参数直接选择，不需要计算当前状态下的所有行动的函数值。即使动作空间是连续的情况，AC 算法在选择动作时也不需要在每次的选择动作时，在无穷的动作空间中做大量的计算。

(2) AC 算法通过对策略的直接更新对策略进行改进，该方式能使 Agent 学习到一个确定的随机策略。而值函数方法是通过状态-动作值函数来选择动作，Agent 往往学习到的是确定策略。AC 算法甚至可以用来解决非 MDP 问题。

14.2　A3C 算法

深度 Q 网络方法通过利用深度神经网络强大的特征识别能力，使强化学习算法在大规模状态空间任务、高维状态空间任务甚至连续动作空间控制任务中取得了令人瞩目的成果。深度 Q 网络方法将 Agent 与环境交互获得的数据存储在经验回放池中，每次通过选取一定小批量的数据进行更新。该方式可以打破数据之间的相关性，提升 DQN 算法的性能。但是经验重放机制需要更多的存储资源和计算资源，并且要求使用异策略算法。异步深度强化学习方法，如 A3C，通过将异步方法引入深度强化学习方法中替代经验重放机制，利用多线程技术使多个模型同时训练，来打破数据间的相关性，提升算法的学习效果、学习速度和学习稳定性。

Mnih 等人提出的 A3C 算法核心思想在于：通过创建多个 Agent，在多个环境实例中并行且异步地执行和学习。A3C 算法中异步方法的引入使得同策略和异策略的强化学习算法均能用于深度强化学习中。通过 A3C 架构，可以将 1-步 Sarsa、1-步 Q-Learning、n-步 Q-Learning 等经典算法扩展为多线程异步学习算法。A3C 算法能够运行在单个机器的多个 CPU 线程上，而不必使用参数服务器的分布式系统，这样就可以避免通信开销，也无须利用 lock-free 的高效数据同步方法。另外 A3C 算法既可以处理离散动作空间任务,又可以处理连续动作空间任务。由于算法采用并行异步方式,在学习过程中可以大幅度减少训练时间。

14.2.1　算法的核心思想

A3C算法利用异步方法,减少了算法对存储资源和计算资源的开销,同时加快了Agent的学习速度。尤其是在处理高维状态空间任务以及大规模状态空间任务时,使用异步方法的A3C算法相比于使用经验重放机制的深度强化学习算法,能够使Agent更快地获得较好的学习效果。

1. 异步算法

DQN仅处理一个Agent与环境的交互信息。A3C在AC框架中加入了异步学习的机制,利用多个Agent与多个环境进行交互,使得训练时可以使用多线程的CPU,而不是只依赖于GPU来处理图像网络。

A3C异步架构如图14.2所示,它主要由**环境**(environment)、**工作组**(worker)和**全局网络**(global network)组成。工作组代表不同线程的Agent,每个工作组对应一个独立的Agent,并拥有属于自己的网络模型,分别与一个独立的环境进行交互。

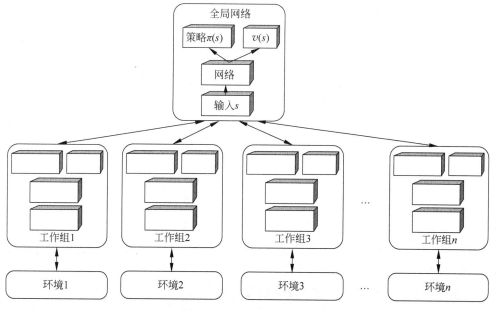

图 14.2　A3C异步架构图

每个工作组的网络与全局网络都共用一个网络结构,每个网络有两个输出端,一个通过softmax输出随机策略,另一个通过线性函数输出状态值函数。如图14.3所示。

A3C的工作过程如下。

(1) **初始化线程和网络**:先初始化一个全局网络,包括一个策略网络和一个价值网络;然后再创建多个与全局网络相同的子线程,即工作组,然后将全局网络的参数复制到

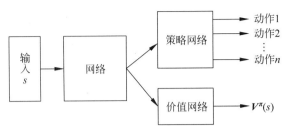

图 14.3　A3C 网络架构

各个工作组中。在实际应用时,还会创建一个全局目标价值网络,用于构成工作组网络的双价值网络架构。

(2)训练工作组网络:每个工作组采用不同的策略,与独立的环境进行实时交互,产生不同的经验。利用这些经验,每个工作组计算各自网络的损失函数梯度和策略梯度,并更新相关梯度信息。

(3)更新全局网络:由于每个工作组训练的时间存在差异,所以通常可以设定,当有一个工作组优先完成训练时(假定它是最优工作组),就利用这个工作组的梯度信息,对全局网络的参数进行更新;同时,再将全局网络的参数复制至所有工作组中,以此保证所有工作组的网络参数都是最新的。同时,初始化所有工作组的梯度信息。

(4)算法终止:循环(2)(3)过程直到全局网络收敛,算法结束。

不同的工作组使用不同的探索策略,能够学习到不同的经验,保证了算法的有效探索性。通过并行的工作组采样到的经验,进行独立的训练学习,从而降低了样本的相关性,而无须采用经验回放机制。在达到同样的效果时,A3C 比 DQN 更节省时间。

2. 价值网络-评论家

回顾 DQN 损失函数:

$$L(w) = \mathbb{E}_{\pi_w} \left[(r + \gamma \max_{a'} Q(s', a', w') - Q(s, a, w))^2 \right] \tag{14.3}$$

A3C 引入优势函数思想,于是将目标 Q 值替换为目标 V 值:

$$L(w) = \mathbb{E}_{\pi_w} \left[(r + \gamma V(s', w') - V(s, w))^2 \right] \tag{14.4}$$

该损失函数是基于 Q-Learning 预测算法的,其缺点是过度考虑每一步环境的变化,使得算法学习速度较慢。在表格法算法中,介绍了一种 n-步 TD 算法,它能够更好地模拟历史经验,降低方差,提高算法性能。

采用函数逼近方法,基于状态值函数的 n-步回报 $G_{t:t+n}$ 计算公式为

$$G_{t:t+n} = r_{t+1} + \gamma r_{t+2} + \cdots + \gamma^{n-1} r_{t+n} + \gamma^n v_{t+n-1}(s_{t+n}), \quad n \geqslant 1, 0 \leqslant t < T - n \tag{14.5}$$

A3C 算法采用 n-步回报,构建损失函数:

$$L(w) = \mathbb{E}_{\pi_w} \left[(G_{t:t+n} - V(s, w))^2 \right] \tag{14.6}$$

然后采用 SGD 更新价值网络参数 w:

$$\begin{aligned} w_{t+1} &= w_t + \beta (G_{t:t+n} - V(S_t, w_t)) \nabla_w V(S_t, w_t) \\ &= w_t + \beta A(S_t, A_t, w_t) \nabla_w V(S_t, w_t) \end{aligned} \tag{14.7}$$

其中,n-步 TD 误差被替换为优势函数 $A(s,a,w)$;β 为价值网络的学习步长。

3. 策略网络-行动者

策略网络使用 n-步回报 $G_{t:t+n}$ 替代动作值函数估计值,构建 SPG 方程如下所示:

$$
\begin{aligned}
\nabla_{\boldsymbol{\theta}}\hat{J}(\boldsymbol{\theta}) &= \mathbb{E}_{S_t \sim \rho^{\pi_{\boldsymbol{\theta}}}, A_t \sim \pi_{\boldsymbol{\theta}}} \left[\nabla_{\theta}\log\pi(A_t|S_t,\boldsymbol{\theta})(G_{t:t+n} - V(S_t,\boldsymbol{w})) \right] \\
&= \mathbb{E}_{S_t \sim \rho^{\pi_{\boldsymbol{\theta}}}, A_t \sim \pi_{\boldsymbol{\theta}}} \left[\nabla_{\theta}\log\pi(A_t|S_t,\boldsymbol{\theta})A(S_t,A_t,\boldsymbol{w}) \right]
\end{aligned}
\tag{14.8}
$$

然后使用 SGA 法更新行动者参数 $\boldsymbol{\theta}$:

$$
\boldsymbol{\theta}_{t+1} = \boldsymbol{\theta}_t + \alpha \nabla_{\theta}\log\pi(A_t|S_t,\boldsymbol{\theta}_t)A(S_t,A_t,\boldsymbol{w}_t)
\tag{14.9}
$$

其中,α 为策略网络学习步长。A3C 引入优势函数 $A(s,a,w)$ 能够更好地对动作值进行估计,减少评估策略梯度时的偏差。

4. 策略熵

在实际计算过程中,A3C 将策略熵 $H(\pi(\cdot|S_t,\boldsymbol{\theta}))$ 加入到目标函数中:

$$
\nabla_{\boldsymbol{\theta}}\hat{J}(\boldsymbol{\theta}) = \mathbb{E}_{S_t \sim \rho^{\pi_{\boldsymbol{\theta}}}, A_t \sim \pi_{\boldsymbol{\theta}}} \left[\nabla_{\theta}\log\pi(A_t|S_t,\boldsymbol{\theta})\hat{A}(S_t,A_t,\boldsymbol{w}) + \eta \nabla_{\theta}H(\pi(\cdot|S_t,\boldsymbol{\theta})) \right]
\tag{14.10}
$$

其中,η 为温度参数。

直观上,加上该正则项后目标函数更倾向于寻找熵更大的,即形状更为“扁平”的策略函数,增加了探索性,这样就不容易在训练过程中聚集到某一种策略(或者动作)上,也避免了容易收敛到次优解的问题。

在 Atari 2600、TORCS、MoJoCo 等平台上做了一系列的实验,实验证明,在一些游戏中 n-步方法比 1-步方法学习速度更快。A3C 还讨论了多线程方法的可扩展性,结果显示当工作线程增多时,算法可以获得显著的加速,而且在一些算法中(如 1-步 Q-Learning 和 Sarsa)还达到了超过线性的加速比,产生这一现象的原因在于多线程减少了 1-步 TD 的有偏性。

14.2.2 异步 1-步 Q-学习算法

在线视频

异步方法通过多线程技术实现工作组之间的并行操作。在训练算法时,每个工作组线程均创建一个独立的环境和 Agent,并且创建一个所有线程共享的 Agent。线程 Agent 的网络模型参数从共享的 Agent 中获取,并与自己私有的环境进行交互,然后计算出每一个状态-动作的价值梯度值:

$$
d\boldsymbol{w}_i = \nabla_{\boldsymbol{w}_i}(\hat{Q}(s,a,\boldsymbol{w}'_i) - Q(s,a,\boldsymbol{w}_i))^2
\tag{14.11}
$$

其中,$\boldsymbol{w}_i$ 和 $\boldsymbol{w}'_i$ 分别为第 i 个工作组线程的预测价值网络参数和目标价值网络参数。

当线程 Agent 与环境交互 t 时间步或者遇到情节结束时,计算累积梯度值:

$$
d\boldsymbol{w}_i = d\boldsymbol{w}_i^{(1)} + \cdots + d\boldsymbol{w}_i^{(t)}
\tag{14.12}
$$

利用该梯度值来更新共享 Agent 的网络模型参数。此外还可以采用目标网络来提升算法的稳定性,目标网络的参数取自当前网络,与当前网络存在一定的延时,即目标网络参数是一定时间步之前的当前网络的参数,更新方式为

$$w'_i \leftarrow w_i \qquad (14.13)$$

在异步方法中并未采用经验重放机制,不需要存储大量的历史样本,节省了大量的存储空间;同时利用共享的模型,使得 Agent 之间可以充分利用各自探索到的环境知识来更新模型参数,提升了训练效果。

算法 14.1 描述了用于构建价值网络模型的异步 1-步 Q-学习算法,算法为单个工作组的工作流程:

算法 14.1　用于构建价值网络模型的异步 1-步 Q-学习算法

初始化:
1. 初始化全局预测价值网络 $Q(s,a,w)$ 和目标价值网络 $Q(s,a,w')$,网络参数分别为 w 和 w'
2. 初始化每个工作组的预测价值网络 $Q(s,a,w_i)$ 和目标价值网络 $Q(s,a,w'_i)$,网络参数分别为 w_i 和 w'_i
3. 初始化全局计数器 $T=0$,线程计数器 $t=0$
4. 最大全局计数器 $T_{\max}$,目标网络更新的延时参数 N

---

5. **repeat**
6. 　　重置全局网络累积梯度:$\mathrm{d}w \leftarrow 0$
7. 　　同步每个工作组网络参数:$w'_i = w_i$
8. 　　初始化状态设置为 S_0
9. 　　$t=0$
10. 　　**repeat**
11. 　　　　根据 $Q(s,a,w_i)$ 采用策略 ε-贪心策略选择动作 A_t
12. 　　　　执行动作 A_t,获得奖赏 R_{t+1} 和下一状态 S_{t+1}
13. 　　　　$y = \begin{cases} R_{t+1}, & S_{t+1} \text{ 为终止状态} \\ R_{t+1} + \gamma \max\limits_{a'} Q(S_{t+1},a',w'_i), & S_{t+1} \text{ 为非终止状态} \end{cases}$
14. 　　　　累积价值网络梯度:$\mathrm{d}w_i \leftarrow \mathrm{d}w_i + \nabla_{w_i}(y - Q(S_t,A_t,w_i))^2$
15. 　　　　$t \leftarrow t+1, T \leftarrow T+1$
16. 　　　　**if** $T \% N = 0$ **then**
17. 　　　　　　更新目标网络参数:$w' = w$
18. 　　　　**end if**
19. 　　**until** S_t 为终止状态
20. 　异步更新全局网络参数:$w = w + \mathrm{d}w_i$
21. **until** $T > T_{\max}$

异步深度强化学习,如算法 14.1 异步 1-步 Q 学习算法,利用多线程技术同时训练多个 Agent,其中不同的 Agent 可能会探索到环境的不同部分,使得算法能够充分探索环境。此外,同时训练多个 Agent 存在两方面的优点:①可以在不同的 Agent 中采取不同的探索策略,来最大化 Agent 探索环境的多样性,从而提升 Agent 的最终学习效果;②与单个 Agent 相比,多个 Agent 同时训练更能够打破数据间的相关性,可以在不利用经验

重放机制的情况下,提升算法的稳定性。

14.2.3　A3C算法

算法 14.2 描述了 A3C 算法中单个工作组的工作流程,用于构建策略网络模型的 A3C 算法如下所示。

算法 14.2　　用于构建策略网络模型的异步优势行动者-评论家 A3C 算法

初始化:

1. 初始化全局策略网络 $\pi(a\,|\,s,\boldsymbol{\theta})$ 和预测价值网络 $V(s,w)$,网络参数分别为 $\boldsymbol{\theta}$ 和 w
2. 初始化全局目标价值网络 $V(s,w^-)$,令 $w^-=w$
3. 初始化每个工作组的策略网络 $\pi(a\,|\,s,\boldsymbol{\theta}')$ 和价值网络 $V(s,w')$,网络参数分别为 $\boldsymbol{\theta}'$ 和 w'
4. 初始化全局计数器 $T=0$,线程计数器:$t=1$
5. 截断长度 $t_{\max}$,最大全局计数器 $T_{\max}$

6. **repeat**
7. 　　重置全局网络累积梯度:$\mathrm{d}\boldsymbol{\theta}\leftarrow 0,\mathrm{d}w\leftarrow 0$
8. 　　同步每个工作组网络参数:$\boldsymbol{\theta}'=\boldsymbol{\theta}$,$w'=w$
9. 　　$t_{\mathrm{start}}=t$
10. 　　初始化状态设置为 S_0
11. 　　**repeat**(情节中的每一时间步 $t=0,1,2,\cdots$):
12. 　　　　根据策略 $\pi(a\,|\,S_t,\boldsymbol{\theta}')$ 选择动作 A_t
13. 　　　　执行动作 A_t,获得奖赏 R_{t+1} 和下一状态 S_{t+1}
14. 　　　　$t\leftarrow t+1,T\leftarrow T+1$
15. 　　**until** S_t 为终止状态,或到达截断长度 $t-t_{\mathrm{start}}=t_{\max}$
16. 　　$G=\begin{cases}0,&S_t\text{ 为终止状态}\\V(S_t,w'),&S_t\text{ 为非终止状态}\end{cases}$
17. 　　**for** $i=t-1,t-2,\cdots,t_{\mathrm{start}}$ **do**:
18. 　　　　$G\leftarrow R_i+\gamma G$
19. 　　　　$A(S_i,A_i,w')=G-V(S_i,w')$
20. 　　　　累积网络梯度:$\begin{cases}\mathrm{d}\boldsymbol{\theta}'\leftarrow\mathrm{d}\boldsymbol{\theta}'+\alpha\,\nabla_{\theta'}\log\pi(A_i\,|\,S_i,\boldsymbol{\theta}')A(S_i,A_i,w')\\\mathrm{d}w'\leftarrow\mathrm{d}w'+\beta A(S_i,A_i,w')\nabla_{w'}V(S_i,w')\end{cases}$
21. 　　**end for**
22. 异步更新全局网络参数:$\begin{cases}\boldsymbol{\theta}=\boldsymbol{\theta}+\mathrm{d}\boldsymbol{\theta}'\\w=w+\mathrm{d}w'\end{cases}$
23. **until** $T>T_{\max}$

这里截断长度 $t_{\max}$ 表示单条情节最大允许的长度;$\boldsymbol{\theta}'$ 和 w' 不是目标网络参数,而是工作组网络参数;第 8 行将全局网络参数复制至所有工作组的网络中,保证网络参数是最新的;第 11~15 行采集样本,A3C 不再采集经验转移样本,而是一条完整情节或截断序列;第 16 行利用全局目标价值网络初始化 n-步回报 $G_{t_{\mathrm{start}}:t}$;第 17 行利用 10~14 行采集到的样本开始学习,使用倒序便于累积 n-步回报 $G_{t_{\mathrm{start}}:t}$ 的截断回报部分;第 21 行当有一个工作组优先完成训练时，就用这个工作组为全局网络提供累积梯度信息，更新全局网络参数。网络参数是基于 RMSProp 的变体进行更新的。

阅读代码

14.2.4 实验结果与分析

1. 实验环境设置

为了验证 A3C 算法的性能，本节选取 4 个连续动作空间的环境，分别是 Pendulum、Ant、HalfCheetah 和 Humanoid 对 A3C 算法进行验证。主要的超参数如下表所示：

表 14.1　A3C 算法主要超参数

序号	超　参　数	取　　值	具体描述
1	t_{max}	5	截断长度
2	T_{max}	1000000	最大全局计数器
3	learning rate	0.0001	用于 SGD 算法的学习率
4	strength of the entropy	0.01	策略熵温度参数
5	discount factor	0.9	折扣系数

在实验中，评论家网络和行动者网络均采用线性神经网络，每个网络含有两个隐层，每个隐层含有 256 个神经元。评论家网络输出状态动作值，行动者网络则输出均值和方差，以高斯分布描述当前策略。

2. 实验结果分析

根据表 14.1 中超参数，A3C 算法能够在所给出的 4 个连续动作空间的环境中训练至收敛，结果如图 14.4 所示，在 Pendulum 环境和 HalfCheetah 环境中，A3C 算法收敛后较为稳定，而在 Ant 环境和 Humanoid 环境中，A3C 算法收敛后波动较大，即方差大，因为 A3C 算法采用同策略的方式进行训练，Agent 采取的策略随着策略网络的更新而变化，从而导致 A3C 算法训练时会产生波动。若采取柔性更新策略，可有效解决该问题。

强化学习的目标是得到回报最大化的策略，这就要求在策略的训练过程中，增强探索性，找到更多可能的动作来获得更好的策略。但是，过强的探索性也会导致策略在训练过程中，获得大量没有学习价值的动作，导致算法难以收敛。在 A3C 算法中，引入策略熵增强算法的探索性，为获得最佳的策略熵温度参数，通过设置不同的温度参数，在 Pendulum 环境上进行对比实验，其结果如图 14.5 所示。当选取温度参数为 1e-1 时，此时策略虽然能够探索到更多的动作，但是随机性太强，导致算法无法收敛，当选取温度参数为 1e-3 和 1e-4 时，此时策略的探索性不足，无法从更多的动作中学习，导致算法无法收敛。由实验可知，当选取 1e-2 作为温度参数时，算法能够有效收敛。

学习率的选取对于评论家网络和行动者网络具有重要的作用。较大的学习率，不利于算法收敛，而较小的学习率则会影响算法的训练时间。利用 A3C 算法，在 Pendulum 环境中选取学习率为 1e-3、1e-4 和 1e-5 进行对比实验，结果如图 14.6 所示。当选择学习率为 1e-3 时，开始收敛速度较快，但是训练不稳定，无法收敛，而当学习率为 1e-5 时，收敛速度较慢。实验表明，在 Pendulum 环境中，最佳学习率为 1e-4。

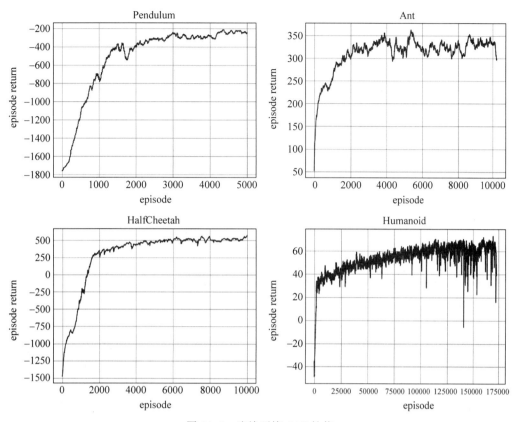

图 14.4 连续环境 A3C 性能

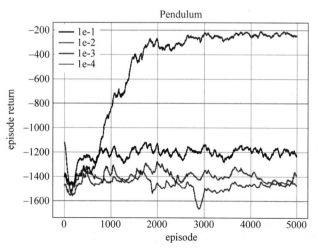

图 14.5 A3C 算法中不同温度参数的性能比较(见彩插)

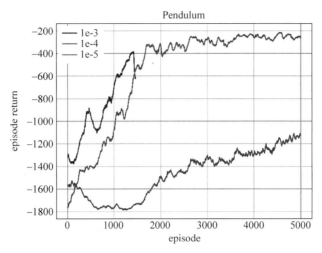

图 14.6　A3C算法中不同学习率的性能比较(见彩插)

在线视频

14.3　A2C算法

A2C为A3C的改进版本，也是一种简化形式。A3C用多个异步并行的工作组进行梯度累积，然后对全局网络进行异步更新，若并行的工作组过多，则网络的参数也会变得巨大，占用较多内存。为了节省内存，A2C仅使用工作组来独立采样，而不再用于累积梯度。当所有工作组的采样总量到达 mini-batch 大小时，就全部停止采样；全局网络再根据这些样本进行参数更新，具体更新方式与 A3C 相同。最后再更新工作组参数。

14.3.1　A2C算法

用于构建策略网络模型的 A2C 算法如下所示。

算法 14.3　用于构建策略网络模型的 A2C 算法
输入参数：截断长度 $t_{\max}$，最大全局计数器 $T_{\max}$
初始化： 　1. 随机初始化策略网络 $\pi(s\mid a,\boldsymbol{\theta})$ 和价值网络 $V(s,\boldsymbol{w})$，网络参数分别为 $\boldsymbol{\theta}$ 和 $\boldsymbol{w}$ 　2. 初始化全局计数器 $T=0$ 　3. 初始化截断长度 $t_{\max}$，最大全局计数器 $T_{\max}$
4. **repeat** 线程 1，线程 2，$\cdots$，线程 n： 　5. 　　$t_{\text{start}}=1$ 　6. 　　获取初始状态 S_0 　7. 　　**repeat**（情节中的每一时间步 $t=0,1,2,\cdots$）（从 t 开始）： 　8. 　　　　根据策略 $\pi(a\mid S_t,\boldsymbol{\theta})$ 选择动作 A_t 　9. 　　　　执行动作 A_t，获得奖赏 R_{t+1} 和下一状态 S_{t+1} 　10. 　　　$t\leftarrow t+1$ 　11. 　　**until** S_t 为终止状态，或到达截断长度 $t-t_{\text{start}}=t_{\max}$ 　12. 　　重置全局网络梯度：$\mathrm{d}\boldsymbol{\theta}\leftarrow 0,\mathrm{d}\boldsymbol{w}\leftarrow 0$

13. $G = \begin{cases} 0, & S_t \text{ 为终止状态} \\ V(S_t, \boldsymbol{w}), & S_t \text{ 为非终止状态} \end{cases}$

14. **for** $i = t-1, t-2, \cdots, t_{\text{start}}$ **do:**

15. $\quad G \leftarrow R_i + \gamma G$

16. $\quad A(S_i, A_i, \boldsymbol{w}) = G - V(S_i, \boldsymbol{w})$

17. 累积网络梯度: $\begin{cases} \mathrm{d}\boldsymbol{\theta} \leftarrow \mathrm{d}\boldsymbol{\theta} + \alpha \, \nabla_{\boldsymbol{\theta}} \log \pi(A_i | S_i, \boldsymbol{\theta}) A(S_i, A_i, \boldsymbol{w}) \\ \mathrm{d}\boldsymbol{w} \leftarrow \mathrm{d}\boldsymbol{w} + \beta A(S_i, A_i, \boldsymbol{w}) \nabla_{\boldsymbol{w}} V(S_i, \boldsymbol{w}) \end{cases}$

18. **end for**

19. 更新全局网络参数: $\begin{cases} \boldsymbol{\theta} = \boldsymbol{\theta} + \mathrm{d}\boldsymbol{\theta}' \\ \boldsymbol{w} = \boldsymbol{w} + \mathrm{d}\boldsymbol{w}' \end{cases}$

20. $T \leftarrow T + 1$

21. **until** $T > T_{\max}$

14.3.2 实验结果与分析

阅读代码

1. 实验环境设置

为了验证 A2C 算法的性能,选取 4 个连续动作空间的环境,分别是 Pendulum、Ant、HalfCheetah 和 Humanoid 对 A2C 算法进行验证。主要的超参数和 A3C 算法相同,如表 14.2 所示。

表 14.2　A2C 算法主要超参数

序号	超　参　数	取　　值	具　体　描　述
1	$t_{\max}$	5	截断长度
2	$T_{\max}$	1000000	最大全局计数器
3	learning rate	0.0001	用于 SGD 算法的学习率
4	strength of the entropy	0.01	策略熵温度参数
5	discount factor	0.9	折扣系数

在实验中,与 A3C 算法一样,A2C 算法的评论家网络和行动者网络均采用线性神经网络,每个网络含有两个隐层,每个隐层含有 256 个神经元。评论家网络输出状态-动作值,行动者网络则输出均值和方差,以高斯分布描述当前策略。

2. 实验结果分析

如图 14.7 所示,A2C 算法相较于 A3C 算法,两者性能相近。A2C 算法的优点在于梯度的累积不再由工作组异步完成,从而降低了对内存的消耗。在 A3C 算法中,每个采样的工作组需要异步进行梯度累积,每个工作组初始的梯度将会计算在内,导致梯度方差较大,收敛速度略慢。在 Pendulum 环境和 HalfCheetah 环境中 A2C 算法均略早于 A3C 算法达到收敛状态。

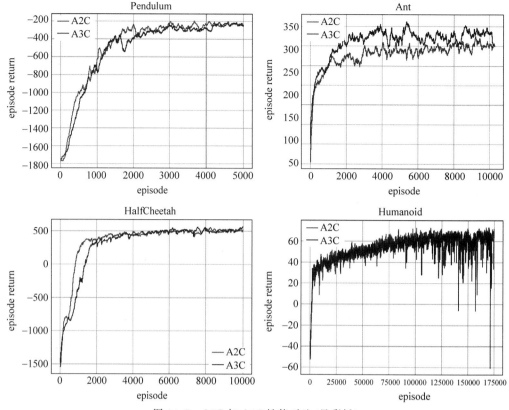

图 14.7   A3C 与 A2C 性能对比(见彩插)

14.4   小结

本章介绍了基于异步优势函数的行动者评论家算法(A3C)和其改进版本 A2C 算法。与 DQN 算法相比,A3C 算法使用多个 Agent 异步地与环境进行交互,因而不单纯依靠 GPU,可以使用多个 CPU 来训练。每个 Agent 在相对应的工作组中累积梯度,并对全局 网络进行更新。针对 A3C 算法在工作组中累积梯度造成内存消耗大的问题,提出了改进 的 A2C 算法。在 A2C 算法中,工作组只负责采样,不再进行梯度累积,梯度累积只在全 局网络中完成。实验表明,A3C 算法和 A2C 算法均能在给定的环境中训练至收敛,并且 可以通过实验确定最佳策略熵温度参数和学习率。

14.5   习题

1. 简述 A3C 算法不采用经验回放机制的原因。
2. 简述 A3C 算法和 A2C 算法采用并行架构的优势。
3. 参考图 14.2,根据 A2C 算法的描述,请画出 A2C 算法的架构图。
4. (编程)比较不同参数(学习率、策略熵温度等)对 A2C 算法性能的影响。
5. (编程)实现运行在 GPU 上的 A3C 算法。

参 考 文 献

[1] 陈仲铭,何明.深度强化学习原理与实践[M].北京:人民邮电出版社,2019.

[2] 廖星宇.深度学习入门之 PyTorch[M].北京:电子工业出版社,2017.

[3] 冯超.强化学习精要:核心算法与 TensorFlow 实现[M].北京:电子工业出版社,2018.

[4] 高扬,叶振斌.白话强化学习与 PyTorch[M].北京:电子工业出版社,2019.

[5] 郭宪,方勇纯.深入浅出强化学习:原理入门[M].北京:电子工业出版社,2018.

[6] 邹伟,鬲玲,刘昱杓.强化学习[M].北京:清华大学出版社,2020.

[7] 刘全,傅启明,钟珊,等.大规模强化学习[M].北京:科学出版社,2016.

[8] 布索尼.基于函数逼近的强化学习与动态规划[M].刘全,傅启明,章宗长,译.北京:人民邮电出版社,2019.

[9] 韩力群.人工神经网络教程[M].北京:北京邮电大学出版社,2006.

[10] 焦李成,赵进,杨淑媛,等.深度学习、优化与识别[M].北京:清华大学出版社,2017.

[11] 张重生.深度学习原理与应用实践[M].北京:电子工业出版社,2017.

[12] 小川雄太郎.边做边学深度强化学习[M].申富饶,于僡,译.北京:机械工业出版社,2018.

[13] 强化学习[M].俞凯,等,译.北京:电子工业出版社,2019.

[14] 王万良.人工智能通识教程[M].北京:清华大学出版社,2020.

[15] 周苏,鲁玉军.人工智能通识教程[M].北京:清华大学出版社,2020.

[16] Sutton R S, Barto A G. Reinforcement learning: An introduction [M]. Cambridge: MIT Press, 2018.

[17] LeCun Y, Bengio Y, Hinton G. Deep learning[J]. Nature, 2015, 521(7553): 436-444.

[18] Mnih V, Kavukcuoglu K, Silver D, et al. Playing atari with deep reinforcement learning[J]. arXiv preprint arXiv:1312.5602, 2013.

[19] Mnih V, Kavukcuoglu K, Silver D, et al. Human-level control through deep reinforcement learning[J]. Nature, 2015, 518(7540): 529-533.

[20] Krizhevsky A, Sutskever I, Hinton G E. Imagenet classification with deep convolutional neural networks[J]. International Conference on Neural Information Processing Systems, 2012, 25(2): 1097-1105.

[21] He K, Zhang X, Ren S, et al. Deep residual learning for image recognition[C]//Computer Vision and Pattern Recognition. Las Vegas: IEEE, 2016: 770-778.

[22] Graves A, Mohamed A, Hinton G. Speech recognition with deep recurrent neural networks[J]. Acoustics, Speech and Signal Processing, 2013, 38(2003): 6645-6649.

[23] Oord A V D, Dieleman S, Zen H, et al. WaveNet: A generative model for raw audio[J]. CoRR abs/1609.03499, 2016.

[24] Cho K, Merrienboer B V, Gulcehre C, et al. Learning phrase representations using RNN encoder-decoder for statistical machine translation [C]//Empirical Methods in Natural Language Processing. Doha: ACL, 2014: 1724-1734.

[25] Levine S, Finn C, Darrell T, et al. End-to-End training of deep visuomotor policies[J]. Journal of Machine Learning Research, 2016, 17(39): 1-40.

[26] Tesauro G. TD-Gammon, a self-teaching backgammon program, achieves master-level play[J].

Neural Computation，1994，6(2)：215-219.

[27] 姜玉斌，刘全，胡智慧.带最大熵修正的行动者评论家算法[J].计算机学报，2020，43(10)：1897-1908.

[28] 傅启明，刘全，王辉，等.一种基于线性函数逼近的离策略 $q(\lambda)$ 算法[J].计算机学报，2014，37(3)：677-686.

[29] 刘全，翟建伟，章宗长，等.深度强化学习综述[J].计算机学报，2018，41(1):1-27.

[30] 陈东火，刘全，朱斐，等.基于凸多面体抽象域的自适应强化学习技术研究[J].计算机学报，2018，41(1):112-131.

[31] 刘全，章鹏，钟珊章，等.连续空间中的一种动作加权行动者评论家算法[J].计算机学报，2017，40(6)：1252-1264.

[32] 刘全，翟建伟，钟珊，等.一种基于视觉注意力机制的深度循环 Q 网络模型[J].计算机学报，2017，40(6):1353-1366.

[33] 朱斐，刘全，傅启明，等.一种不稳定环境下的策略搜索及迁移方法[J].电子学报，2017，45(2)：258-266.

[34] 梁斌，刘全，徐进，等.基于多注意力卷积神经网络的特定目标情感分析[J].计算机研究与发展，2017，54(8):1724-1735.

[35] 章鹏，刘全，钟珊，等.增量式自然策略梯度的行动者评论家算法[J].通信学报，2017，38(4)：166-177.

[36] 刘全，于俊，傅启明，等.一种基于随机投影的贝叶斯时间差分算法.电子学报，2016，44(11)：2752-2757.

[37] 刘全，闫岩，朱斐，等.一种带探索噪声的深度循环 Q 网络.计算机学报，2019，42(7)：1588-1604.

[38] 吴金金，刘全，陈松，等.一种权重平均值的深度双 Q 网络方法[J].计算机研究与发展，2020，57(3)：576-589.

[39] Baker B，Gupta O，Naik N，et al. Designing neural network architectures using reinforcement learning[J]. arXiv preprint arXiv：1611.02167，2016.

[40] Lange S，Riedmiller M. Deep auto-encoder neural networks in reinforcement learning[A]. International Joint Conference on Neural Networks[C]. Barcelona：IEEE，2010：1-8.

[41] Riedmiller M. Neural fitted Q iteration-first experiences with a data efficient neural reinforcement learning method[J]. European Conference on Machine Learning，2005，3720：317-328.

[42] Abtahi F，Fasel I. Deep belief nets as function approximators for reinforcement learning[J]. AAAI Conference on Lifelong Learning，2011，5(1)：2-7.

[43] Lange S，Riedmiller M，Voigtlander A. Autonomous reinforcement learning on raw visual input data in a real world application[J]. International Joint Conference on Neural Networks，2012，20：1-8.

[44] Silver D，Huang A，Maddison C J，et al. Mastering the game of Go with deep neural networks and tree search[J]. Nature，2016，529(7587)：484-489.

[45] Mnih V，Badia A P，Mirza M，et al. Asynchronous methods for deep reinforcement learning[A]. International Conference on Machine Learning[C]. New York：ACM，2016：1928-1937.

[46] Jaderberg M，Mnih V，Czarnecki W M，et al. Reinforcement learning with unsupervised auxiliary tasks[J]. arXiv preprint arXiv：1611.05397，2016.

[47] Lillicrap T P，Hunt J J，Pritzel A，et al. Continuous control with deep reinforcement learning[J]. arXiv preprint arXiv：1509.02971，2015.

[48] Duan Y，Chen X，Houthooft R，et al. Benchmarking deep reinforcement learning for continuous

control[A]. International Conference on Machine Learning[C]. New York：ACM，2016：1329-1338.

[49] Gu S，Lillicrap T，Sutskever I，et al. Continuous deep q-learning with model-based acceleration [A]. International Conference on Machine Learning[C]. New York：ACM，2016：2829-2838.

[50] Hansen S. Using deep q-learning to control optimization hyperparameters[J]. arXiv preprint arXiv：1602.04062，2016.

[51] Narasimhan K，Kulkarni T，Barzilay R. Language understanding for text-based games using deep reinforcement learning[A]. Empirical Methods on Natural Language Processing[C]. Austin： ACL，2015：1-11.

[52] Guo H. Generating text with deep reinforcement learning[J]. arXiv preprint arXiv：1510. 09202，2015.

[53] Li J，Monroe W，Ritter A，et al. Deep reinforcement learning for dialogue generation[J]. arXiv preprint arXiv：1606.01541，2016.

[54] El Sallab A，Abdou M，Perot E，et al. Deep reinforcement learning framework for autonomous driving[J]. Autonomous Vehicles and Machines，Electronic Imaging，2017.

[55] Caicedo J C，Lazebnik S. Active object localization with deep reinforcement learning [A]. International Conference on Computer Vision[C]. Santiago：IEEE，2015：2488-2496.

[56] Lample G，Chaplot D S. Playing FPS games with deep reinforcement learning[A]. AAAI Conference on Artificial Intelligence[C]. Phoenix：AAAI，2016：2140-2146.

[57] Wu Y X，Tian Y D. Training agent for first-person shooter game with actor-critic curriculum learning[J]. International Conference on Learning Representations，2017.

[58] Schulman J，Levine S，Moritz P，et al. Trust region policy optimization[A]. International Conference on Machine Learning[C]. Lille：ACM，2015：1889-1897.

[59] Zoph B，Le Q V. Neural architecture search with reinforcement learning[J]. arXiv preprint arXiv： 1611.01578，2016.

[60] Graves A，Wayne G，Reynolds M，et al. Hybrid computing using a neural network with dynamic external memory[J]. Nature，2016，538(7626)：471-476.

[61] Zhu Y，Mottaghi R，Kolve E，et al. Target-driven visual navigation in indoor scenes using deep reinforcement learning[J]. arXiv preprint arXiv：1609.05143，2016.

[62] Littman M L. Reinforcement learning improves behaviour from evaluative feedback[J]. Nature， 2015，521(7553)：445-451.

[63] Krakovsky M. Reinforcement renaissance[J]. Communications of the ACM，2016，59 (8)： 12-14.

[64] Van H V，Guez A，Silver D. Deep reinforcement learning with double Q-learning[A]. AAAI Conference on Artificial Intelligence[C]. Phoenix：AAAI，2016：2094-2100.

[65] Schaul T，Quan J，Antonoglou I，et al. Prioritized experience replay[J]. International Conference on Learning Representations，2016.

[66] Bellemare M G，Ostrovski G，Guez A，et al. Increasing the action gap：New operators for reinforcement learning[A]. AAAI Conference on Artificial Intelligence[C]. Phoenix：AAAI， 2016：1476-1483.

图书资源支持

感谢您一直以来对清华版图书的支持和爱护。为了配合本书的使用，本书提供配套的资源，有需求的读者请扫描下方的"书圈"微信公众号二维码，在图书专区下载，也可以拨打电话或发送电子邮件咨询。

如果您在使用本书的过程中遇到了什么问题，或者有相关图书出版计划，也请您发邮件告诉我们，以便我们更好地为您服务。

我们的联系方式：

地　　址：北京市海淀区双清路学研大厦 A 座 714

邮　　编：100084

电　　话：010-83470236　010-83470237

客服邮箱：2301891038@qq.com

QQ：2301891038（请写明您的单位和姓名）

资源下载：关注公众号"书圈"下载配套资源。

资源下载、样书申请

书圈

获取最新书目

观看课程直播